回転機械の振動

―基礎から現象解明へ―

矢鍋　重夫

太田　浩之

田浦　裕生

共著

養賢堂

まえがき

　日本の高度経済成長期に，蒸気タービン，ガスタービン，圧縮機，ポンプなどの回転機械（ターボ機械）を中心に大容量化，高速化，小型・軽量化が進み，これにともない様々な振動問題が発生した．一方，この時代，大型計算機の飛躍的な発展，パソコンの普及とその計算性能の向上，計算技術や振動計測・分析技術の進歩などによって，回転機械の振動問題の多くが解明されてきた．主要な研究課題としては，① すべり軸受の動特性とロータのオイルホイップ，② 弾性ロータの釣合わせ，③ 危険速度通過時のロータの振動，④ 有限要素法などを用いたロータ・軸受系の振動解析法，⑤ モード解析，⑥ ロータとステータの接触による振動，⑦ 翼・羽根車系の振動，⑧ 振動診断などが挙げられる．

　回転機械の分野に限らず，技術の進歩・発展を工学が後追いしている状況が長く続いているが，その時代，時代において，各専門分野に関する工学を体系的にまとめておくことは，その後に続く人たちにとって，それなりに役立つものと思われる．もとより，狭い専門分野であっても研究された範囲が膨大で，1 冊の本でその全体を論じるのが困難な場合も多く，回転機械の振動に関して最近出版された著書では，いくつかの共通的な基本事項と振動事例を選択して論じている．

　本書は，筆者らが大学で行ってきた回転機械の振動やトライボロジーに関する研究や講義をまとめたものである．内容的には，回転機械の振動の一部しか扱っていないが，第 3, 7, 8, 9, 10 章などに他の著書には見られない特徴がある．通読していただければ，回転機械の振動問題の取り扱い方のひとつのスタイルが理解できると思う．なお，本文中の運動方程式の解の多くは市販の計算ソフトで計算している．主要な 2 個のプログラム例を付録に示した．本文はできるだけわかりやすく記述したつもりであるが，説明が不十分な点や誤りなどについては読者の叱正を請いたい．

　本書が，回転機械の振動にかかわる研究者や技術者，また，これから回転機械の振動を学ぼうとする方々の参考になれば，幸いである．

　最後に，本書に引用した書物，文献の著者に対し謝意を表すとともに，本書の出版に御尽力いただいた養賢堂の関係各位に感謝いたします．

2015 年 10 月　長岡にて
著者らしるす

執筆分担

矢鍋重夫　1〜6, 9, 10 章
太田浩之　8 章
田浦裕生　7 章

目　　次

第1章　序論 … 1
- 1.1　回転機械と振動 … 1
- 1.2　振動系を構成する基本要素―質量とばね― … 1
- 1.3　振動系の運動方程式と固有振動数 … 2
- 1.4　回転機械の振動モデルとばね・質量系の同等性 … 3
- 1.5　回転機械におけるロータの振動モード … 4
- 1.6　ロータの加振力と振動（不釣合いとふれまわりの半径） … 6
- 1.7　危険速度 … 7
- 1.8　回転速度とふれまわり速度 … 7
- 1.9　回転機械と振動 … 8
- 1.10　回転機械の振動解析技術の現状 … 8
- 参考文献 … 9

第2章　基本ロータの不釣合いによる定常曲げ振動 … 11
- 2.1　基本ロータと不釣合い … 11
- 2.2　基本ロータの曲げ振動の運動方程式 … 12
- 2.3　不釣合いによる定常振動の解 … 13
- 2.4　定常振動の振幅特性・位相特性（不釣合い振動応答） … 14
- 2.5　振幅・位相特性の極座標表示 … 17
- 2.6　円板の重心に関する運動方程式と定常振動解 … 17
- 2.7　減衰比の推定法 … 18
- 2.7.1　基本ロータの減衰自由振動と減衰比の推定法 … 18
- 2.7.2　不釣合い応答曲線を用いた減衰比の推定法 … 21
- 参考文献 … 22

第3章　基本ロータの危険速度通過時の振動 … 23
- 3.1　回転機械の危険速度通過問題 … 23
- 3.2　危険速度通過時の基本ロータの運動方程式 … 23
- 3.3　運動方程式の数値積分結果 … 24
- 3.4　Lewis の結果 … 26
- 3.5　厳密解の近似表現と非定常振動の支配パラメータ … 27
- 3.5.1　危険速度通過時の振動の厳密解 … 27
- 3.5.2　複素変数をもつ誤差関数 $W(\zeta)$ の近似公式 … 29
- 3.5.3　厳密解の近似表現の導出 … 29
- 3.5.4　近似解とその特徴 … 32
- 3.6　危険速度通過時の最大振幅および最大振幅時の回転角速度 … 34
- 3.7　振動系と駆動系の相互作用 … 35
- 3.7.1　運動方程式 … 35
- 3.7.2　相互作用項の影響 … 36
- 3.7.3　駆動トルク特性の影響 … 37
- 参考文献 … 37

第4章　ロータ形状が曲げ振動に及ぼす影響 39

- 4.1 ジャイロモーメントの影響 39
- 4.1.1 ジャイロモーメント 39
- 4.1.2 ジャイロ系の曲げ振動の運動方程式 40
- 4.1.3 ジャイロ系の固有角振動数 42
- 4.1.4 不釣合いによるジャイロ系の振動 44
- 4.1.5 一方向基礎加振によるジャイロ系の振動 45
- 4.1.6 まとめ 47
- 4.2 回転軸の偏平性の影響 47
- 4.2.1 回転軸の偏平性 47
- 4.2.2 偏平軸系の運動方程式 48
- 4.2.3 偏平軸系の固有角振動数と自由振動の安定性 49
- 4.2.4 偏平軸系の不釣合い振動 53
- 4.2.5 偏平軸系の二次的危険速度 56
- 4.2.6 まとめ 59
- 参考文献 60

第5章　ばねとダンパで支持した一様断面軸の曲げ振動 61

- 5.1 一様断面軸の曲げ振動の運動方程式 61
- 5.2 自由振動解 62
- 5.3 境界条件 62
- 5.4 両端単純支持軸の固有角振動数と固有モード 63
- 5.5 他の境界条件の場合の固有角振動数と固有モード 65
- 5.6 両端ばね支持した一様断面軸の曲げ振動の固有振動数と固有モード 65
- 5.7 両端をばねとダンパで支持した一様断面軸の曲げ振動 68
- 5.8 まとめ 72
- 参考文献 72

第6章　有限要素法を用いたロータ・軸受系の振動解析 73

- 6.1 複雑なロータ・軸受系のモデル化 73
- 6.2 軸要素の質量マトリクス・ばねマトリクスの導出法 74
- 6.3 回転軸系のねじり振動解析 75
- 6.3.1 軸のねじり変形の変位関数 75
- 6.3.2 ねじり変形における変位とひずみおよび変位と応力の関係 76
- 6.3.3 軸要素の慣性モーメントマトリクスとねじりばねマトリクス 76
- 6.3.4 系全体の慣性モーメントマトリクスとねじりばねマトリクスの作成と運動方程式 76
- 6.4 固有値解析（固有振動数，固有モードの計算） 77
- 6.4.1 系に減衰力が作用しない場合の固有値解析 77
- 6.4.2 系に減衰力が作用する場合の固有値解析 79
- 6.5 回転軸系の曲げ振動解析 80
- 6.5.1 軸の曲げ変形の変位関数 80
- 6.5.2 変位とひずみ，変位と応力の関係 81
- 6.5.3 軸要素の質量マトリクスとばねマトリクス 81
- 6.5.4 軸系の質量マトリクス$[M]$とばねマトリクス$[K]$の作成 82
- 6.5.5 軸受要素や減衰要素の取扱い 82
- 6.5.6 円板要素の取扱い 82
- 6.5.7 離散化したロータ・軸受系の曲げ振動の運動方程式 83
- 6.6 例題 83

  6.7 ロータ・軸受系の不釣合い振動解析 ……………………………………………… 85
参考文献 …………………………………………………………………………………… 87

第7章　すべり軸受で支持したロータの振動特性 ……………………………… 89
  7.1 すべり軸受の種類と構造 …………………………………………………………… 89
   7.1.1 すべり軸受の種類 ……………………………………………………………… 89
   7.1.2 ジャーナル軸受の種類と真円ジャーナル軸受の基本構造 …………………… 89
  7.2 油膜の弾性係数と減衰係数 ………………………………………………………… 90
   7.2.1 レイノルズ方程式 ……………………………………………………………… 90
   7.2.2 油膜の圧力分布 ………………………………………………………………… 92
   7.2.3 油膜反力とゾンマーフェルト数 ……………………………………………… 94
   7.2.4 油膜の弾性係数・減衰係数 …………………………………………………… 95
  7.3 すべり軸受で支持したロータの危険速度における振動特性 …………………… 96
  7.4 オイルホイップ ……………………………………………………………………… 97
   7.4.1 オイルポイップの特徴 ………………………………………………………… 97
   7.4.2 安定限界速度 …………………………………………………………………… 98
   7.4.3 オイルホイップのイナーシャ効果 …………………………………………… 100
   7.4.4 オイルホイップの防止法 ……………………………………………………… 101
参考文献 …………………………………………………………………………………… 103

第8章　転がり軸受の振動 ……………………………………………………… 105
  8.1 転がり軸受のばね特性 ……………………………………………………………… 105
   8.1.1 転動体と軌道輪の接触点における垂直力と変形量の関係 ………………… 105
   8.1.2 ラジアル荷重を受ける深溝玉軸受の半径方向ばね定数 …………………… 106
   8.1.3 アキシアル荷重を受ける深溝玉軸受の軸方向ばね定数 …………………… 107
   8.1.4 種々の転がり軸受のばね定数 ………………………………………………… 109
  8.2 転がり軸受の減衰特性 ……………………………………………………………… 110
  8.3 転がり軸受の振動 …………………………………………………………………… 110
   8.3.1 転動体通過振動 ………………………………………………………………… 110
   8.3.2 幾何形状の不完全性による振動 ……………………………………………… 112
   8.3.3 外輪の固有モードおよび固有振動数 ………………………………………… 114
   8.3.4 きずのある転がり軸受の振動 ………………………………………………… 117
参考文献 …………………………………………………………………………………… 118

第9章　歯車を含む回転軸系のねじり振動 …………………………………… 121
  9.1 多円板ねじり振動系の固有振動数 ………………………………………………… 121
   9.1.1 多円板ねじり振動系の運動方程式 …………………………………………… 121
   9.1.2 2円板ねじり振動系の固有角振動数と固有モード ………………………… 122
   9.1.3 3円板ねじり振動系の固有角振動数と固有モード ………………………… 123
  9.2 歯車を含むねじり振動系の固有振動数の簡易解析 ……………………………… 124
  9.3 歯車軸系におけるねじり・曲げ連成振動 ………………………………………… 126
  9.4 バックラッシを考慮した歯車系の強制ねじり振動 ……………………………… 127
   9.4.1 計算モデルと運動方程式 ……………………………………………………… 127
   9.4.2 ねじり振動応答の計算結果 …………………………………………………… 128
   9.4.3 バックラッシを考慮した歯車系のねじり振動の共振曲線 ………………… 129
  9.5 歯車のかみあいばね定数 …………………………………………………………… 130
   9.5.1 歯対のたわみ …………………………………………………………………… 130
   9.5.2 歯対のかみあいばね定数 ……………………………………………………… 131

9.6	歯形誤差	132
9.7	歯車対の回転伝達誤差	133
9.7.1	一歯かみあいの場合	133
9.7.2	二歯かみあいの場合	134
9.8	回転伝達誤差の計算誤差	135
9.9	最適歯形修正量	138
9.10	累積ピッチ誤差	140
9.11	歯車の偏心による回転伝達誤差	142
9.12	反対歯面のかみあい	143
9.13	歯車対の回転伝達誤差によるねじり振動応答	144
9.13.1	運動方程式	144
9.13.2	歯対のばね定数変化によるねじり振動応答	145
9.13.3	歯形修正した場合のねじり振動応答	147
参考文献		147

第10章　すきまや摩擦に起因する回転機械の振動　149

10.1	ふれ止との接触による回転軸の後向きふれまわり	149
10.1.1	乾性摩擦による後向きふれまわり発生の定性的な説明	149
10.1.2	実機立軸ポンプの後向きふれまわりと実験モデル	149
10.1.3	実験装置・実験方法	150
10.1.4	実験結果	150
10.1.5	計算モデルと運動方程式	151
10.1.6	偏重心によるふれまわりパターンの変化	153
10.1.7	主要パラメータの影響	153
10.1.8	激しい後向きふれまわりの発生過程	156
10.1.9	まとめ	156
10.2	ガイドローラの鳴き音と乾性摩擦による前向きふれまわり	157
10.2.1	インナーロータとアウターロータの乾性摩擦によるふれまわり	157
10.2.2	VTR用ガイドローラの鳴きに関する実験	158
10.2.3	乾性摩擦を考慮したアウターロータの衝突振動解析モデル	160
10.2.4	数値計算結果	161
10.2.5	まとめ	163
10.3	遊星歯車装置浮動太陽歯車軸の特異振動	163
10.3.1	遊星歯車装置の振動と荷重等配機構	163
10.3.2	遊星歯車装置を含む回転軸系	164
10.3.3	太陽軸の横振動測定結果	165
10.3.4	浮動太陽軸の可動範囲とセルフセンタリング	166
10.3.5	特異振動時における太陽軸の振動軌跡	167
10.3.6	モータ側軸継手が特異振動に及ぼす影響	167
10.3.7	太陽軸の横振動・軸系のねじり振動同時測定結果と考察	168
10.4	浮動太陽軸のセルフセンタリング・特異振動の数値解	169
10.4.1	簡易計算モデルと運動方程式	169
10.4.2	数値計算結果と考察	172
参考文献		175

付録　計算プログラム（matlab）　177

索引　185

第1章 序論

1.1 回転機械と振動

われわれのまわりには回転することによって仕事をする多くの機械があり，これらを総称して回転機械という．回転機械の例としては，洗濯機，掃除機，CDプレーヤ，DVDなどのモータを内蔵する家電製品・AV製品，また蒸気タービン，ガスタービン，水車，風車，ポンプ，遠心圧縮機などのターボ機械，さらにはモータ，発電機，自動車や船舶のエンジンや動力伝達系，工作機械の主軸や歯車装置などがある．これらの回転機械は，モータ，タービン，エンジンなどの駆動用回転機械とポンプ，圧縮機，発電機などの従動回転機械とが軸継手，歯車装置，クラッチを介して結合される場合が多い（図1.1参照）．個々の回転機械を構成する基本的な要素は，回転体，軸受およびケーシングである．回転体とは，軸受で支持した回転部分で，回転軸とそれに取り付けた羽根車（インペラ），翼，車板または回転子などからなり，ロータともいう．

回転機械は，回転中必ず振動を発生する．これは，回転機械が，

（1）鋼などの弾性体でできていて，いくつもの共振振動数（固有振動数）をもつこと
（2）エンジンやモータのトルク変動，ロータの不釣合い，歯車のかみあいといった機械が回転することによって不可避的に発生する加振力（変動力）を内在していること

による．（1），（2）の原因で生じる共振現象のほかに，すべり軸受やシールなどに起因するロータの不安定振動，がたの存在やロータとステータの接触・衝突による非線形振動や非定常振動など，回転機械には様々な振動が発生し，定格速度での運転が困難になる場合も多い．

一般に，機械の振動や騒音は，機械の損傷や環境の観点から小さいことが望ましい．低振動・低騒音を実現するためには，機械の振動や騒音を測定し，波形，応答曲線，周波数分析結果などの検討を通して振動・騒音の発生原因を推定し，対策を施す必要がある．こうした作業を行うためには，機械振動に関する知識が必要であり，これまでの膨大な知見が多くの図書[1)〜23)]や論文にまとめられている．本論に入る前に基礎的な事項について説明する．

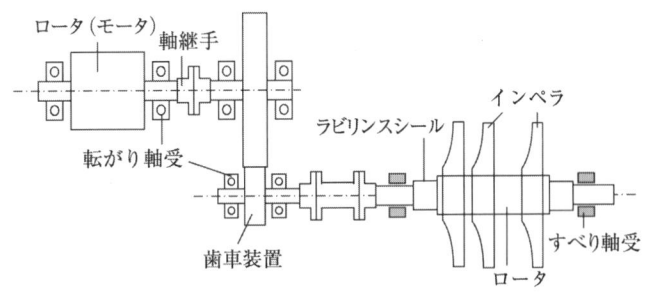

図1.1 回転機械の構成例

1.2 振動系を構成する基本要素—質量とばね—

よく知られているように，振動系を構成する基本要素は，質量とばねである．すべての物体は質量をもち，また大きさの違いはあるがばね特性（ばね）をもっているので，すべての物体は振動すると考えてよい．ここで，ばね特性とは，物体がゆっくりと力を受けると，ある量だけ変位また

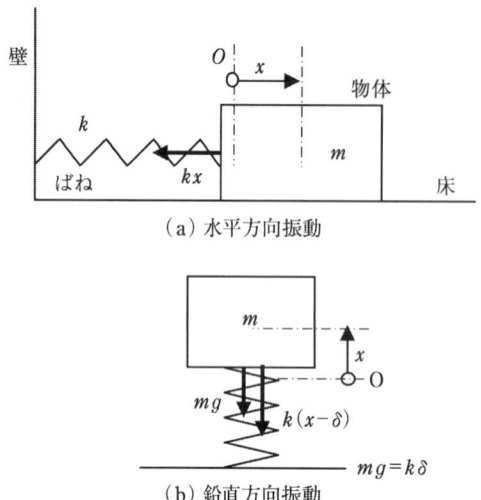

図 1.2 1自由度ばね・質量系

は変形し，その力を除けば変位や変形が元の状態に戻る性質をいう．振動系は，図 1.2 に示すように，質量部分を長方形で，ばね特性の部分をジグザグの折れ線で表す．質量部分が変位したとき，ばねに生じる力（モーメントの場合もある）をばね力または復元力と呼ぶ．振動現象を理解する第一歩は，物体のどのような変位（直線変位，角変位，弾性変位など）に対して，どのようなばね力（復元力）が発生するかを知ることである．ばね力は，コイルばねによる力，重力，弦やベルトの張力，梁や軸（回転軸）などの曲げ変形やねじり変形に対する抵抗力，流体からの反力，電磁力であったりする．こうしたばね力を物体の変位で数式表示したとき，変位の一乗に比例する項の係数を一般にばね定数と呼ぶ．ある振動系の質量とばね定数は，その振動系に固有な振動数（固有振動数）を決定する重要な量である．固有振動数とは，静止している振動系を打撃したときなどに生じる振動（自由振動という）の振動数であり，振動系を強制的に加振した場合に生じる共振の振動数にほぼ等しい．

このほか，振動系を構成する要素として減衰要素がある．減衰要素は，自由振動を減衰させたり，共振時の振動振幅を小さく抑える特性をもつ．物体がある速度で運動するとき，減衰要素に生じる抵抗力を減衰力と呼び，減衰力は物体の速度の関数として表される．物体の速度の一乗に比例する減衰力を粘性減衰力と呼び，その比例定数を粘性減衰係数という．

1.3 振動系の運動方程式と固有振動数

質量 m [kg] の物体とばね定数 k [N/m] のばねからなる図 1.2 (a) のばね・質量系を考える．物体は滑らかな床の上をばねの伸縮方向にのみ運動する．系が静止しているとき，ばねは自然長の状態にあり，そのときの物体の重心位置を静的平衡点 O という．物体の変位の正方向をここでは右方向に定め，O から測った振動中の物体の重心の変位を x とすると，物体には x と逆方向にばね力 kx が作用する．ニュートンの運動の第二法則（質量 × 加速度 = 外力）より，この物体の運動方程式は次のように書ける．

$$m\ddot{x} = -kx \tag{1.1}$$

これが，最も単純な1自由度のばね・質量系の振動の方程式である．ばねの伸縮方向を鉛直（重力）方向に向けた図 1.2 (b) の系についても，運動方程式は式 (1.1) で表される．この場合，静止時には重力の影響でばねが自然長より δ だけ縮み（$k\delta = mg$），そのときの物体の重心位置が静的平衡点 O になる．振動中，O から測った物体の重心の変位を x（正方向は鉛直上方）とすると，ばねの伸び量は $x - \delta$ になる．このとき物体に作用する外力は重力 mg とばね力 $k(x-\delta)$ でその和は kx となるので，運動方程は式 (1.1) のように書けて，式の右辺に mg や $k\delta$ は現れない．

式 (1.1) の微分方程式の一般解（自由振動解）は，t を時間として次のように書ける．

$$x = A\cos\omega_n t + B\sin\omega_n t \tag{1.2}$$

ここで，

$$\omega_n = \sqrt{k/m} \ [\text{rad/s}] \tag{1.3}$$

は固有角振動数と呼ばれる極めて重要な量である．A, B は積分定数で，$t = 0$ における物体の変位 x_0 と速度 v_0 より決定され，式 (1.2) は次のようになる．

$$x = x_0 \cos\omega_n t + \frac{v_0}{\omega_n}\sin\omega_n t \tag{1.4}$$

式 (1.4) は，系に加振力などが作用しない場合の自由振動解で，静止している系に初期外乱（初期変位 x_0 や初速度 v_0）を与えると，その後，系は必ず固有角振動数 ω_n で振動し続ける（系は，必ず決まった周期で振動する）ということを示している．

$$f_n = \frac{\omega_n}{2\pi} \ [\text{Hz}], \quad T = \frac{1}{f_n} \ [\text{s}] \tag{1.5}$$

を，それぞれ固有振動数，振動の周期と呼ぶ．振動系の質量 m が大きくなるか，ばね定数 k が小さくなれば（たわみやすいばねになると），固有角振動数 ω_n（固有振動数 f_n）の値は小さくなり，自由振動の周期は長くなる．

次に，減衰力の影響について説明する．図 1.2 (a), (b) の系に粘性減衰力 $c\dot{x}$（$c > 0$, c：粘性減衰係数）が作用する場合の運動方程式は，次のように書ける．

$$m\ddot{x} = -kx - c\dot{x} \tag{1.6}$$

計算は少し面倒になるが，上式の自由振動解は A, B を積分定数として次のように得られる．

$$x = e^{-nt}(A\cos qt + B\sin qt) \tag{1.7}$$

ここで，

$$\left.\begin{array}{l} n = \dfrac{c}{2m}, \quad q = \omega_n\sqrt{1 - D^2} \\ D = \dfrac{c}{2m\omega_n}, \quad \omega_n = \sqrt{\dfrac{k}{m}} \end{array}\right\} \tag{1.8}$$

ここで，q は減衰固有角振動数，D は減衰比である．また，便宜上 n を減衰ファクタと呼ぶ．式 (1.7), (1.8) から，系に粘性減衰力が作用する場合，その自由振動は正弦的に変化しながらその振幅を指数関数的に減少しつつゼロへ向うこと，減衰固有角振動数 q は減衰がない場合の固有角振動数 ω_n に比べて小さいことがわかる．通常の振動系では D の値は 0.1 以下なので，実用的には $q \approx \omega_n$ と考えてよい．減衰比 $D(= n/\omega_n)$ は，① 自由振動の減衰割合を規定する〔式 (1.7)〕ほか，後に示すように ② 共振時の最大振幅を決定する，③ 不安定振動を安定化するなど，振動現象に大きな影響を及ぼす重要な量である．

1.4 回転機械の振動モデルとばね・質量系の同等性

図 1.1 に示した回転機械のロータの曲げ振動モデルは，インペラ（羽根車）や回転子など仕事をする質量部分（円板で表す）を取り付けた軸（回転軸）が軸受で支持されたモデルとして図 1.3 のように表すことができる．静止しているこのモデルを上下方向に打撃すれば，軸は紙面内で曲げ変形しながら円板とともに上下に振動する．このことから，図 1.3 のロータの曲げ振動モデルは，図 1.2 (b) の 1 自由度ばね・質量系と振動的に同じものと考えられる．すなわち，図 1.3 の円板の質量 m は

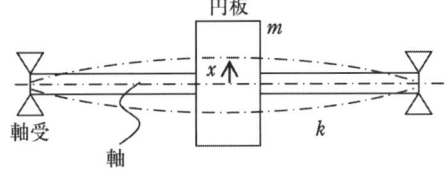

図 1.3　回転機械のロータの曲げ振動モデル

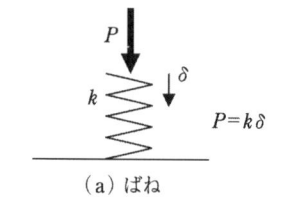

(a) ばね

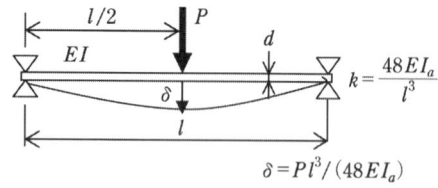

(b) 軸受で支持した回転軸

図1.4 回転軸のばね定数の求め方

図1.2 (b) の物体の質量 m に相当し，図1.2 (b) のばね力 (ばね特性) は図1.3 の軸の曲げ変形に対する抵抗力 (復元力) に相当する．**図1.4 (a)** に示すばねのばね定数 k は，ばねの一端を固定し他端に力 P を加えたときのばねの縮み量 δ から，

$$k = \frac{P}{\delta} \tag{1.9}$$

として決められる．これにならえば，図1.4 (b) に示した軸受で支持された軸のばね定数 k は，円板位置に力 P を加えたときの円板位置での軸のたわみ量 δ を求めて，式 (1.9) より計算できる．軸受による軸の支持状態が両端単純支持とみなされる場合には，材料力学の梁のたわみの公式から，軸受スパンの中央に円板 (荷重位置) があるとして

$$\delta = \frac{Pl^3}{48EI_a} \tag{1.10}$$

の関係が得られる．これより軸のばね定数は

$$k = \frac{P}{\delta} = \frac{48EI_a}{l^3} \tag{1.11}$$

となる．ここで，l, E, I_a は，それぞれ軸受スパンの長さ，軸の縦弾性係数 (ヤング率，鋼ならば $E = 206\,\text{GPa}$)，軸の断面二次モーメント $I_a = \pi d^4/64$ (d：軸の直径) である．EI_a を軸の曲げ剛性と呼ぶ．以上より，図1.3 に示した回転機械のロータの曲げ振動モデルの固有角振動数は次式で計算できる．

$$\omega_n = \sqrt{\frac{k}{m}} = \sqrt{\frac{48EI_a}{ml^3}} \tag{1.12}$$

1.5 回転機械におけるロータの振動モード

振動系がある固有振動数で自由振動したり共振したりする場合，振動系全体はある特定の変位分布 (変形形状) で振動する．この変位分布を振動系の固有モードまたは振動モードという．一つの固有モードは必ず一つの固有振動数に対応する．一般に，振動系は自由度の数だけ固有振動数と固有モードをもち，固有振動数の値が小さいものから順に，1次，2次，3次…の固有振動数 (1次，2次，3次…の固有モード) と呼ぶ．高次の固有モードほど複雑な変位分布を示す．

ここで，回転機械のロータの振動モード (固有モード) について説明する．非回転時のロータ・軸受系の代表的な振動モードを**図1.5 (a)～(d)** に示す．図 (a) は，ロータがほとんど曲げ変形せず (剛性ロータ)，軸受部が振動する場合で，系が左右対称であればロータは平行モードや傾きモードで振動する．図 (b) は，軸受がほとんど振動せず，ロータが曲げ変形して振動する場合である (弾性ロータ，図1.3 の場合と同じ)．図 (c) は，2個の剛体のロータがねじりのばね定数をもつ軸継手で結合された場合で，継手部が節となるようなねじり振動を行う．このとき，継手前後の質量部分は逆方向に角変位する．図 (d) は，ロータが軸方向へ振動するモードである．なお，それぞれの振動モードは，ロータの軸方向の各位置での変位の比で表わされ，変位の大きさは任意

1.5 回転機械におけるロータの振動モード

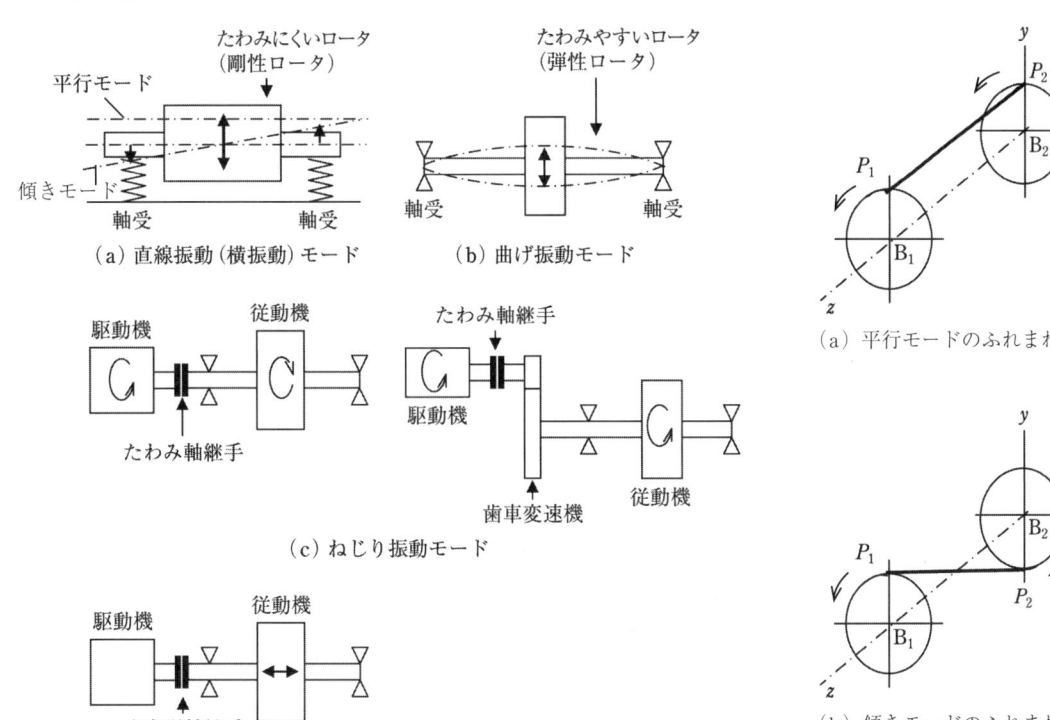

図 1.5 ロータの振動モード（非回転時）

である．

次に，ロータが回転している場合の振動モードについて説明する．図 1.5 (a)，(b) について回転時の振動モードを示したのが**図 1.6** (a)〜(c) である．ロータ・軸受系の特性が xz 面内，yz 面内で同じ（等方性）であれば回転時のロータの振動モードは，非回転時の振動モードを保持しながら全体が軸受中心線 $\overline{B_1 B_2}$ まわりに旋回運動するものになる．このロータの旋回運動をロータのふれまわり（whirl, whirling）と呼ぶ．旋回の方向がロータの回転方向と同じ場合を前向きふれまわり，逆の場合を後向きふれまわりという．等方性の場

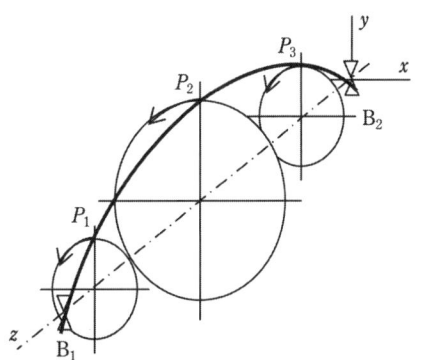

図 1.6 各種振動モードのふれまわり

合，ロータ各点のふれまわり軌跡は円になる．図 1.6 中の P_i はロータの代表位置での任意時刻におけるふれまわり軌跡上の点である．こうした振動モードをもつロータのふれまわりは，系の共振点付近で顕著に見られる．回転速度の変化により，一つの共振（固有振動数）から別の共振（固有振動数）に移る間の回転速度領域では，対応する二つの振動モードが振幅の小さい状態で混在する．

回転時のねじりや軸方向の振動モードは，図での表現が難しいが，軸系全体が一定速度で一方向に回転する運動に非回転時のねじりや軸方向振動のモードが重なったものになる．

1.6 ロータの加振力と振動（不釣合いとふれまわりの半径）

静止している回転機械は外乱や外部からの加振力が作用しなければ振動しない．しかし，回転している回転機械は，ロータの不釣合い力，エンジンやモータなどの回転変動，歯車のかみあいによる回転伝達誤差など，様々な加振力を内在し，これらはそれぞれ特定の振動を加振する．

図 1.5 (a), (b) や図 1.6 に示したロータの横振動や曲げ振動に関していえば，その代表的な加振力は不釣合い力である．不釣合いは，軸に円板（インペラなど）を取り付けた際，円板の重心 G が軸中心 S（軸中心線と円板面との交点）から数 μm ～数十 μm ずれることによって生ずるものである．このずれ量を偏重心 ε といい，これに円板の質量 m を乗じた量 $m\varepsilon$ を不釣合いと呼ぶ．回転時，不釣合いは遠心力として軸

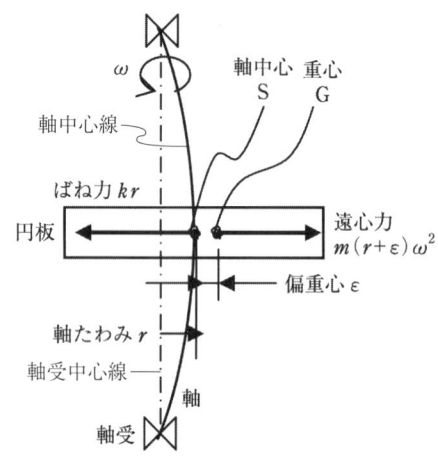

図 1.7 不釣合いロータに作用する力

に作用し，軸をたわませ，ふれまわりを生じさせる．曲げ変形してふれまわっている軸には，**図 1.7** に示す遠心力 $m(r+\varepsilon)\omega^2$ とばね力 kr が作用し，常に釣合いを保っている．2 力の釣合いは式 (1.13) で表され，この式を解けば軸のふれまわり半径 r（曲げ振動の振幅）は，式 (1.14) のように求まる．

$$m(r+\varepsilon)\omega^2 = kr \tag{1.13}$$

$$\left.\begin{array}{l} r = \dfrac{m\varepsilon\omega^2}{k-m\omega^2} = \varepsilon\dfrac{\left(\dfrac{\omega}{\omega_n}\right)^2}{1-\left(\dfrac{\omega}{\omega_n}\right)^2} \quad \omega \neq \omega_n \\ \omega_n = \sqrt{\dfrac{k}{m}} \end{array}\right\} \tag{1.14}$$

式 (1.14) を $|r|/\varepsilon - \omega/\omega_n$ 曲線として図示したのが **図 1.8** である．不釣合いによる遠心力 $m\varepsilon\omega^2$ はロータの回転角速度 ω に等しい振動数をもつ加振力で，ω がこのロータ・軸受系の固有角振動数 ω_n に近づくと，ふれまわりの半径 r は極めて大きくなる（共振する）．この回転速度を危険速度 ω_{cr} [rad/s], f_{cr} [rps]（$=\omega_n/2\pi$）と呼ぶ．

危険速度付近の大きなふれまわり半径を小さくするには，加振力である不釣合いを小さくすればよい．このため，ロータの軽い部分に錘を付加したり，ロータの重い部分をドリルや砥石で除去したりして，不釣合いを許容値以下にする．この作業を釣合わせと呼び，現在ではロータ製造時の標準的な作業として組み込まれている．また，系に減衰力を

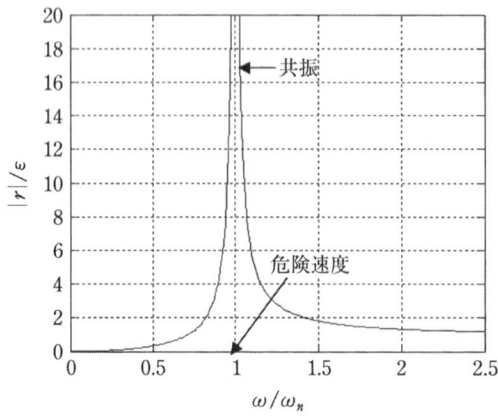

図 1.8 不釣合い応答

付加すると共振時のふれまわり半径が小さくなるので，ロータを油潤滑のすべり軸受で支持したり，軸受部をばねとダンパで支持することが行われる．

図1.5(c)のねじり振動モードを引き起こす加振トルクには，エンジンやモータが発生するトルク変動がある．加振の振動数は様々で，エンジン回転数のn倍，モータの電源周波数の2倍などがある．また，ねじり振動のその他の加振源としては，歯車のかみあいによるものがある．このときの加振振動数は，歯車の歯数にその回転数を乗じたかみあい周波数が代表的である．これらの加振振動数が，ロータ・軸受系のねじり振動の固有振動数に近づくと，共振が生ずる．このときの回転速度も危険速度と呼ぶ．共振時の振幅低減には，加振トルクの低減や歯車の精度向上，軸継手として適当な減衰をもつもの（ゴム継手など）を選ぶなどの対応が必要になる．

図1.5(d)の軸方向振動は，通常の回転機械ではほとんど問題にならないが，歯車型軸継手を含む回転軸系で観察された例がある．

1.7 危険速度

回転機械の振動において，危険速度（critical speed）という用語は極めて重要である．しかしながら，危険速度の定義を，
(1) 加振力の振動数がロータ・軸受系の曲げ振動やねじり振動などの固有振動数に一致したときの振動数とする場合
(2) ロータ・軸受系の振動応答において，振幅が最大（極大）になるときのロータの回転速度とする場合

があり，多くの著書や論文では両方の定義を混ぜて使用している．線形系の定常振動の場合，減衰がなければ，理論上（1），（2）で定義する危険速度はまったく同じになるが，減衰があると両者は少し異なる．さらに，非線形系では系の固有振動数が振動振幅の関数になり，危険速度は一意的に定められない．本書では，基本的には（1）の定義を用いるが，説明のしやすさから，（2）の定義も用いている．

1.8 回転速度とふれまわり速度

回転機械の振動を理解するには，ロータの回転速度とふれまわり速度を区別することが必要である．回転速度はロータの自転の速度であり，ふれまわり速度はロータの旋回の速度（＝振動の振動数）である．例えば，不釣合いによるロータの定常ふれまわりでは，ロータの回転速度が加振力の振動数で，その結果生じたロータの振動の振動数がふれまわり速度で両者の値は一致する．このふれまわり状態は，**図1.9**に示すように，回転軸を無数の繊維を束ねたものと考えたとき，最大引張り（圧縮）を受ける繊維は常にその状態を保つように軸が旋回するもので，軸が1旋回する間に軸は1回転する．

一方，ロータの不安定なふれまわりなどでは，ふれまわり速度と回転速度の比が1：2の場合や，回転速度が変化してもふれまわり速度は変化せず固有振動数に一致している場合がある．回転速度とふれまわり速度を区別することは，振動の特徴をより明確にすることに

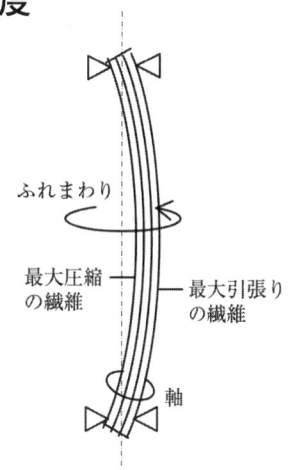

図1.9 ふれまわる軸の応力状態

なり，問題の振動が不釣合いによる共振なのか，不安定振動なのかなど，振動の原因を特定するのに役立つ．

1.9 回転機械と振動

それぞれの回転機械には発生しやすい振動があり，回転機械の構成要素にも振動原因になりやすい様々な特性がある．代表的な回転機械やその部品について，生じやすい振動を以下に例示した．
（1）ロータ：曲げ共振（不釣合い）
（2）モータ・エンジン・歯車装置：ねじり共振（トルク変動，回転変動）
（3）真円すべり軸受（蒸気タービン，発電機など）：不安定振動（オイルホイップ）
（4）シール（ボイラ給水ポンプ，フランシス水車，遠心圧縮機）：不安定振動，接触
（5）歯車型軸継手（ガスタービン，遠心圧縮機）：不安定振動
（6）偏平軸（2極発電機）：不安定振動，不釣合い振動
（7）長翼（蒸気タービン）：ケーシングとの接触
（8）インペラ（軸流・遠心圧縮機，多段タービンポンプ）：旋回失速
（9）転がり軸受（ハードディスク装置）：多くの振動成分

一般に，機械の振動が問題になるのはその振幅が大きいときで，振幅が大きくなるのは，①共振や②不安定振動が発生した場合である．振動問題の9割以上が①の共振によるものといわれており，この場合の振動低減策としては，次の3点が挙げられる．
a. 加振力の大きさを小さくする
b. 系に適当な減衰を加える
c. 運転速度を危険速度から10％以上（規格によっては15～20％以上）遠ざける

一方，②の不安定振動に関しては，発生確率は低いが，発生するとその原因究明から対策までかなりの専門知識と時間を必要とする場合が多い．これまでの多くの研究によって，いくつかの不安定振動の原因が明らかにされてきている．例えば，上記（3）の真円すべり軸受で支持したロータのオイルホイップ，（4）のシールによるロータの不安定振動，（6）偏平軸をもつロータの自由振動の不安定，（8）ターボ圧縮機の旋回失速，乾性摩擦による後向きふれまわりなどである．これらについては，事前に文献などをよく調べて対応策をとることが重要である．

1.10 回転機械の振動解析技術の現状

過去50年，蒸気タービン・発電機，ターボ圧縮機，ポンプ，水車などの回転機械が大容量化・高効率化・高速化する中で，設計・製造技術の進歩とそれを支える回転機械の振動研究（ロータダイナミクス）が広汎に，かつ高いレベルで行われた結果，1990年代には日本のロータダイナミクスの研究は世界をリードするレベルに達した．この間の回転機械の振動に関する主な研究テーマとしては，すべり軸受の動特性とロータのオイルホイップ，シールによるロータの不安定振動，弾性ロータの釣合わせ，ロータの危険速度通過，有限要素法などによるロータ・軸受系や羽根車・翼の振動解析，磁気軸受特性，振動診断，ターボ圧縮機の旋回失速，ロータのカオス振動，ロータとケーシングとの接触・衝突振動，歯車を含む回転軸系の振動など多岐にわたり，多くの有用な知見が得られてきている．このうちのいくつかについては本書でも取り上げる．

また，回転機械の振動を専門とする企業・大学などの研究者や技術者にとって，日本機械学会の

各種講演会や論文集，情報交換の場としてのロータダイナミクス研究会や様々な回転機械で経験された振動問題の概略と解決法を集めた v_BASE は大変役立っている．

一方，過去 40 年の回転機械の振動研究における大きな成果は，研究の道具立てとしてのコンピュータによる振動解析法や実験データの処理法の大きな発展と密接に関係している．特に，

（1）ロータ・軸受系の複素固有値解析，不釣合い応答解析に関しては，有限要素法を用いたロータの離散化とマトリクス演算を組み合わせた振動解析プログラムが，各企業，研究グループ，研究者レベルで様々に作成・活用され，研究開発設計に大いに利用されている．また，ある程度の自由度のロータ・軸受系については，複素固有値解析，不釣合い応答，非定常振動などの計算や結果の表示が，市販のソフト（Matlab など）を用いて短時間で行えるようになっている．

（2）実験データの処理に関しては，パソコンの利用によるところが大きいが，

① FFT アナライザの普及や信号処理技術の発展とともに，振動系の高次モードまでの固有振動数・モード減衰比の特定が簡易に行えるようになり，また，振動の周波数分析結果の 3 次元表示（ウオーターフォール図）により，振動現象の把握と振動診断がより詳細に行えるようになっている．

② 実験モード解析の進歩により，多点の振動データの収録，波形の表示や解析，アニメ化した振動モードの表示，応答曲線の表示も，簡便に行えるようになっている．

こうした状況は，40 年前，非定常振動解析の計算プログラムをパンチカード 100 枚以上に打って学内の計算機センターにもち込み，数日後に紙出力された数値データから 1 日かけて非定常応答のグラフを作成していた時代，また，感光させた記録紙上の振動波形の振動数や振幅を物差しで測って計算し，固有振動数や減衰比を求めたり，グラフ用紙に応答曲線を手書きしていた時代とは隔世の感がある．

膨大な研究や様々な努力により回転機械の振動の多くの部分が解明され，かなりの部分が計算で予測できるようになってきた．しかしながら，計算と実験の定量的な一致に至るには，まだ不明な点が多々あるように思われる．ターボ機械などにおける流体とロータの連成振動，歯車系におけるかみあいの変化や歯面摩擦力を考慮したねじり振動など，今後の解明が待たれる振動問題も多い．

参考文献

1) 谷口　修：機械力学 II, 機械の振動, 養賢堂 (1954).
2) 亘理　厚：機械力学, 共立出版 (1954).
3) チモシェンコ：工業振動学 (谷下市松・渡辺　茂 訳), 東京図書 (1956).
4) デン ハルトック：機械振動論 (谷口　修・藤井澄二 訳), コロナ社 (1960).
5) F. M. Dimentberg：Flexural Vibrations of Rotating Shafts (English translation), Butterworths (1961).
6) ボゴリューボフ・ミトロポリスキー：非線型振動論 (益子正教 訳), 共立出版 (1961).
7) E. J. Gunter：Dynamic Stability of Rotor-Bearing Systems, National Aeronautics and Space Administration (1966).
8) 山本敏男・太田　博：機械力学 (増補改訂版), 朝倉書店 (1986).
9) トンゾル：回転軸の力学 (前澤成一郎 訳), コロナ社 (1971).
10) 田村章義：機械力学, 森北出版 (1972).
11) ガッシュ・ピュッツナー：回転体の力学 (三輪修三 訳), 森北出版 (1978).
12) 谷口　修 ほか編：振動工学ハンドブック, 養賢堂 (1976).
13) J. M. Vance：Rotordynamics of Turbomachinery, John Wiley &Sons (1988).
14) J. S. Rao：Rotor Dynamics (2nd Ed.), John Wiley & Sons (1991).
15) D. W. Childs：Turbomachinery Rotordynamics, John Wiley & Sons (1993).
16) 長松昭男 ほか編：ダイナミクスハンドブック—運動・振動・制御, 朝倉書店 (1993).
17) 日本機械学会振動工学研究会 編：v_BASE データブック (1994).
18) 井上喜雄 ほか 8 名：振動の考え方・とらえ方, オーム社 (1998).
19) M. L. Adams, Jr.：Rotating Machinery Vibration, Marcel Dekker, Inc. (2001).

20) 山本敏男・石田幸男：回転機械の力学, コロナ社 (2001).
21) 日本機械学会 編：機械工学便覧―基礎編―機械力学, 日本機械学会 (2004).
22) A. Muszyn'ska：Rotordynamics, CRC Press Taylor & Francis Group (2005).
23) 松下修己・田中正人・神吉 博・小林正生：回転機械の振動 (実用的振動解析の基本), コロナ社 (2009).

第2章 基本ロータの不釣合いによる定常曲げ振動

2.1 基本ロータと不釣合い

モータ，ポンプ，コンプレッサ，水車，タービン，エンジンなど，回転して仕事をする機械を回転機械という．個々の回転機械は，回転して仕事をする部分（モータの回転子やタービンの翼など），これを取り付ける軸（回転軸），軸を支持する軸受，これらを納めるケーシングなどから構成されている．回転軸に回転子や翼などを取り付けた回転部分をロータという．

軸受で支持したロータ〔たとえば図2.1(a)〕は，回転時に曲げ振動（ふれまわり）を生じるが，その振動を理論的に取り扱う場合には，図(b)のようにモデル化することが多い．すなわち，モータの回転子やタービンの翼は均一な質量分布をもつ質量 m，慣性モーメント I の円板，回転軸は質量を無視した真っ直ぐな弾性丸棒でばね定数 k をもつ軸，軸受は軸の傾きを拘束しない固定支点（単純支持軸受）とする．さらに，円板が軸受スパンの中央で軸に垂直に取り付けられ，円板の自重による軸のたわみを無視したロータをここでは基本ロータ（Jeffcott rotor）と呼ぶ．基本ロータでは，静止時，回転軸の中心線（軸中心線）は2個の軸受の中心を結ぶ軸受中心線と一致している．

実際に翼（円板）などを軸に取り付けた場合，軸と穴の公差により，取り付けた翼（円板）などの重心 G が回転軸の中心線からわずかな距離（数～数十 μm）ずれる．このずれ量 ε を偏重心と呼ぶ．軸中心線と円板面との交点を軸中心 S とすれば，$\varepsilon = \overline{SG}$ と表せる．偏重心 ε に円板の質量 m を乗じた量 $m\varepsilon$ を不釣合いまたは静不釣合いという．なお，円板が傾いて軸に取り付けられた場合には，回転時に円板の傾きによる慣性偶力（動不釣合いによるモーメント）が発生して軸を曲げ変形させるが，取扱いが複雑になるので，ここではこの影響を無視する．

不釣合い（偏重心）をもつロータを軸受で支えて角速度 ω で回転させると，不釣合いによる遠心力 $m\varepsilon\omega^2$ が生じ，これが軸受に作用するだけでなく，ロータをたわませる（回転軸を曲げ変形させる）．ロータは，曲げ変形した形を保ったまま，重心 G を外側または内側にして角速度 ω で軸受中心線まわりに旋回する．ロータの旋回運動をふれまわりと呼ぶ．このロータのふれまわりを軸受中心線を含む水平面・鉛直面に投影すると，それぞれの面内でロ

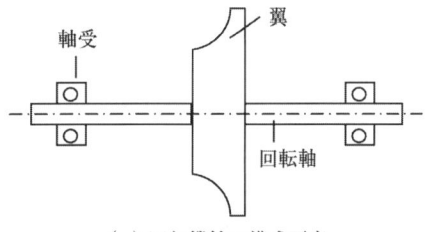

(a) 回転機械の構成要素

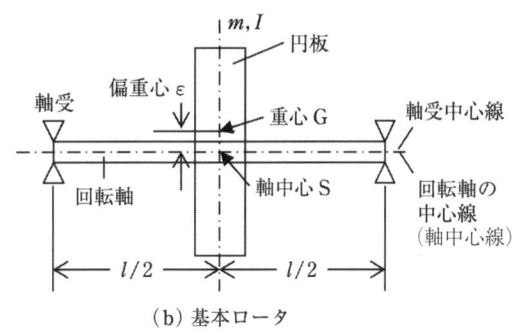

(b) 基本ロータ

図2.1 回転機械の構成要素と基本ロータ

ータは角速度 ω で曲げ振動することがわかる．逆に，水平・鉛直の2平面内での曲げ振動を合成すると，3次元的なロータのふれまわり運動が得られる．

2.2 基本ロータの曲げ振動の運動方程式

軸受で単純支持された不釣合いをもつ基本ロータが，角速度 ω で反時計回りに回転しながらふれまわっている状態を図 2.2 (a) に示す．円板は，軸のスパン中央で軸に垂直に取り付けられているので，ふれまわり中，傾きを生じない．円板を含む平面 P と軸受中心線 bb' の交点を B とし，平面 P 上に静止座標系 B-xy を定める．x, y は，それぞれ水平・鉛直方向に一致している．z は軸受中心線の方向である．曲げ変形している回転軸の中心線と平面 P の交点を軸中心と呼び S (x, y) で表し，円板の重心を G (x_G, y_G) で表す．座標系 B-xy における軸中心 S と重心 G の位置関係およびその他の諸量を図 (b) に示す．図中，$r = \overline{BS}$ は円板位置における軸（ロータ）のふれまわり半径（たわみ量），φ はふれまわり角，ϕ は回転角，$\theta (= \phi - \varphi)$ は位相角（偏重心 ε の方向に対する軸たわみ方向の遅れ角，不釣合い遠心力 $m\varepsilon\omega^2$ に対する振動の遅れ角）をそれぞれ表す．kx, ky は，軸中心 S に作用する軸のたわみ x, y によるばね力（復元力）である．

円板の質量および極慣性モーメントを m, I，回転軸に加わる駆動モーメントと抵抗モーメントの差を M とすると，図 2.2 (b) より円板の重心 G に関する並進運動および回転運動の運動方程式は次のように書ける．

$$\left.\begin{array}{l} m\ddot{x}_G = -kx, \quad m\ddot{y}_G = -ky \\ I\ddot{\phi} = -k\varepsilon(x\sin\phi - y\cos\phi) + M \end{array}\right\} \quad (2.1)$$

ここで，$\ddot{x}_G$ などは時間に関する2回の微分を表す．k は回転軸の円板位置でのばね定数で，回転軸の直径を d，長さを l，ヤング率を E，断面 2 次モーメントを I_a として，次式で計算される．

$$k = \frac{48EI_a}{l^3}, \quad I_a = \frac{\pi d^4}{64} \quad (2.2)$$

このばね定数は，両端単純支持梁の中央に単位荷重を加えたときの荷重位置でのたわみの逆数として得られる．EI_a を軸の曲げ剛性と呼ぶ．

図 2.2 (b) より，重心 G と軸中心 S の座標の間には次の関係のあることがわかる．

$$x_G = x + \varepsilon\cos\phi, \quad y_G = y + \varepsilon\sin\phi \quad (2.3)$$

これらを，式 (2.1) に代入して計算し，軸中心 S (x, y) の速度に比例する粘性減衰力 $-c\dot{x}, -c\dot{y}$ (c：粘性減衰係数) を追加すると，次式が得られる．

$$\left.\begin{array}{l} m\ddot{x} + c\dot{x} + kx = m\varepsilon(\dot{\phi}^2\cos\phi + \ddot{\phi}\sin\phi) \\ m\ddot{y} + c\dot{y} + ky = m\varepsilon(\dot{\phi}^2\sin\phi - \ddot{\phi}\cos\phi) \\ I\ddot{\phi} = -k\varepsilon(x\sin\phi - y\cos\phi) + M \end{array}\right\} \quad (2.4)$$

この3個1組の運動方程式が，不釣合いをもつ基

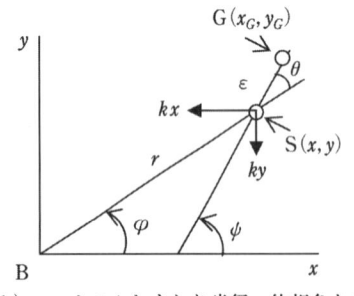

(a) ふれまわり中の基本ロータと座標系

(b) ロータのふれまわり半径・位相角など

図 2.2 基本ロータの不釣合いによるふれまわりと静止座標系

本ロータの曲げ振動の一般的な運動方程式である．上式の第3式はロータの回転速度の変化を支配する方程式で，ロータの回転速度が一定の定常振動を議論する場合には，これを次式で置き換える．

$$\ddot{\psi}=0, \quad \dot{\psi}=\omega : 一定, \quad \psi=\omega t \tag{2.5}$$

式 (2.5) を式 (2.4) に代入して計算すると，次のようになる．

$$\left.\begin{array}{l} m\ddot{x}+c\dot{x}+kx=m\varepsilon\omega^2\cos\omega t \\ m\ddot{y}+c\dot{y}+ky=m\varepsilon\omega^2\sin\omega t \end{array}\right\} \tag{2.6}$$

式 (2.6) が，不釣合いをもつ基本ロータの軸中心 S (x, y) に関する定常曲げ振動の運動方程式である．

2.3 不釣合いによる定常振動の解

式 (2.6) の特解 (定常振動解，強制振動解) を求めるには，

$$\left.\begin{array}{l} x=A_1\cos\omega t+B_1\sin\omega t \\ y=A_2\cos\omega t+B_2\sin\omega t \end{array}\right\} \tag{2.7}$$

と解を仮定して式 (2.6) に代入し，各式の $\cos\omega t, \sin\omega t$ の係数をゼロと置いて，A_1, B_1, A_2, B_2 を含む4個の連立式を導きそれを解けばよい (第1の解法)．しかし，この計算過程は長く，力学的な見通しもよくないので，ここでは別の解法 (第2の解法) について説明する．

図 2.2 (b) および式 (2.5) より，定常振動では次の関係式が成り立つ．

$$x=r\cos\varphi, \quad y=r\sin\varphi, \quad \varphi=\omega t-\theta, \quad r, \omega, \theta : 一定 \tag{2.8}$$

これらの式を式 (2.6) の第1式，第2式に代入し，第1式 × $\cos(\omega t-\theta)$ + 第2式 × $\sin(\omega t-\theta)$，第1式 × $\{-\sin(\omega t-\theta)\}$ + 第2式 × $\cos(\omega t-\theta)$ をつくれば，次式が得られる．

$$\left.\begin{array}{l} -mr\omega^2+kr=m\varepsilon\omega^2\cos\theta \\ cr\omega=m\varepsilon\omega^2\sin\theta \end{array}\right\} \tag{2.9}$$

式 (2.9) に含まれる各項は，ばね力 kr，減衰力 $cr\omega$，円板の慣性力 (遠心力) $mr\omega^2$，不釣合い遠心力 $m\varepsilon\omega^2$ であり，これらを図 2.2 (b) 上に図示すると，**図 2.3** (a) が得られる．図 2.3 (a) より，式 (2.9) は回転軸のたわみ方向 (r 方向) およびその直角方向 (周方向，φ 方向) における上記4個の力の釣合い式であることがわかる．

第3の解法について説明する．回転軸のたわみ (ふれまわりの半径) r をベクトル表示 $\vec{r}(=\overrightarrow{BS})$ し，r および角速度 ω の値が一定であること (定常振動) に注意して，ばね力，減衰力，円板の重心にかかる慣性力 (遠心力) をベクトル表示すると，図 2.3 (b) のようになる．図中の × 印はベクトルの外積を表す．円板の重心に作用する遠心力を $\vec{r}$ と $\vec{\varepsilon}$ 方向の力に分解すれば，$-m\vec{\omega}\times(\vec{\omega}\times\vec{r})=m\omega^2\vec{r}, -m\vec{\omega}\times(\vec{\omega}\times\vec{\varepsilon})=m\omega^2\vec{\varepsilon}$ となるので，結局，図

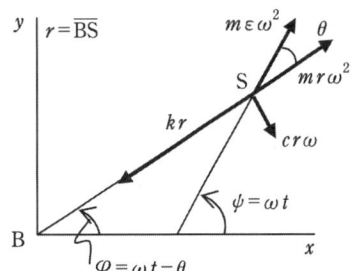

(a) ロータ軸中心Sに作用する力の釣合い

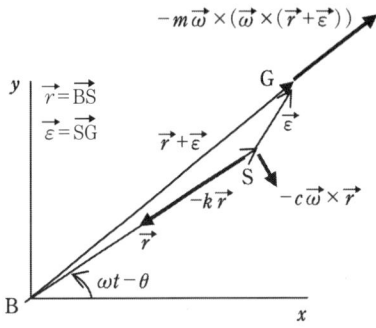

(b) ロータに作用する力のベクトル表示

図 2.3 定常ふれまわり中の基本ロータに作用する力

2.3 (b) から図 2.3 (a) の力の釣合いの図，すなわち式 (2.9) が得られる．

以上の説明から，不釣合いによる基本ロータの定常ふれまわりでは，軸中心 S に図 2.3 (a) に示すようなばね力，減衰力，円板の慣性力，不釣合い力が作用し，釣合っていること，位相角 θ は減衰力 $cr\omega$ の影響で生じること，また，同図における軸のたわみ方向および周方向の力の釣合い式が式 (2.9) であることがわかる．

式 (2.9) から，軸のふれまわりの半径（軸のたわみ）r と位相角 θ を求めよう．式 (2.9) の第 1，2 式の辺々を 2 乗して加えて計算すると，次式が得られる．

$$r = \frac{m\varepsilon\omega^2}{\sqrt{(k-m\omega^2)^2+(c\omega)^2}} = \frac{\varepsilon\left(\frac{\omega}{\omega_n}\right)^2}{\sqrt{\left\{1-\left(\frac{\omega}{\omega_n}\right)^2\right\}^2+\left\{2D\left(\frac{\omega}{\omega_n}\right)\right\}^2}} \tag{2.10}$$

なお，ここでは，系の固有角振動数 ω_n および減衰比 D（次式参照）を用いて解を無次元化している．

$$\omega_n = \sqrt{\frac{k}{m}}, \quad D = \frac{c}{2m\omega_n} = \frac{c\omega_n}{2k} \tag{2.11}$$

また，式 (2.9) の第 1，2 式の辺々をそれぞれ割り算すれば，位相角 θ が次のように求まる．

$$\tan\theta = \frac{c\omega}{k-m\omega^2} = \frac{2D\left(\frac{\omega}{\omega_n}\right)}{1-\left(\frac{\omega}{\omega_n}\right)^2}, \quad \omega \neq \omega_n \tag{2.12}$$

式 (2.10)，(2.12) を式 (2.8) に代入すると，式 (2.6) の不釣合いによる定常振動解が得られる．

2.4　定常振動の振幅特性・位相特性（不釣合い振動応答）

式 (2.10)，(2.12) を用いて，不釣合いによる定常振動の振幅（ふれまわりの半径）r および位相角 θ の軸回転角速度 ω に対する変化を計算し，図示したのが**図 2.4** (a)，(b) である．両図の横軸は無次元回転角速度 ω/ω_n で，図 (a) の縦軸は無次元振幅 r/ε である（ε：偏重心）．図 (a) を振幅特性（または共振曲線，応答曲線），図 (b) を位相特性（または位相曲線）と呼ぶ．

図 2.4 (a)，(b) より，基本ロータの不釣合いによる定常曲げ振動について，以下のことがいえる．

（1）$\omega/\omega_n \ll 1$ の範囲では，ω/ω_n の増加とともに r/ε と θ はゼロから緩やかに増加する．

（2）$\omega/\omega_n \approx 1$ で，r/ε は最大値をとる．このときの回転速度 ω_{cr} を危険速度と呼ぶ．式 (2.10) からこの値を求めると，次のようになる．

$$\frac{\omega_{cr}}{\omega_n} = \frac{1}{\sqrt{1-2D^2}} \tag{2.13}$$

上式を式 (2.10) に代入すれば，危険速度における最大振幅 $r_{\max}$ は，次のように計算できる．

$$\frac{r_{\max}}{\varepsilon} = \frac{1}{2D\sqrt{1-D^2}} \tag{2.14}$$

減衰比 D が十分小さければ（例えば $D<0.1$），$\omega_{cr}/\omega_n \approx 1$ となり，系の危険速度 ω_{cr} は基本ロータの固有角振動数 ω_n にほぼ等しくなる．このとき，r/ε の最大値は，式 (2.14) より次式で表される．

$$\frac{r_{\max}}{\varepsilon} \approx \frac{1}{2D} \tag{2.15}$$

一方，$\omega/\omega_n=1$ 付近では，θ は急激に変化し，$\omega/\omega_n=1$ では D の値によらず，常に $\theta=90°$ になる．これは $\omega=\omega_n$ のとき，図 2.3 (a) で $mr\omega^2=kr$ となり $m\varepsilon\omega^2$ が $\theta=90°$ になって $cr\omega$ と釣り合うためである．

（3）$1 \ll \omega/\omega_n$ の範囲では，ω/ω_n の増加とともに r/ε は 1 へ，θ は $180°$ へ漸近する．

図 2.4 の $D=0.1$ の場合について，代表的な無次元回転角速度 ω/ω_n におけるロータの軸中心 S と円板重心 G の位置関係（位相特性）を **図 2.5** (a-1)〜(a-5) に示す．不釣合いによる定常ふれまわりでは，各回転速度で示した B, S, G の位置関係が固定されたまま全体が点 B まわりに反時計方向へ旋回する（ふれまわる）．ロータが一定の角速度でふれまわっている間，軸のたわみ（曲げ変形）による軸の最大引張り・最大圧縮の方向（角位置）は変化しない．低速（$\omega/\omega_n=0.5$）では，ロータは重心 G を外側にしてふれまわり，危険速度を越えた高速（$\omega/\omega_n=2$）では，重心 G を内側にしてふれまわる．危険速度（$\omega/\omega_n\approx 1$）では，ロータは重心 G（$\overrightarrow{SG}$ 方向）からほぼ $90°$ 遅れた方向を外側にしてふれまわる．

こうしたふれまわりをしている円板軸中心 S (x, y) の変位 x, y の時間変化を図 2.5 (b-1)〜(b-5) に同じスケールで示す．これらの図は，

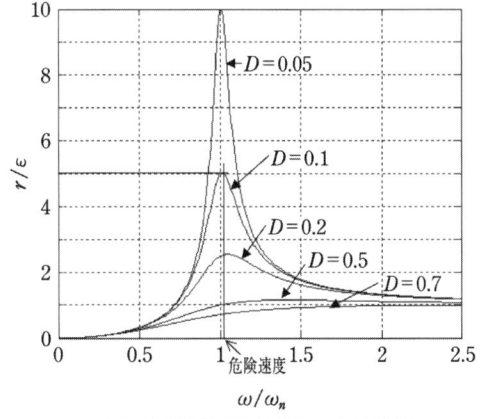

(a) 振幅特性（共振曲線，応答曲線）

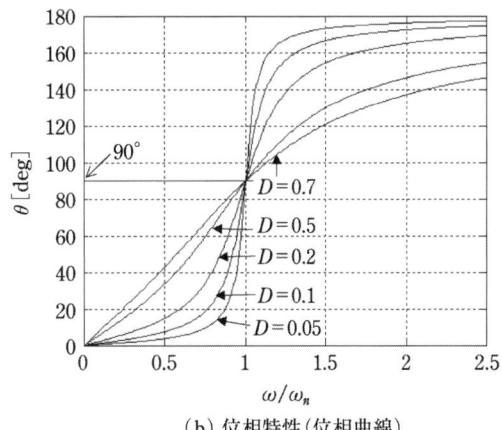

(b) 位相特性（位相曲線）

図 2.4 基本ロータの不釣合いによる定常曲げ振動の振幅および位相特性

図 2.5 (a-1) に示すように軸の振動を円板近傍で x, y 方向から測り，オシロスコープ上で観察している振動波形と考えてよい．横軸が時間軸で左側が古い時刻（右側が新しい時刻）である．縦軸は，回転軸の変位によるピックアップの出力（電圧）で軸がピックアップに近づくと出力が + 側に移動するとしている．図中の回転パルスは，軸の基準角位置を示すために軸に付けたマークからの信号で，ここでは，偏重心（不釣合い）の方向に一致させている．このマークの通過を検出するピックアップを x 方向に設置し，その出力を回転パルスとしている．回転パルスの間隔は，軸 1 回転に相当するので $360°$ である．例えば，図 (b-2) の $\omega/\omega_n=0.9$ では，x 方向変位が最大になった瞬間は回転パルスの位置から $\theta=43°$ 遅れた方向にあり，この値がこの回転速度での不釣合いからの振動の遅れ角（位相角 θ）になる．

図 (b-3) の $\omega/\omega_n=1$ では，位相角が $\theta=90°$ になることがわかる．実際のロータの振動測定では，不釣合いの方向がわからないので，回転パルスのマークは軸のキー溝など適当な角位置に設定し，最大振幅時の不釣合いに対する振動の遅れ角（位相角）が $90°$ であることから，不釣合いの方向を推定する（減衰比 D が 0.01 などと極めて小さい場合は，軸の振動振幅が急に大きくなりだすときの軸たわみの方向を不釣合いの方向と考えてよい）．実際の釣合わせ作業では，推定した不釣合いの方向から適当な不釣合い量を除去したり，不釣合いの逆方向に修正おもりを付加したりす

第 2 章 基本ロータの不釣合いによる定常曲げ振動

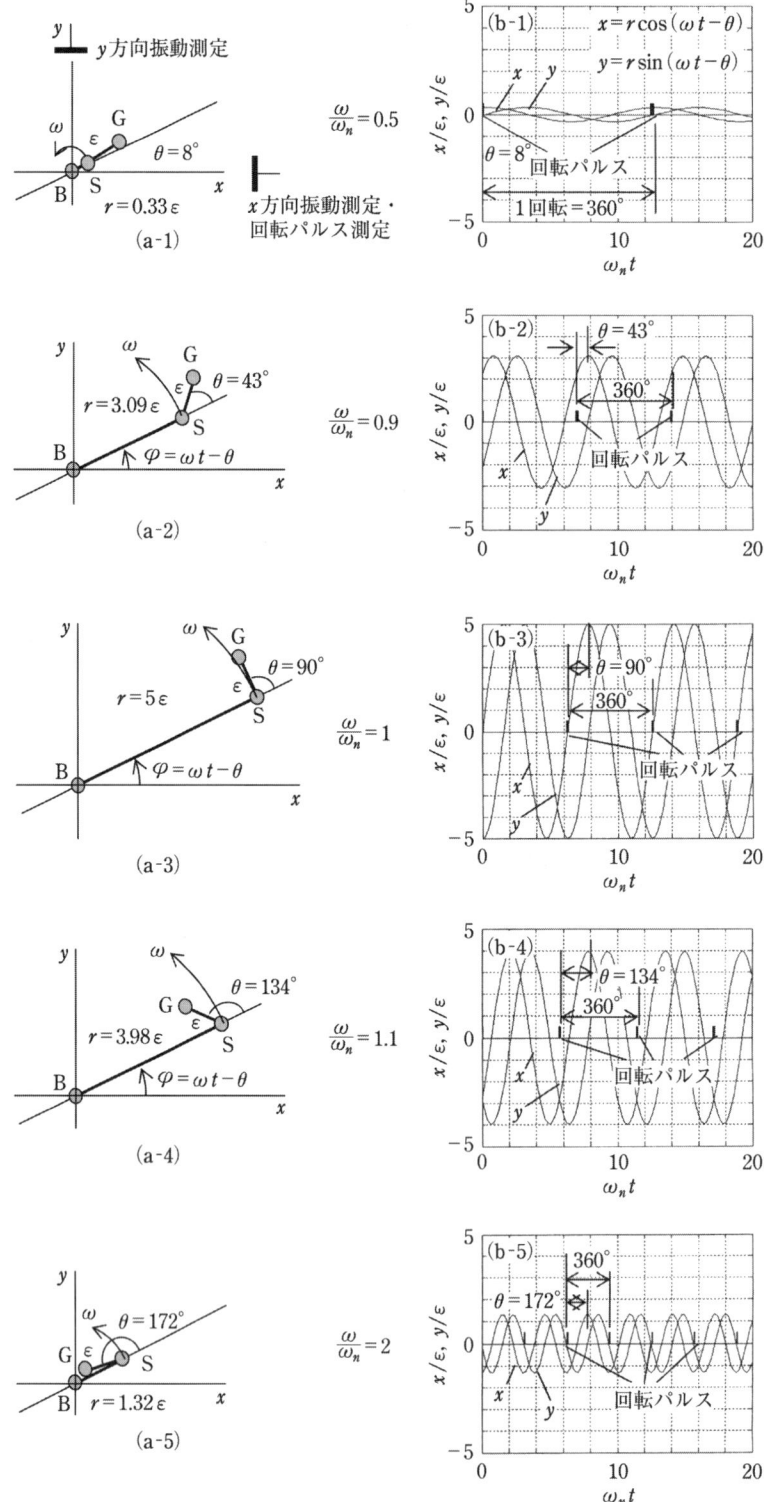

図 2.5 定常ふれまわりにおける B, S, G の位置関係および振動波形と回転パルスの位相角の ω/ω_n による変化 ($D=0.1$)

る.

2.5 振幅・位相特性の極座標表示

これまで不釣合いロータの振動振幅（ふれまわり半径）r と位相角 θ を図 2.4 (a), (b) のように振幅特性（r/ε-ω/ω_n 曲線），位相特性（θ-ω/ω_n 曲線）として 2 枚の図で表してきたが，ここでは両者を極座標 $(r/\varepsilon, \theta)$ 表示して一つの図で表してみる（ポーラ線図と呼ぶ）．結果を **図 2.6** に示す．

横軸を向く太い矢印が偏重心 ε（不釣合い）の方向，図中の円状の軌跡が回転速度の増加に伴う $(r/\varepsilon, \theta)$ の軌跡である．座標原点を O，軌跡上の点を P とすると，$\overline{OP}$ が r/ε，図中の θ

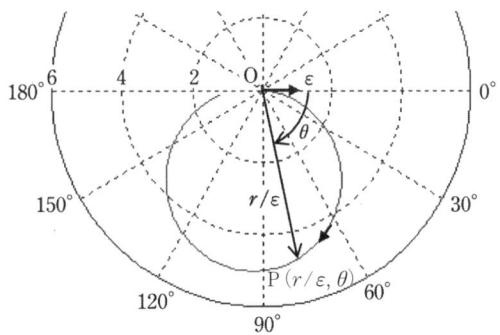

図 2.6 不釣合い応答の極座標表示（ポーラ線図）($D=0.1$)

が不釣合い方向から測った振動の遅れ角（位相角）になっている．軌跡は，$\omega=0$ で原点，ω の増加とともに r/ε と θ は次第に増加し，$\omega=\omega_n$ で r/ε はかなり大きくなり $\theta=90°$ になる．r/ε が最大になるときの ω が危険速度 $\omega_{cr}(=\omega_n/\sqrt{1-D^2})$ で，このときの θ の値は $90°$ より少し大きい．さらに ω が増加し十分大きくなると点 P は $(1, 180°)$ に近づく．この不釣合い応答の極座標表示は，実機（多自由度系）の釣合わせ作業などでよく用いられる．

2.6 円板の重心に関する運動方程式と定常振動解

これまでは，基本ロータの円板の軸中心 S (x,y) に関する不釣合い振動の運動方程式およびその定常振動解について説明してきた．ここでは，円板の重心 G (x_G, y_G) に関する運動方程式とその定常振動解について簡単に説明する．

式 (2.1), (2.3) から重心に関する定常振動の運動方程式を求め，重心の速度に比例する粘性減衰力 $-c\dot{x}_G, -c\dot{y}_G$ を追加すると，次式が得られる．

$$\left.\begin{array}{l} m\ddot{x}_G + c\dot{x}_G + kx_G = k\varepsilon\cos\omega t \\ m\ddot{y}_G + c\dot{y}_G + ky_G = k\varepsilon\sin\omega t \end{array}\right\} \quad (2.16)$$

ここで，粘性減衰係数は便宜上式 (2.4), (2.6) と同じとした．式 (2.16) を円板の軸中心 S (x,y) に関する運動方程式 (2.6) と比較すると，右辺の加振力の大きさが不釣合い遠心力 $m\varepsilon\omega^2$ から軸のばね力 $k\varepsilon$ に変わり，ロータの回転角速度によらず一定であることがわかる．すなわち，式 (2.16) は 1 自由度減衰系に $P\cos\omega t$ または $P\sin\omega t$（P：一定）の加振力が作用した場合の運動方程式と同じである．

式 (2.16) の定常振動解を 2.3 節で説明した第 2 の解法を用いて求める．第 2 の解法に従って式 (2.16) が意味する重心に作用する力の釣合いを描けば，**図 2.7** が得られる．図では，重心 G のふれまわり半径を $r_G = \overline{BG}$，ふれまわり角を φ_G，位相角を θ_G としている．これらの量は，式 (2.16) の $x_G, y_G, \omega t$ と以下の関係がある．

$$x_G = r_G\cos\varphi_G, \quad y_G = r_G\sin\varphi_G, \quad \varphi_G = \omega t - \theta_G, \quad r_G, \omega, \theta_G：一定 \quad (2.17)$$

図 2.7 より，重心に作用する力の釣合い式として次式が得られる．

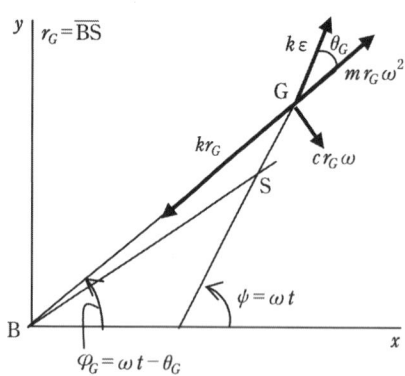

図 2.7 定常ふれまわり中の基本ロータの重心に作用する力

$$\left.\begin{array}{l}-mr_G\omega^2+kr_G=k\varepsilon\cos\theta_G\\ cr_G\omega=k\varepsilon\sin\theta_G\end{array}\right\} \quad (2.18)$$

式 (2.18) より r_G, θ_G を求めると，次のようになる．

$$\left.\begin{array}{l}r_G=\dfrac{k\varepsilon}{\sqrt{(k-m\omega^2)^2+(c\omega)^2}}\\ \quad=\dfrac{\varepsilon}{\sqrt{\left\{1-\left(\dfrac{\omega}{\omega_n}\right)^2\right\}^2+\left\{2D\left(\dfrac{\omega}{\omega_n}\right)\right\}^2}}\\ \tan\theta_G=\dfrac{c\omega}{k-m\omega^2}=\dfrac{2D\left(\dfrac{\omega}{\omega_n}\right)}{1-\left(\dfrac{\omega}{\omega_n}\right)^2},\quad \omega\ne\omega_n\end{array}\right\}$$
(2.19)

式 (2.19) で表される円板重心 G の振幅特性は，式 (2.10)〔図 2.4 (a)〕で表された円板軸中心 S のそれと似ているが，以下の点で異なる．$\omega/\omega_n\ll 1$ の範囲では，ω/ω_n の増加とともに r_G/ε は 1 から緩やかに増加し，$\omega_{cr}/\omega_n=\sqrt{1-2D^2}\ (<1)$ で最大振幅 $r_{G\max}/\varepsilon=1/(2D\sqrt{1-D^2})\approx 1/(2D)$ に達する．その後，振幅は減少して $r_G/\varepsilon=0$ へ近づく．位相角の変化は式が同じなので，図 2.4 (b) のようになる．

2.7 減衰比の推定法

前節では，粘性減衰力（減衰比 D）が基本ロータの定常不釣合い振動に及ぼす影響について説明した．実際の回転機械では，すべり軸受の油膜力，転がり軸受内のすべりや転がり，回転軸のヒステリシス，回転機械内を流れる流体からの力（流体力），各種のダンパなどから様々な形の減衰力（速度の関数として表される力）がロータに作用する．個々の減衰力を数式表現する困難さや，これらを考慮した運動方程式の解を得る際の困難さなどを避けるため，通常の振動解析では，便宜的に粘性減衰力（速度に比例する抵抗力）を導入している．このため，粘性減衰係数 c は，円板の質量 m や軸のばね定数 k と異なり，事前に計算するのが困難な量である．

そこで多くの場合，機械の打撃実験から得られる減衰自由振動波形や実機を運転して測定した不釣合い振幅特性（共振曲線）から，系に粘性減衰力だけが作用すると仮定して減衰比 D を推定し，$D=c/(2m\omega_n)$ の関係を用いて粘性減衰係数 c を定めている．以下に減衰比の推定法について説明する．

2.7.1 基本ロータの減衰自由振動と減衰比の推定法

基本ロータの不釣合いによる曲げ振動の運動方程式 (2.6) において，右辺の不釣合い力をゼロとすると，よく知られた自由振動の運動方程式が得られる．

$$\left.\begin{array}{l}m\ddot{x}+c\dot{x}+kx=0\\ m\ddot{y}+c\dot{y}+ky=0\end{array}\right\} \quad (2.20)$$

複素変位 z を導入して式 (2.20) を書き換えると，次のようになる．

$$\left.\begin{array}{l}m\ddot{z}+c\dot{z}+kz=0\\ z=x+jy\end{array}\right\} \quad (2.21)$$

この自由振動解を

$$z=Ze^{st} \quad (2.22)$$

と仮定して式 (2.21) に代入すると，s が満足すべき式として次式が得られる．
$$ms^2+cs+k=0 \tag{2.23}$$
この 2 次方程式の解 s_1, s_2 は次のように求まる．
$$s_1, s_2 = \frac{-c \pm \sqrt{c^2-4mk}}{2m} = -\frac{c}{2m} \pm j\sqrt{\frac{k}{m}-\left(\frac{c}{2m}\right)^2}$$
$$= -n \pm j\omega_n\sqrt{1-D^2} = -n \pm jq \tag{2.24}$$
ここで，
$$\omega_n = \sqrt{\frac{k}{m}}, \quad n = \frac{c}{2m}, \quad D = \frac{c}{2m\omega_n} = \frac{n}{\omega_n}, \quad q = \omega_n\sqrt{1-D^2} \tag{2.25}$$
s_1, s_2 を共役な複素固有値，q を減衰固有角振動数と呼ぶ．D は減衰比である．

以上より，式 (2.21) の自由振動解は，2 個の基本解の 1 次結合として次のように表せる．
$$z = Z_1 e^{s_1 t} + Z_2 e^{s_2 t} = e^{-nt}(Z_1 e^{jqt} + Z_2 e^{-jqt})$$
$$= e^{-nt}\{Z_{11}\cos qt + Z_{12}\sin qt + j(Z_{21}\cos qt + Z_{22}\sin qt)\} \tag{2.26}$$
ここで，Z_1, Z_2 は複素数の積分定数，Z_{ij} は実数の積分定数である．

式 (2.26) の実部と虚部を分離すれば，式 (2.20) の自由振動解として次式が得られる．
$$\left.\begin{array}{l} x = \text{real}(z) = e^{-nt}(Z_{11}\cos qt + Z_{12}\sin qt) = X_0 e^{-nt}\cos(qt-\phi_1) \\ y = \text{imag}(z) = e^{-nt}(Z_{21}\cos qt + Z_{22}\sin qt)) = Y_0 e^{-nt}\sin(qt-\phi_2) \end{array}\right\} \tag{2.27}$$
式 (2.27) の積分定数 $Z_{ij}, X_0, Y_0, \phi_1, \phi_2$ は，x, y 方向の初期条件 ($t=0$ における x, y の変位 x_0, y_0 および速度 v_{x0}, v_{y0}) から決定される．いま，x 方向の自由振動に着目して，初期条件を $t=0$ で $x=A, \dot{x}=0$ とすると，その自由振動解および減衰比の値が十分小さい場合の近似解が次のように得られる．
$$x = Ae^{-nt}\left(\cos qt + \frac{n}{q}\sin qt\right) \approx Ae^{-nt}\cos\omega_n t \tag{2.28}$$

$A=1\,\text{mm}$，$\omega_n = 2\pi \times 10\,\text{rad/s}$ ($f_n = \omega_n/(2\pi) = 10\,\text{Hz}$)，$D=0.02$ ($n=D\omega_n=0.4\pi$) として上の近似式の減衰自由振動波形 ($x\sim t$ 曲線) を描くと，**図 2.8** のようになる．減衰自由振動波形は，以下の特徴をもつ．

（1）振幅が時間とともに指数関数的に減少し，$t \to \infty$ で振幅がゼロになる．

（2）振動の周期 T は $T = 2\pi/q = 2\pi/(\omega_n\sqrt{1-D^2})$ である．ただし，通常の振動系では減衰比 D の値は 0.1 以下なので D^2 項は無視できる大きさになり，$q \approx \omega_n$，$T \approx 2\pi/\omega_n$ としてさしつかえ

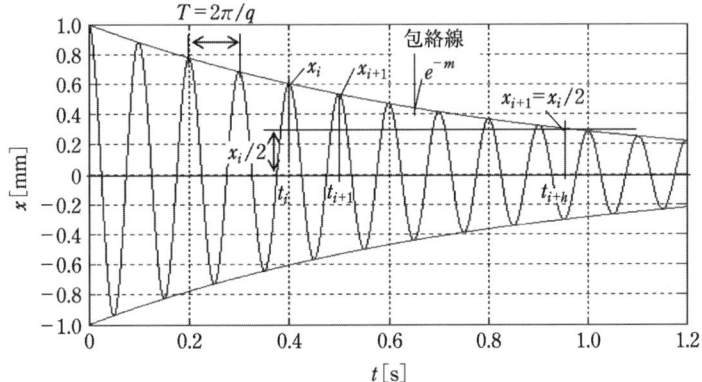

図 2.8 減衰自由振動波形と減衰比

ない．図 2.8 から振動の周期を読み取ると $T=0.1$ 秒となり，$q=2\pi/T=2\pi\times 10\,\mathrm{rad/s}\approx\omega_n$ が得られる．

（3）減衰自由振動波形において，隣り合う変位の極大値（振幅）の大きさと，そのときの時刻を $x_i, x_{i+1}, t_i, t_{i+1}$ とすると，1 周期後の振幅の減少割合は，式 (2.28) より次のように表せる．

$$\frac{x_{i+1}}{x_i}=\frac{A\,e^{-nt_{i+1}}\cos\omega_n t_{i+1}}{A\,e^{-nt_i}\cos\omega_n t_i}=e^{-n(t_{i+1}-t_i)}=e^{-nT}=e^{-D\omega_n(2\pi/q)}\approx e^{-2\pi D} \tag{2.29}$$

この振幅減少割合は，時間 t に無関係で減衰比 D の値だけに依存することがわかる．上式の逆数の自然対数をとると，次式が得られる（対数減衰率）．

$$\ln\frac{x_i}{x_{i+1}}=\ln e^{nT}=nT=D\omega_n\frac{2\pi}{q}\approx 2\pi D \tag{2.30}$$

したがって，減衰比は次のように計算できることがわかる．

$$D\approx\frac{1}{2\pi}\ln\frac{x_i}{x_{i+1}} \tag{2.31}$$

上式より，1 周期（1 サイクル）後の振幅が $1/2\,(=x_{i+1}/x_i)$ であれば，減衰比は $D=\ln(x_i/x_{i+1})/(2\pi)=\ln 2/(2\pi)=0.693/6.28=0.11\approx 0.1$，$1/3$ であれば $D=\ln 3/(2\pi)=1.099/6.28=0.18\approx 0.2$ となる．

［減衰比を求める簡便法］

減衰自由振動波形において，隣り合う変位の極大値を用いて減衰比を求める先の方法では自然対数の計算〔(式 (2.31))〕が必要になるが，変位のある極大値に対してその値が半分になるまでの振動のサイクル数 h を求める以下の方法を用いれば，減衰比を対数計算することなしに簡単に得ることができる．

手順は次のとおりである．図 2.8 の減衰自由振動波形において，

① 減衰波形の包絡線を描く．
② 時刻 t_i における振幅 x_i（変位の極大値）に対してその値が半分 $x=x_i/2$ の水平線を引く．
③ ①の包絡線と②の水平線の交点の座標を (t_{i+h}, x_{i+h}) とし，時刻 t_i から t_{i+h} の間の振動のサイクル数 h（h は整数でなくてもよい）を読み取る．
④ 式 (2.33) に h を代入し，減衰比 D を求める．なお，式 (2.33) は以下のように導ける．

上記の②，③における振幅と時刻 $x_i, x_{i+h}, t_i, t_{i+h}$ の間には，式 (2.29) を参考にすれば，次の関係が成り立つ．

$$\frac{1}{2}=\frac{x_{i+h}}{x_i}=e^{-n(t_{i+h}-t_i)}=e^{-nhT}=e^{-nh(2\pi/q)}\approx e^{-2\pi Dh} \tag{2.32}$$

各項の逆数の自然対数をとると，

$$\ln 2=\ln\frac{x_i}{x_{i+h}}=\ln e^{nhT}\approx 2\pi Dh \tag{2.32}'$$

$\ln 2=0.693$ であることを考慮すれば，上式は次のようになる．

$$Dh\approx 0.11 \tag{2.33}$$

これが減衰自由振動波形から減衰比 D を簡便に求める式である．すなわち，減衰自由振動波形において任意の振幅（極大変位，図 2.8 の x_i など）に注目し，その振動振幅が半分になるまでの振動のサイクル数 h を読み取り，式 (2.33) に代入すれば，減衰比 D が簡単に計算できる．

例えば，減衰自由振動波形において，1 サイクルで振動振幅が半分になれば（$h=1$），減衰比は $D\approx 0.11/1=0.11\approx 0.1$，図 2.8 のように約 5.5 サイクルで振幅が半分になれば，$h=5.5$ で $D\approx 0.11/5.5=0.02$ となる．この減衰比決定法は極めて実用的である．なお，打撃試験で得られ

た減衰自由振動波形では，波形の初期の部分と後の部分で減衰比が異なる場合がある．実際の振動振幅に近い減衰波形部分で減衰比を求めるのがよい．

2.7.2 不釣合い応答曲線を用いた減衰比の推定法

実験で得られた不釣合い応答曲線（図2.9）から減衰比を求める方法について説明する．得られた応答曲線の最大振幅を $A_{\max}$，最大振幅時の回転角速度を $\omega_n(=\sqrt{k/m})$ とする．厳密には，最大振幅時の回転角速度は式(2.13)で表されるが，減衰比 D が小さい（$D<0.1$）場合には，D の影響を無視してよい．図2.9の応答曲線上で $r=A_{\max}/\sqrt{2}$ の水平線を描き，応答曲線との交点 P_1, P_2 の横軸の座標（回転角速度）をそれぞれ ω_1, ω_2 とすると，次の関係式がある．

$$D \approx \frac{\omega_2 - \omega_1}{2\omega_n} \tag{2.34}$$

上式より，減衰比 D を計算することができる．

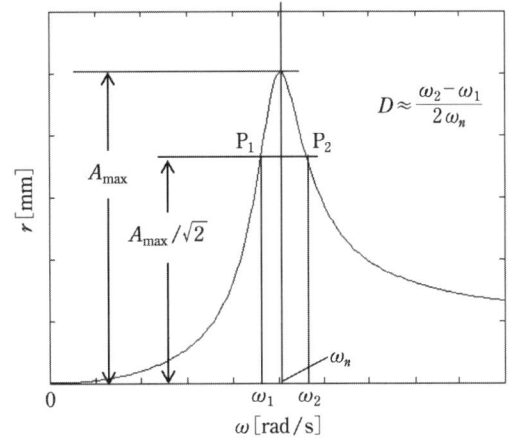

図2.9 不釣合い応答曲線と減衰比

式(2.34)は次のように導かれる．ロータの偏重心を ε とすれば，図2.9の応答曲線は式(2.10)で表され，応答曲線が最大振幅 $[A_{\max} \approx \varepsilon/(2D)]$ の $1/\sqrt{2}$ に等しくなる条件は，次のように書ける．

$$\frac{1}{\sqrt{2}} \frac{\varepsilon}{2D} = \frac{\varepsilon \left(\dfrac{\omega}{\omega_n}\right)^2}{\sqrt{\left\{1-\left(\dfrac{\omega}{\omega_n}\right)^2\right\}^2 + \left\{2D\left(\dfrac{\omega}{\omega_n}\right)\right\}^2}} \tag{2.35}$$

この式を満足する ω の値が ω_1, ω_2 である．上式で $u=\omega/\omega_n$ と置いて両辺を2乗して計算すると，

$$(1-u^2)^2 + 4D^2 u^2 = 8D^2 u^4$$

すなわち，

$$(1-8D^2)u^4 - 2(1-2D^2)u^2 + 1 = 0 \tag{2.36}$$

これを解くと，

$$u^2 = \frac{1-2D^2 \pm \sqrt{(1-2D^2)^2 - (1-8D^2)}}{1-8D^2} \approx 1-2D^2 \pm 2D\sqrt{1+D^2} \approx 1 \pm 2D \tag{2.37}$$

よって，

$$u = \frac{\omega_1}{\omega_n}, \frac{\omega_2}{\omega_n} \approx \sqrt{1 \pm 2D} \approx 1 \pm D \tag{2.38}$$

この式から式(2.34)が得られる．

実際の回転機械では，減衰比 D が0.1以上であれば共振をさほど気にせず運転できるが，こうした状態は比較的すき間の大きい滑り軸受で支持したロータで実現可能である．ロータを転がり軸受で支持した場合の減衰比の値は，通常0.01よりも小さくなり，共振を回避することが必須になる．目安として危険速度と定格速度（運転速度）を10％以上離すことが望ましい．実機では，転がり軸受の外側にオイルフィルムダンパなどを装着して減衰比を大きくする方策も用いられている．

最近では，減衰比の代りに共振の鋭さ Q 値を用いることも多い．Q 値と減衰比 D との関係は，次のとおりである．

$$Q = \frac{1}{2D} \tag{2.39}$$

なお，ロータの不釣合い感度別に危険速度と使用回転速度の比に対して Q 値の設計指針が規格で定められている（ISO 10814）ので参考にするとよい．

参考文献

1) H. H. Jeffcott："The Lateral Vibration of Loaded Shafts in the Neighbourhood of a Whirling Speed.—The Effect of Want of Balance", Philosophical Magazine, Vol.37 (1919) pp.304-314.
2) 亘理　厚：機械力学 4.1 回転軸のふれまわりと危険速度, 共立出版 (1954) pp.139-144.
3) 日本機械学会編：機械工学便覧 基礎編 機械力学 17.4 不釣合い応答, 日本機械学会 (2004) pp.150-151.

第3章 基本ロータの危険速度通過時の振動

3.1 回転機械の危険速度通過問題

　前章では，不釣合いをもつ基本ロータの定常曲げ振動について説明した．定常振動では，危険速度 $\omega_{cr} \approx \omega_n (=\sqrt{k/m})$ で共振を生じ，その最大振幅はロータの偏重心および減衰比を ε, D として $r_{\max} \approx \varepsilon/(2D)$ で表せた．

　実際の回転機械では危険速度を越えた速度領域で運転するロータもあり，その起動・停止時には，ロータは回転速度を増加または減少させながら危険速度を通過する．このときのロータの振動は非定常になり，定常振動とは異なる振動特性を示す(危険速度通過問題または共振点通過問題という)．この種の非定常振動では，①最大振幅到達後にうなりが生じ，②危険速度を通過する加速度が大きいほど最大振幅は小さくなり，③そのときの回転速度は増時には高速側（減速時には低速側）へずれるといった特徴が見られる．危険速度通過問題をはじめて理論解析し，上記の特徴を示す結果を得たのは F. M. Lewis (1932年)[1] である．また，ロータの駆動トルクが小さく偏重心が極めて大きい場合（全自動洗濯機など）は駆動系と振動系の相互作用が顕著になり，振動が大きくなるとロータの加速割合が低下し，条件によっては危険速度を通過できないことも生じる．こうした振動系の特徴をはじめて明らかにしたのは V. O. Kononenko (1964年)[2] である．

　本章では，まず，不釣合いをもつ基本ロータが一定角加速度 (α [rad/s^2]) で危険速度を通過すると仮定し，運動方程式を直接数値積分した結果および厳密解とその近似表現の導出について説明する．また，危険速度通過時の振動特性を支配する重要なパラメータ $n/\sqrt{\alpha} = D/\sqrt{\alpha/\omega_n^2}$ 〔$n = c/(2m)$〕が存在し，この値が1以下であれば非定常振動特性が顕著に現れ，$\sqrt{2}$ 以上であればほぼ定常振動の特性に近い振動になることなどについて説明する（矢鍋，1973年)[3]．さらに，駆動トルク特性や相互作用が危険速度通過時の振動に及ぼす影響についても簡単に述べる．

3.2 危険速度通過時の基本ロータの運動方程式[4]

　ふれまわっている基本ロータの軸中心 $S(x, y)$ および重心 $G(x_G, y_G)$ の位置関係を図3.1に示す〔図2.2(b) 再掲〕．ロータの質量，慣性モーメント，軸のばね定数，粘性減衰係数，駆動トルクをそれぞれ m, I, k, c, M で表せば，式 (2.1), (2.3), (2.4) より，$S(x, y)$ および $G(x_G, y_G)$ の並進運動・回転運動に関する運動方程式は，次のように書ける．なお，ここでは S, G に作用する減衰力を同じ形で表現している．このため両者の減衰力には若干の違いがあるが，ここでの影響は小さいのでこれを無視している．

$$\left.\begin{array}{l} m\ddot{x} + c\dot{x} + kx = m\varepsilon(\dot{\phi}^2\cos\phi + \ddot{\phi}\sin\phi) \\ m\ddot{y} + c\dot{y} + ky = m\varepsilon(\dot{\phi}^2\sin\phi - \ddot{\phi}\cos\phi) \\ I\ddot{\phi} = -k\varepsilon(x\sin\phi - y\cos\phi) + M \end{array}\right\} \quad (3.1)$$

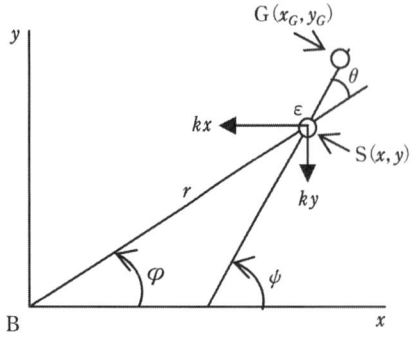

$$m\ddot{x}_G + c\dot{x}_G + kx_G = k\varepsilon\cos\phi \\ m\ddot{y}_G + c\dot{y}_G + ky_G = k\varepsilon\sin\phi \\ I\ddot{\psi} = -k\varepsilon(x_G\sin\phi - y_G\cos\phi) + M \tag{3.2}$$

ここで，ロータの回転角速度 $\dot{\psi}$[rad/s] が初期回転角速度 ω_0 から時間 t に比例して増加する（角加速度 α：一定）と仮定すると，式 (3.1), (3.2) の第 3 式は次式で置き換えられる．

$$\ddot{\psi} = \alpha\,(一定) \\ \dot{\psi} = \alpha t + \omega_0 \\ \psi = \frac{1}{2}\alpha t^2 + \omega_0 t \tag{3.3}$$

図 3.1 軸中心 S，重心 G の位置関係（偏重心 ε，回転角 ϕ，ふれまわり角 φ，ふれまわり半径 r，位相角 θ）

3.3　運動方程式の数値積分結果

一定角加速度で危険速度を通過する基本ロータの運動方程式 (3.1)～(3.3) に，無次元時間 $\tau(=\omega_n t, \omega_n=\sqrt{k/m})$ を導入して，τ に関する微分を x', x'' で表し，$\dot{x} = \mathrm{d}x/\mathrm{d}t = (\mathrm{d}x/\mathrm{d}\tau)(\mathrm{d}\tau/\mathrm{d}t) = x'\omega_n$, $\ddot{x} = x''\omega_n^2$ などの関係を用いると，これらの式は次のように表せる．

$$X'' + 2DX' + X = \phi'^2\cos\phi + \phi''\sin\phi \\ Y'' + 2DY' + Y = \phi'^2\sin\phi - \phi''\cos\phi \tag{3.4}$$

$$X''_G + 2DX'_G + X_G = \cos\phi \\ Y''_G + 2DY'_G + Y_G = \sin\phi \tag{3.5}$$

$$\phi'' = acc, \quad \phi' = acc\,\tau + \kappa, \quad \phi = \frac{1}{2}acc\,\tau^2 + \kappa\tau \tag{3.6}$$

ここで，

$$X = x/\varepsilon, \quad Y = y/\varepsilon, \quad X_G = x_G/\varepsilon, \quad Y_G = y_G/\varepsilon, \quad \tau = \omega_n t \\ D = c/(2m\omega_n), \quad acc = \alpha/\omega_n^2, \quad \kappa = \omega_0/\omega_n \tag{3.7}$$

D, acc, κ は，それぞれ減衰比，無次元角加速度，無次元初期角速度である．なお，式 (3.4) を数値積分する場合の初期条件は，$\kappa = \omega_0/\omega_n$ における定常振動解 (r_0, θ_0)〔式 (2.10), (2.12) 参照〕を用い，$\tau = 0$ における各変数の初期値は以下のとおりとした．

$$\phi'' = 0, \quad \phi' = \kappa, \quad \phi = 0 \\ X = r_0\cos\theta_0, \quad Y = -r_0\sin\theta_0, \quad X' = r_0\kappa\sin\theta_0, \quad Y' = r_0\kappa\cos\theta_0 \\ r_0 = \frac{\kappa^2}{\sqrt{(1-\kappa^2)^2 + (2D\kappa)^2}}, \quad \tan\theta_0 = \frac{2D\kappa}{1-\kappa^2} \tag{3.8}$$

ロータの重心 $G(X_G, Y_G)$ に関する運動方程式 (3.5) を数値積分する場合の初期条件は，式 (3.8) の r_0 の分子 (κ^2) を 1 と置いたものになる．

D, acc, κ の値 ($D = 0, 0.01$, $acc = 0.0006, 0.002$, $\kappa = 0.8$) および初期条件を与えて，式 (3.6) を代入した式 (3.4) をルンゲ-クッタ法[5),6)]で数値積分した．計算結果を **図 3.2** (a)～(d) に示す．図の横軸は無次元化したロータの回転角速度 $\phi'(=\dot{\psi}/\omega_n)$，縦軸は円板の軸中心 $S(x,y)$ の無次元変位 X, Y である．図 (a)～(d) のすべての場合について，X, Y の包絡線は $\kappa = 0.8$ の定常振動の振幅から次第に大きくなり，最大振幅に達した後，うなりを生じている．減衰がない図 (a), (b) の場合，定常振動では $\phi' = 1$ で振幅は無限大になるが，加速して危険速度を通過する本図の場合，

最大振幅は有限な値になり，うなりは大きな振幅のまま続く．最大振幅は加速が速いほど（accが大きいほど）小さくなり，そのときの回転速度は高速側へ移動する．減衰が作用する図(c),(d)の場合，定常振動では$\psi'=1.0$で最大振幅は約50〔$=1/(2D)$〕になるが，加速して危険速度を通過する場合の最大振幅〔図(c)で32.6〕は50よりかなり小さくなり，最大振幅時の無次元角速度ψ'は高速側へ移動する〔図(c)で$\psi'=1.04$〕．減衰がある場合，うなりの振幅は次第に減少しながら定常値へ漸近していく．

ここで得られた危険速度通過時の最大振幅の値やそのときの回転角速度の値を，**表3.1**に示す．なお，最大振幅後のうなりは，後述するように，危険速度通過時に生じた自由振動と不釣合いによる強制振動の重ね合わせの結果で，両者の振動数が接近している範囲で発生する．ψ'が大きくなるにつれて両者の角振動数の差が大きくなり，うなりの周期は短くなる．

図3.2(a),(c)について，ロータの無次元変位の振幅$\rho=\sqrt{X^2+Y^2}$（変位の包絡線）および無次元ふれまわり角速度（ロータの振動の角振動数）$\varphi'=(Y'\cos\varphi-X'\sin\varphi)/\rho$を計算し，図示したのが**図3.3**(a),(b)である[3)]．図の横軸は無次元回転角速度ψ'で，時間相当量である．図中，ψ'は右上りの直線になるが，φ'は極めて

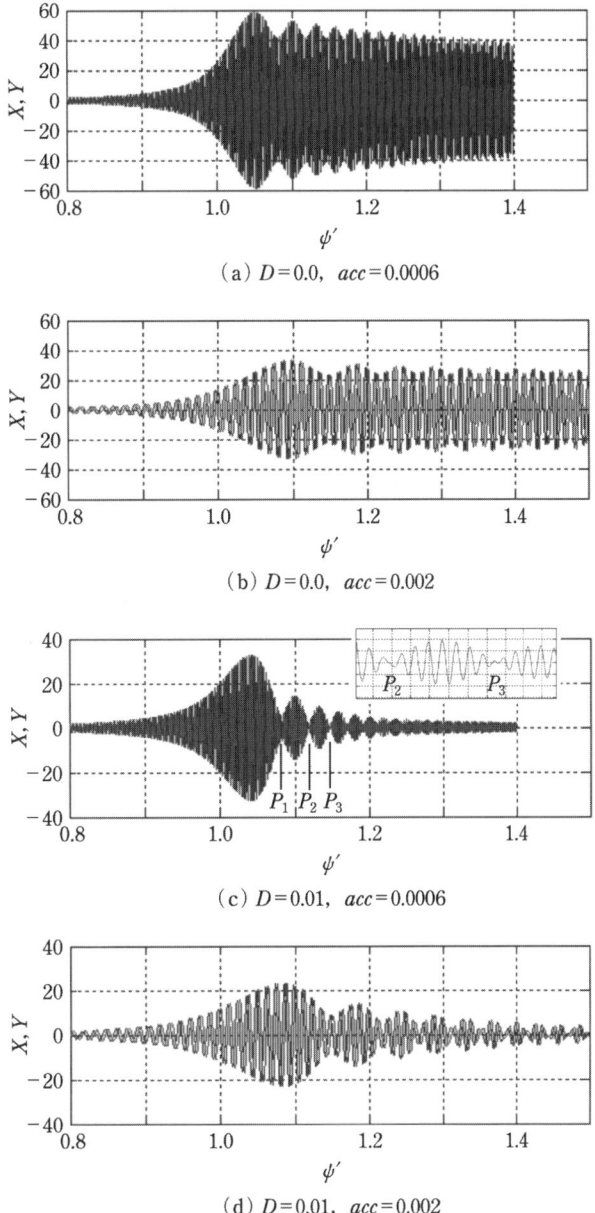

(a) $D=0.0$, $acc=0.0006$

(b) $D=0.0$, $acc=0.002$

(c) $D=0.01$, $acc=0.0006$

(d) $D=0.01$, $acc=0.002$

図 3.2 危険速度通過時の振動波形（円板軸中心の無次元変位）

表 3.1 軸中心および重心に関する危険速度通過時の振動計算結果の比較（$\kappa=0.8$）

D	acc	軸中心 $S(X,Y)$			重心 $G(X_G, Y_G)$		
		初期値	最大振幅	ψ'_{max}	初期値	最大振幅	ψ'_{max}
0	0.0006	1.778	58.5	1.053	2.778	57.5	1.052
	0.002	1.778	33.0	1.096	2.778	32.0	1.096
0.01	0.0006	1.775	32.6	1.042	2.775	31.8	1.041
	0.002	1.775	23.3	1.084	2.775	22.4	1.083

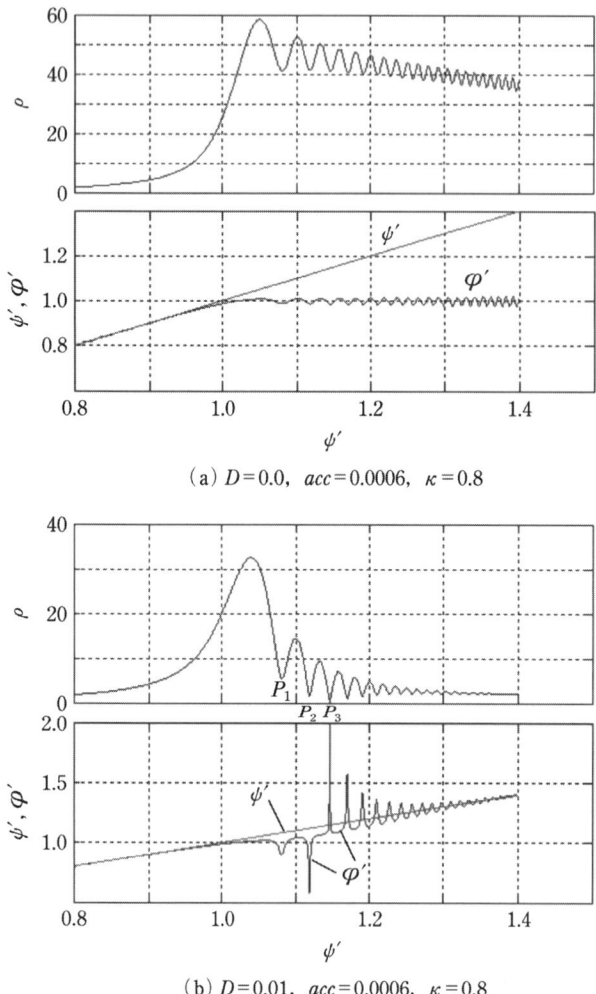

(a) $D=0.0$, $acc=0.0006$, $\kappa=0.8$

(b) $D=0.01$, $acc=0.0006$, $\kappa=0.8$

図 3.3 危険速度通過時の振幅特性 ρ およびふれまわり角速度特性 φ' [7]

特徴的な変化を示す．加速開始後，しばらくの間は $\varphi'=\psi'$，すなわち，ふれまわり速度は回転速度と一致しているが，ψ' が 1 に近づくころから φ' は ψ' から離れ，その後 $\varphi'=1$ を中心に変動する（ふれまわり角速度は系の固有角振動数のまわりを変動する）ようになる．変動の周期は ρ のうなりの周期に等しい．減衰がゼロの図 3.3(a) の場合，変動の周期が次第に短くなりながらこの状態が長く続き，ロータは危険速度を通過できない．減衰がある図 3.3(b) の場合，うなり中に ρ の値が最小になる点 (P_3) で φ' が急激に増加し，それ以降，φ' は ψ' のまわりを変動しながら ψ' に漸近し，定常的なふれまわり状態に近づく（危険速度を通過する）．φ' のこの急激な変化は，図 3.2(c) の対応する箇所の拡大変位波形において，点 P_2 では波形の山と山の間隔が広く（φ' が小さく），点 P_3 では波形に新たな小さな山が生じ，波形の山と山の間隔が狭くなる（φ' が大きく）結果である[7]．

ロータ重心 $G(X_G, Y_G)$ 〔式 (3.5)〕の数値積分結果は図示していないが，図 3.2 とほぼ同じで，無次元最大振幅とそのときの回転角速度を表 3.1 に示した．

ここでは増速時の結果を示したが，減速して危険速度を通過する場合についても同様な計算が行える．うなりの発生，減速角加速度による最大振幅の低下，そのときの回転角速度の低速側への移動などが計算や実験で確認されている．

3.4　Lewis の結果 [1]

Lewis は，1 自由度減衰系に作用する加振力の振動数が一定割合で増加または減少しながら共振振動数を通過する場合の非定常振動を理論解析し，共振点（危険速度）通過時の振動特性をはじめて明らかにした．解析に用いたのは式 (3.9) で，ここで $P=k\varepsilon$，$\alpha t^2/2+\sigma=\psi$，$x \to x_G$ とすれば，円板重心の x 方向の運動方程式 (3.2) と同じになる．

$$m\ddot{x}+c\dot{x}+kx=f(t)=P\cos\left(\frac{1}{2}\alpha t^2+\sigma\right) \tag{3.9}$$

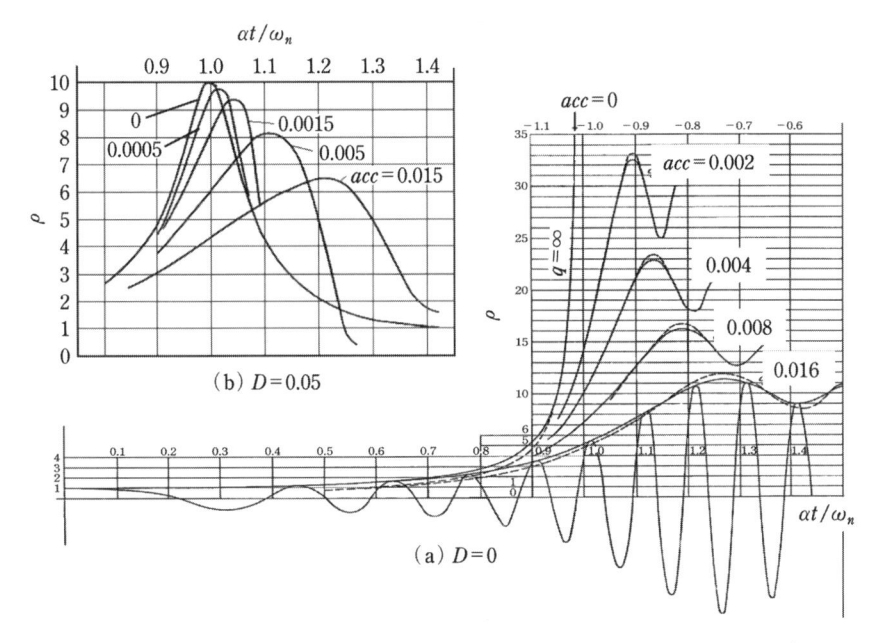

図 3.4 Lewis の結果〔図 (a) 中の実線は増速時，破線は減速時の結果〕[1)]

初期条件を静止の状態に選べば，上式の解はデュハメル積分[8)]を用いて次のように書ける．

$$x = \frac{1}{m(\beta-\gamma)}\left\{\exp(\beta t)\int_0^t f(s)\exp(-\beta s)\,\mathrm{d}s - \exp(\gamma t)\int_0^t f(s)\exp(-\gamma s)\,\mathrm{d}s\right\}$$
(3.10)

ここで，β,γ は式 (3.9) の右辺をゼロと置いた微分方程式の共役複素固有値 $-n\pm jq$ [$n=c/(2m)$, $\omega_n=\sqrt{m/k}$, $q=\omega_n\sqrt{1-(n/\omega_n)^2}$] である．式 (3.10) は

$$\int_0^t \exp(as)\cos(bs)\cos(\mathrm{d}s^2)\,\mathrm{d}s$$

などの形をした 4 個の積分を含むが，これらの積分は初等関数では表せない．彼は，この積分を図式で行う方法を考案して式 (3.10) の解を得た．結果の代表例を **図 3.4** に示す．図の横軸は無次元化した加振力の角速度 $\alpha t/\omega_n$（図 3.2 の横軸 ψ' と同じ，ただし，$\kappa=0$），縦軸は無次元振幅 ρ で $x/(P/k)$ の振幅（図 3.2 の縦軸相当量）である．また，D は減衰比，$acc=\alpha/\omega_n^2$ は無次元角加速度である．横軸 $\alpha t/\omega_n$ が 1 のとき，加振力の角振動数が系の固有角振動数と一致し，定常振動（$acc=0$）では共振が生じる．図 3.4 (a), (b) の Lewis の結果から，加速が速いほど（acc の値が大きいほど）最大振幅が小さくなり，そのときの回転速度が高速側に移動していることがわかる．なお，図 3.4 (a) ($D=0$) の $acc=0.002$ の結果は，先に示した図 3.2 (b) の結果に対応するものである．

3.5 厳密解の近似表現と非定常振動の支配パラメータ

3.5.1 危険速度通過時の振動の厳密解[9)]

式 (3.2), (3.3) において，$z=x_G-jy_G$, $P=k\varepsilon$, $\psi=\alpha t^2/2$ と置くと，重心の運動方程式は次のように書ける．

$$m\ddot{z} + c\dot{z} + kz = P\exp\left(-j\frac{1}{2}\alpha t^2\right) \tag{3.11}$$

この式は Lewis が扱った式 (3.9) と似た形をしていて，静止の初期条件 ($t=0$ で $z=\varepsilon$, $\dot{z}=0$) のもとでは，その厳密解はデュハメル積分を用いて式 (3.12) のように形式的に表せる．

$$z(t) = \varepsilon \cdot \exp(-nt)\left(\cos qt + \frac{n}{q}\sin qt\right) + \frac{P}{m(\beta-\gamma)}\left[\exp(\beta t)\int_0^t \exp\left(-j\frac{1}{2}\alpha s^2 - \beta s\right)ds\right.$$
$$\left. - \exp(\gamma t)\int_0^t \exp\left(-j\frac{1}{2}\alpha s^2 - \gamma s\right)ds\right] \tag{3.12}$$

ここで，$\beta, \gamma = -n \pm jq$ [β, γ は，式 (3.11) の右辺をゼロと置いた式の複素固有値]

$$n = c/(2m) = D\omega_n, \quad q = \sqrt{\omega_n^2 - n^2} = \omega_n\sqrt{1-D^2}, \quad \omega_n = \sqrt{k/m} \tag{3.13}$$

いま，下記の v, v_0, u, u_0 を導入すると，

$$v(s) = \frac{j-1}{2\sqrt{\alpha}}(\alpha s - j\beta), \quad v_0 = \frac{j-1}{2\sqrt{\alpha}}(-j\beta), \quad ds = -\frac{1+j}{\sqrt{\alpha}}dv \tag{3.14}$$

$$u(s) = \frac{1-j}{2\sqrt{\alpha}}(\alpha s - j\gamma), \quad u_0 = \frac{1-j}{2\sqrt{\alpha}}(-j\gamma), \quad ds = \frac{1+j}{\sqrt{\alpha}}du \tag{3.15}$$

次の関係式が得られる．

$$\left.\begin{array}{l} -j\dfrac{1}{2}\alpha s^2 - \beta s = v(s)^2 - v_0^2 \\ -j\dfrac{1}{2}\alpha s^2 - \gamma s = u(s)^2 - u_0^2 \end{array}\right\} \tag{3.16}$$

また，上式の s を t に置き換えて移項すると，次式が得られる．

$$\left.\begin{array}{l} \beta t = -j\dfrac{1}{2}\alpha t^2 - \{v(t)^2 - v_0^2\} \\ \gamma t = -j\dfrac{1}{2}\alpha t^2 - \{u(t)^2 - u_0^2\} \end{array}\right\} \tag{3.17}$$

式 (3.16), (3.17) を厳密解式 (3.12) に代入して計算し，さらに式 (3.14), (3.15) の第 3 式を用いて積分変数を変換すると，式 (3.12) の大括弧 [ ] 内の式は次のように書ける．

$$\exp\left(-j\frac{1}{2}\alpha t^2\right)\{\exp(v_0^2 - v(t)^2)\int_0^t \exp(v(s)^2 - v_0^2)ds$$
$$- \exp(u_0^2 - u(t)^2)\int_0^t \exp(u(s)^2 - u_0^2)ds\}$$
$$= \exp\left(-j\frac{1}{2}\alpha t^2\right)\{\exp(-v(t)^2)\int_0^t \exp(v(s)^2)ds - \exp(-u(t)^2)\int_0^t \exp(u(s)^2)ds\}$$
$$= \exp\left(-j\frac{1}{2}\alpha t^2\right)\frac{-(1+j)}{\sqrt{\alpha}}\{\exp(-v(t)^2)\int_{v_0}^v \exp(v^2)dv + \exp(-u(t)^2)$$
$$\times \int_{u_0}^u \exp(u^2)du\} \tag{3.18}$$

ここで，複素変数をもつ誤差関数

$$W(\zeta) = \exp(-\zeta^2)\left\{1 + \frac{2j}{\sqrt{\pi}}\int_0^\zeta \exp(\zeta^2)d\zeta\right\} \tag{3.19}$$

を導入し，$1 = (-2j/\sqrt{\pi})\int_0^{j\infty} \exp(\zeta^2)d\zeta$ の関係を上式に代入して計算すると，次式が得られる．

$$\int_\zeta^{j\infty} \exp(\zeta^2)d\zeta = \frac{j\sqrt{\pi}}{2}W(\zeta)\exp(\zeta^2) \tag{3.20}$$

この式を式 (3.18) の右辺の積分に適用すると，その v に関する積分は次のように書ける．

$$\int_{v_0}^{v} \exp(v^2)\,dv = \int_{v_0}^{j\infty} \exp(v^2)\,dv - \int_{v}^{j\infty} \exp(v^2)\,dv$$
$$= \frac{j\sqrt{\pi}}{2}\{W(v_0)\exp(v_0^2) - W(v)\exp(v^2)\} \tag{3.21}$$

次の u に関する積分も同様に表せるので，これらを用いて式 (3.18) の右辺最終行を書き換え，これを式 (3.12) の大括弧 [ ] に戻すと，危険速度通過問題〔式 (3.11)〕の厳密解式 (3.12) は，複素変数を持つ誤差関数を用いて次のように表せる.

$$\begin{aligned}
z(t) &= \varepsilon\cdot\exp(-nt)(\cos qt + (n/q)\sin qt) \\
&\quad + \frac{P}{m(\beta-\gamma)}\exp\left(-j\frac{1}{2}\alpha t^2\right)\frac{(1+j)}{\sqrt{\alpha}}\frac{j\sqrt{\pi}}{2}[W(v)+W(u)-W(v_0)\exp(v_0^2-v^2) \\
&\quad - W(u_0)\exp(u_0^2-u^2)] \\
&= \varepsilon\cdot\exp(-nt)(\cos qt + (n/q)\sin qt) \\
&\quad + \frac{(1+j)P}{4mq}\sqrt{\frac{\pi}{\alpha}}\exp\left(-j\frac{1}{2}\alpha t^2\right)[W(v)+W(u)-W(v_0)\exp(v_0^2-v^2) \\
&\quad - W(u_0)\exp(u_0^2-u^2)]
\end{aligned} \tag{3.22}$$

ここで，v,u は $v(t),u(t)$ であり，式 (3.14),(3.15) の s を t で置換したものである．

上式中に含まれる誤差関数 $W(\zeta)$ は初等関数では表せないので，その近似公式を用いて厳密解〔式 (3.22)〕の近似表現を以下に導く．

3.5.2 複素変数をもつ誤差関数 $W(\zeta)$ の近似公式[9],[10]

式 (3.19) に示した $W(\zeta)$ および ζ の実部と虚部を分離し，式 (a) のように定義する．

$$W(\zeta) = U(\xi,\eta) + jV(\xi,\eta), \quad \zeta = \xi + j\eta \tag{a}$$

このとき，$\xi,\eta \geq 0$ として，次の関係式が成り立っている．

$$\begin{aligned}
&U(-\xi,-\eta) = 2\exp(\eta^2-\xi^2)\cos 2\xi\eta - U(\xi,\eta), \\
&V(-\xi,-\eta) = -2\exp(\eta^2-\xi^2)\sin 2\xi\eta - V(\xi,\eta) \\
&U(\xi,-\eta) = U(-\xi,-\eta), \quad V(\xi,-\eta) = -V(-\xi,-\eta), \\
&U(-\xi,\eta) = U(\xi,\eta), \quad V(-\xi,\eta) = -V(\xi,\eta)
\end{aligned} \tag{b}$$

近似公式として，$|\zeta|<1$ のとき，U,V は，次のように級数展開近似される．

$$\begin{aligned}
U(\xi,\eta) &= \exp(\eta^2-\xi^2)\cos 2\xi\eta - \frac{2}{\sqrt{\pi}}\eta + \frac{4}{3\sqrt{\pi}}(3\xi^2\eta-\eta^3) + \cdots \\
V(\xi,\eta) &= -\exp(\eta^2-\xi^2)\sin 2\xi\eta + \frac{2}{\sqrt{\pi}}\xi - \frac{4}{3\sqrt{\pi}}(\xi^3-3\xi\eta^2) + \cdots
\end{aligned} \tag{c}$$

$|\zeta|>1$ のとき，U,V は，次のように漸近展開近似される．

$$\begin{aligned}
U(\xi,\eta) &= \frac{\eta}{\sqrt{\pi}(\xi^2+\eta^2)} + \frac{3\xi^2\eta-\eta^3}{2\sqrt{\pi}(\xi^2+\eta^2)^6} + \cdots \\
V(\xi,\eta) &= \frac{\xi}{\sqrt{\pi}(\xi^2+\eta^2)} + \frac{\xi^3-3\xi\eta^2}{2\sqrt{\pi}(\xi^2+\eta^2)^6} + \cdots
\end{aligned} \tag{d}$$

3.5.3 厳密解の近似表現の導出[3],[13]

厳密解〔式 (3.22)〕の近似表現を求めよう．まず，式 (3.22) の [ ] 中に含まれる $W(u_0)$, $W(v_0)$ について考える．式 (3.14),(3.15) より，複素量 v_0,u_0 の実部と虚部は，次のように書ける．

$$\left.\begin{aligned}v_0 &= \frac{j-1}{2\sqrt{\alpha}}(-j\beta) = \frac{j-1}{2\sqrt{\alpha}}\{-j(-n+jq)\} = \frac{1}{2\sqrt{\alpha}}\{-(q+n)+j(q-n)\} \\ u_0 &= \frac{1-j}{2\sqrt{\alpha}}(-j\gamma) = \frac{1-j}{2\sqrt{\alpha}}\{-j(-n-jq)\} = \frac{1}{2\sqrt{\alpha}}\{-(q-n)+j(q+n)\}\end{aligned}\right\} \quad (3.23)$$

上式中，n〔式 (3.13) 参照〕は減衰固有角振動数 q に比べて通常十分小さいので，u_0, v_0 の実部は負，虚部は正となる．また，$|u_0| = |v_0| = \omega_n/\sqrt{2\alpha}$ は，通常の角加速度の範囲では，1 より十分大きいので ($\sqrt{\alpha}/\omega_n \ll 1/\sqrt{2}$)，$W(u_0)$, $W(v_0)$ は 3.5.2 の式 (b) を考慮して式 (d) の右辺第 1 項で漸近近似できる．例えば，$W(u_0), u_0 = -\xi + j\eta (\xi, \eta > 0)$ は，式 (a), (b) より，$W(u_0) = U(-\xi, \eta) + jV(-\xi, \eta) = U(\xi, \eta) - jV(\xi, \eta)$ と変形できる．さらに式 (3.23) より $-\xi = (-q+n)/(2\sqrt{\alpha})$, $\eta = (q+n)/(2\sqrt{\alpha})$ として $U(\xi, \eta), V(\xi, \eta)$ を式 (d) の右辺第 1 項で近似し，$q^2 + n^2 = \omega_n^2$, $\xi^2 + \eta^2 = \omega_n^2/(2\alpha)$ に注意すれば，$W(u_0)$ の近似式が以下のように得られる．$W(v_0)$ も同様に求まる．

$$W(u_0) \approx \sqrt{\frac{\alpha}{\pi}} \frac{q+n-j(q-n)}{\omega_n^2}, \quad W(v_0) \approx \sqrt{\frac{\alpha}{\pi}} \frac{q-n-j(q+n)}{\omega_n^2} \quad (3.24)$$

これらを式 (3.22) に代入し，式 (3.17) より得られる

$$\left.\begin{aligned}u_0^2 - u(t)^2 &= j\frac{1}{2}\alpha t^2 + \gamma t = j\frac{1}{2}\alpha t^2 + (-n-jq)t \\ v_0^2 - v(t)^2 &= j\frac{1}{2}\alpha t^2 + \beta t = j\frac{1}{2}\alpha t^2 + (-n+jq)t\end{aligned}\right\} \quad (3.25)$$

などを用いてしばらく計算すると，$W(u_0)$, $W(v_0)$ に関する項と初期条件による項とが打ち消し合い，厳密解式 (3.22) は，次式のようになる．

$$z(t) = \frac{(1+j)P}{4mq}\sqrt{\frac{\pi}{\alpha}}\left[W(u) + W(v)\right]\exp\left(-j\frac{1}{2}\alpha t^2\right) \quad (3.26)$$

次に，上式の $W(v)$ について考える．式 (3.14) から v の実部・虚部を計算し次のように置く．

$$\begin{aligned}v(t) &= \frac{j-1}{2\sqrt{\alpha}}(\alpha t - j\beta) = \frac{j-1}{2\sqrt{\alpha}}\{\alpha t - j(-n+jq)\} \\ &= \frac{1}{2\sqrt{\alpha}}\{-(\alpha t + q + n) + j(\alpha t + q - n)\} = \xi + j\eta\end{aligned} \quad (3.27)$$

$0 \leq t, q > n$ の範囲では，v の実部 ξ は常に負，虚部 η は正．また，$|v|^2 = \xi^2 + \eta^2 = 0.5\alpha t^2 + qt + \omega_n^2/(2\alpha)$ は $\omega_n^2/\alpha > 2$ の範囲で常に 1 より大きいので ($\xi < 0, 0 < \eta, 1 < |v|$)，$W(v)$ は $W(u_0)$, $W(v_0)$ と同じように 3.5.2 の式 (b), (d) を用いて次のように漸近近似できる．

$$W(v) \approx \frac{\alpha t + q - n - j(\alpha t + q + n)}{2\sqrt{\alpha \pi}\{0.5\alpha t^2 + qt + \omega_n^2/(2\alpha)\}} \quad (3.28)$$

最後に，式 (3.26) の $W(u)$ について考える．式 (3.15) から u の実部・虚部を計算し次のように置く．

$$\begin{aligned}u(t) &= \frac{1-j}{2\sqrt{\alpha}}(\alpha t - j\gamma) = \frac{1-j}{2\sqrt{\alpha}}\{\alpha t - j(-n-jq)\} \\ &= \frac{1}{2\sqrt{\alpha}}\{(\alpha t - q + n) - j(\alpha t - q - n)\} = \xi + j\eta\end{aligned} \quad (3.29)$$

上式の u の実部 ξ と虚部 η は，αt (t：時間) と $q \pm n$ の大小関係により正や負に変化する．式 (3.29) から t を消去して ξ, η の軌跡を求めると次式が得られる．

$$\xi + \eta = n/\sqrt{\alpha} \quad (3.30)$$

式 (3.29), (3.30) より，$u(\xi, \eta)$ の軌跡は，図 3.5 に示すように，ξ-η 平面上で $-45°$ の傾きをも

つ直線で，時間の経過とともに左上から右下へ移動することがわかる．$u(\xi,\eta)$の軌跡が図中の単位円内にあれば$W(u)$は級数展開近似され，円外にあれば漸近展開近似される．なお，図中の斜線部分では級数・漸近展開近似の誤差が大きくなるので別の近似を用いる必要がある．$u(\xi,\eta)$の直線軌跡は，この単位円との位置関係により図に示した3本の右下りの直線で代表される三つの場合が存在し，これらは直線のy切片$n/\sqrt{\alpha}$の値が$0\sim1, 1\sim\sqrt{2}, \sqrt{2}\sim$の場合として分類される．それぞれの場合について，$\xi$または$\alpha t$（瞬間回転角速度）の値の範囲により，$W(u)$の近似式は異なる．$u(\xi,\eta)$の直線軌跡と単位円の交点の$\xi$座標を$P_1, P_2$とすると，主要部分の近似は以下のようになる〔詳細は文献3), 13)を参照〕．

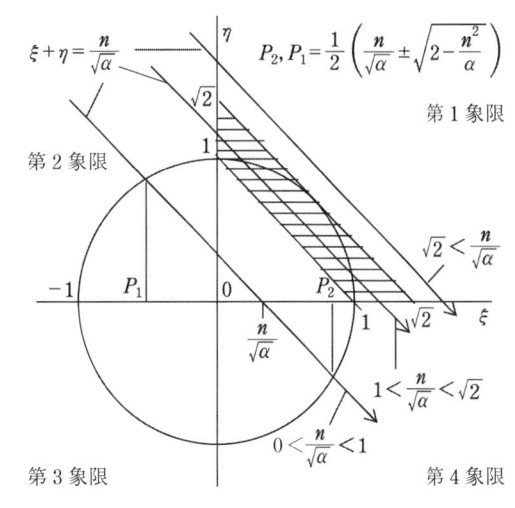

図3.5 $u(\xi,\eta)$の軌跡と$W(u)$の近似境界円との位置関係（円内：級数近似，円外：漸近近似）[3]

（1）$0<n/\sqrt{\alpha}<1$のとき

①$\xi<P_1$すなわち$\alpha t<q-\sqrt{\alpha}\sqrt{2-n^2/\alpha}$ならば，$u(\xi,\eta)$は図3.5の第2象限の単位円外にある（$\xi<0, \eta>0, |u|>1$）ので，$W(u)$は式(3.28)の$W(v)$と同じように漸近展開近似され次のように表される．

$$W(u) \approx \frac{-\alpha t + q + n + j(\alpha t - q + n)}{2\sqrt{\alpha\pi}\{0.5\alpha t^2 - qt + \omega_n^2/(2\alpha)\}} \tag{3.31}$$

②$P_2<\xi$すなわち$q+\sqrt{\alpha}\sqrt{2-n^2/\alpha}<\alpha t$ならば，$u(\xi,\eta)$は図3.5の第4象限の単位円外にある（$\xi>0, \eta<0, |u|>1$）ので，$W(u)$は3.5.2の式(b)および漸近展開式(d)より，次のように近似できる．

$$W(u) \approx 2\exp(-nt + nq/\alpha) \cdot \exp[j\{0.5\alpha t^2 - qt + \omega_n^2/(2\alpha) - n^2/\alpha\}]$$
$$+ \frac{-\alpha t + q + n + j(\alpha t - q + n)}{2\sqrt{\pi\alpha}\{0.5\alpha t^2 - qt + \omega_n^2/(2\alpha)\}} \tag{3.32}$$

式(3.32)の右辺第2項は式(3.31)の右辺と同じである．

（2）$\sqrt{2}<n/\sqrt{\alpha}$のとき

図3.5の$u(\xi,\eta)$の軌跡は常に単位円の外側にあり，tの増加とともに第2, 1, 4象限を順次通過する．uが第2, 1象限にあるときは$\eta=-(\alpha t-q-n)/(2\sqrt{\alpha})>0$，すなわち，$\alpha t<q+n$で$W(u)$は$\xi$の正負によらず式(3.31)で漸近展開近似できる．また，uが第4象限にあるときは，$\xi>0, \eta<0$より$\alpha t>q+n$で，$W(u)$は②と同じ状況になり式(3.32)で漸近近似される．まとめると，次のようになる．

③$\alpha t<q+n$ならば，$W(u)$は式(3.31)で近似される．

④$q+n<\alpha t$ならば，$W(u)$は式(3.32)で近似される．

これらそれぞれの場合について$W(u), W(v)$の近似式(3.31), (3.32), (3.28)を式(3.26)に代入して計算すれば，厳密解の近似表現（近似解）が得られる．

これまでの議論により，危険速度通過時の振動特性は$n/\sqrt{\alpha}$の値の範囲によって三つに分類され（$0\sim1, 1\sim\sqrt{2}, \sqrt{2}\sim$），次の3.5.4項のように要約できる．なお，$n/\sqrt{\alpha}$をこれまでの記号〔式(3.7)〕を用いて表すと次のように書ける．

$$\frac{n}{\sqrt{\alpha}} = \frac{n}{\omega_n}\frac{\omega_n}{\sqrt{\alpha}} = \frac{D}{\sqrt{acc}} = D\Omega \tag{3.33}$$

ここで，$D = n/\omega_n$ は減衰比，$acc = \alpha/\omega_n^2$ は無次元角加速度，$\Omega = \omega_n/\sqrt{\alpha}$ は加速の程度を表すパラメータである．式 (3.33) で表される無次元量を危険速度通過時の非定常振動の支配パラメータと呼ぶ．

3.5.4 近似解とその特徴

（1）$0 < n/\sqrt{\alpha} < 1$ すなわち $0 < D/\sqrt{acc} < 1$ の場合

① $\alpha t < q - \sqrt{\alpha}\sqrt{2 - n^2/\alpha}$（危険速度通過前）のとき，式 (3.28), (3.31) を式 (3.26) に代入して，

$W(u) + W(v) \approx (q/\sqrt{\alpha\pi})[-0.5\alpha t^2 + nt + \omega_n^2/(2\alpha) + j\{0.5\alpha t^2 + nt - \omega_n^2/(2\alpha)\}]$
$\div [\{0.5\alpha t^2 + \omega_n^2/(2\alpha)\}^2 - (qt)^2] = A + jB,$
$(1 + j)(A + jB) = A - B + j(A + B) = \sqrt{2(A^2 + B^2)}\exp(j\vartheta),$
$\tan\vartheta = (A + B)/(A - B),$
$q^2 = \omega_n^2 - n^2, \quad P = k\varepsilon$

などに注意して計算すると次式が得られる．

$$z = \frac{\varepsilon}{\sqrt{\left\{\left(\frac{\alpha t}{\omega_n}\right)^2 - 1\right\}^2 + \left\{2\frac{n}{\omega_n}\frac{\alpha t}{\omega_n}\right\}^2}} \exp\left\{-j\left(\frac{1}{2}\alpha t^2 - \theta\right)\right\} \tag{3.34}$$

$$\theta = \tan^{-1}\frac{2\frac{n}{\omega_n}\frac{\alpha t}{\omega_n}}{1 - \left(\frac{\alpha t}{\omega_n}\right)^2} \tag{3.35}$$

ここで，$\alpha t/\omega_n$ は無次元化されたロータの瞬間回転角速度（定常振動解では ω/ω_n に相当する量），$n/\omega_n = D$ は減衰比であることに注意すれば，これらの式は基本ロータの重心の定常振動解式 (2.19) と同じであることがわかる．すなわち，危険速度通過時の非定常振動の解は，危険速度に達しない速度領域では，定常振動の解で近似できることを示している．

② $q + \sqrt{\alpha}\sqrt{2 - n^2/\alpha} < \alpha t$（危険速度通過後）のとき，この場合の $W(u)$ の近似式 (3.32) と①で用いた $W(u)$ の近似式 (3.31) の違いに留意すれば，この場合の厳密解の近似表現は，式 (3.34) に式 (3.32) の第1項

$2\exp(-nt + nq/\alpha)\cdot\exp[j\{0.5\alpha t^2 - qt + \omega_n^2/(2\alpha) - n^2/\alpha\}]$

を式 (3.26) に代入したものを追加した式になる．結果は，次のとおりである．

$$z = \varepsilon\sqrt{\frac{\pi}{2\alpha}}\frac{\omega_n^2}{q}\exp\left(-nt + \frac{nq}{\alpha}\right)\cdot\exp\left[j\left\{-qt + \frac{\omega_n^2}{2\alpha} - \frac{n^2}{\alpha} + \frac{\pi}{4}\right\}\right]$$
$$+ \frac{\varepsilon}{\sqrt{\left\{\left(\frac{\alpha t}{\omega_n}\right)^2 - 1\right\}^2 + \left\{2\frac{n}{\omega_n}\frac{\alpha t}{\omega_n}\right\}^2}}\exp\left\{-j\left(\frac{1}{2}\alpha t^2 - \theta\right)\right\} \tag{3.36}$$

$$\theta = \tan^{-1}\frac{2\frac{n}{\omega_n}\frac{\alpha t}{\omega_n}}{1 - \left(\frac{\alpha t}{\omega_n}\right)^2} \tag{3.37}$$

式 (3.36) が危険速度通過後の非定常振動を表す近似式で，右辺の第1項が危険速度通過時に生じた減衰自由振動，第2項が瞬間回転角速度における定常振動解である．この結果，第1項，第2項の角振動数が接近する危険速度近傍ではうなりが生じる．なお式 (3.36) は，減衰がある場合，非定常振動の最大振幅付近の特性を表すには誤差が大きすぎる．

3.5 厳密解の近似表現と非定常振動の支配パラメータ

式 (3.36), (3.37) で $n=0$ と置けば，減衰がない場合の危険速度通過後の近似式は次のようになる．

$$z = \varepsilon\sqrt{\frac{\pi}{2\alpha}}\,\omega_n \exp\left[j\left\{-\omega_n t + \frac{\omega_n^2}{2\alpha} + \frac{\pi}{4}\right\}\right] + \frac{\varepsilon}{1-(\alpha t/\omega_n)^2}\exp\left\{-j\frac{1}{2}\alpha t^2\right\} \tag{3.38}$$

この式は，最大振幅付近の振動特性をよく表していることが数値計算の結果からわかっている．そこで式 (3.38) の最大振幅について考える．

式 (3.38) を $\varepsilon\omega_n\sqrt{\pi/(2\alpha)} = B_1$, $\varepsilon/\{1-(\alpha t/\omega_n)^2\} = B_2$ などとして

$$z = B_1 \exp(j\mu_1) + B_2 \exp(j\mu_2) = A \exp(j\mu_2)$$

のように表すと

$$A = B_1 \exp\{j(\mu_1-\mu_2)\} + B_2$$
$$A^2 = B_1^2 + B_2^2 + 2B_1 B_2 \cos(\mu_1-\mu_2)$$

となる．

したがって z の振幅 A は次のように表せる〔詳細は文献 3) 参照〕．

$$\left(\frac{A}{\varepsilon}\right)^2 = \frac{\pi}{2}\frac{\omega_n^2}{\alpha} + \left\{\frac{1}{1-(\alpha t/\omega_n)^2}\right\}^2$$
$$+ 2\sqrt{\frac{\pi}{2\alpha}}\,\omega_n \frac{1}{1-(\alpha t/\omega_n)^2}\cos\left\{\frac{1}{2}\alpha t^2 - \omega_n t + \frac{\omega_n^2}{2\alpha} + \frac{\pi}{4}\right\} \tag{3.39}$$

A が最大になるのは，上式の右辺第 3 項の分母が負なので ($\omega_n < \alpha t$)，cos の値が -1 のときと考えることができる．したがって，

$$\frac{1}{2}\alpha t^2 - \omega_n t + \frac{\omega_n^2}{2\alpha} + \frac{\pi}{4} = \pi$$

すなわち

$$\frac{1}{2\alpha}(\alpha t - \omega_n)^2 = \frac{3\pi}{4}$$

よって，

$$\psi'_{\max} = \frac{\alpha t}{\omega_n} = 1 + \sqrt{\frac{3\pi}{2}}\frac{\sqrt{\alpha}}{\omega_n} = 1 + 2.17\frac{\sqrt{\alpha}}{\omega_n} = 1 + 2.17\sqrt{acc} \tag{3.40}$$

上式が，減衰がない場合の最大振幅時の無次元瞬間回転角速度 $\psi'_{\max}$ の計算式になる．式 (3.40) を式 (3.39) に代入し，$(\alpha t/\omega_n)^2 \approx 1 + \sqrt{6\pi}\sqrt{\alpha}/\omega_n$ として計算すれば，危険速度通過時の最大振幅 $A_{\max}$ は次式で計算できる．

$$\frac{A_{\max}}{\varepsilon} = \sqrt{\frac{\pi}{2} + \frac{1}{6\pi} + \frac{\sqrt{2\pi}}{\sqrt{6\pi}}}\frac{\omega_n}{\sqrt{\alpha}} = 1.48\frac{\omega_n}{\sqrt{\alpha}} = \frac{1.48}{\sqrt{acc}} \tag{3.41}$$

式 (3.40), (3.41) の精度を調べるために，表 3.1 に示した数値積分算結果と比較する．式 (3.40), (3.41) に $acc = 0.0006$ を代入すると，$\psi'_{\max} = 1.053$, $A_{\max}/\varepsilon = 60.4$, $acc = 0.002$ を代入すると，$\psi'_{\max} = 1.097$, $A_{\max}/\varepsilon = 33.1$ となり，同表 ($D=0$, 重心) の $A_{\max}/\varepsilon$ とは 5%, 3.4% の誤差があるが，$\psi'_{\max}$ の値はほとんど同じ（誤差 1% 以下）であることがわかる．

（2）$\sqrt{2} < n/\sqrt{\alpha}$ すなわち $\sqrt{2} < D/\sqrt{acc}$ の場合

③ $\alpha t < q+n$ （危険速度通過前）のとき，非定常振動は式 (3.34) で表せる．

④ $q+n < \alpha t$ （危険速度通過後）のとき，非定常振動は式 (3.36) で表せる．

（3）$1 < n/\sqrt{\alpha} < \sqrt{2}$ すなわち $1 < D/\sqrt{acc} < \sqrt{2}$ の場合

⑤ $\alpha t < q-n$ （危険速度通過前）のとき，非定常振動は式 (3.34) で表せる．

⑥ $q+n < \alpha t$（危険速度通過後）のとき，非定常振動は式（3.36）で表せる．

③，④の間および⑤，⑥の間の近似式は，文献3）に示されている．

図 3.6 に，上記（1）～（3）の代表例として支配パラメータ $n/\sqrt{\alpha} = D/\sqrt{acc} = D\Omega$ の値が 0.408，1.29，2.23 の場合を取り上げ，式（3.4）の数値積分結果（変位の包絡線）を示す．図より，以下のことがわかる．

（1）$D/\sqrt{acc} = 0.408 < 1$ では，最大振幅到達後うなりが生じ，最大振幅は定常振動時の最大振幅 $\rho_{max} = r_{max}/\varepsilon \approx 1/(2D) = 50$ $(D=0.01)$ よりかなり小さい $\rho_{max} = 32.55$ となり，そのときの無次元回転速度は

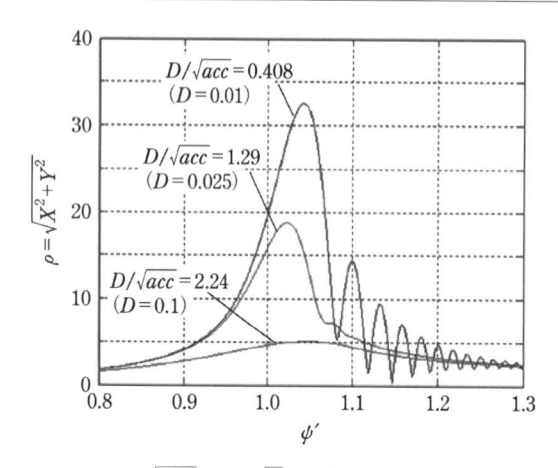

図 3.6 $D/\sqrt{acc}(=n/\sqrt{\alpha})$ による危険速度通過時の振動特性の変化[4]

$\psi'_{max} = 1.042$ と定常振動の共振点 $\psi' = 1$ より高速側へずれる．全体として，危険速度通過時の非定常振動特性を顕著に示す．

（2）$\sqrt{2} < D/\sqrt{acc} = 2.24$ では，うなりはまったく見られず，最大振幅は定常振動の場合 $\rho_{max} \approx 1/(2D) = 5$ $(D=0.1)$ とほとんど同じで，そのとき $\psi'_{max} = 1.048$ で定常振動のそれ $\psi' = 1/\sqrt{1-2D^2} = 1.01$ より少し高速側へずれている．全体的に定常振動の特性を示す．

（3）$1 < D/\sqrt{acc} < \sqrt{2}$ の代表例 $D/\sqrt{acc} = 1.29$ の場合では，うなりはほとんど見られず，最大振幅は定常振動の値 $\rho_{max} \approx 1/(2D) = 20$ $(D=0.025)$ よりわずかに小さい．ψ'_{max} の値は $\psi' = 1$ より高速側へずれる．全体として，非定常振動特性をわずかに示す．

以上述べたように，一定角加速度で危険速度を通過する基本ロータの振動特性は，支配パラメータ $D/\sqrt{acc}(=n/\sqrt{\alpha})$ の値によって推定できる．この値が 1 より小さい場合，危険速度通過時の振動特性は，最大振幅が定常振動のそれより小さくなり，その後うなりを生じるなど顕著な非定常性を示すが，この値が $\sqrt{2}$ より大きいと，ほぼ定常振動の特性を示す．

3.6　危険速度通過時の最大振幅および最大振幅時の回転角速度

一定角加速度 α で危険速度を通過した場合の無次元最大振幅 $\rho_{max} = (r/\varepsilon)_{max}$ と，そのときの無次元回転角速度 $\psi'_{max} = (\alpha t/\omega_n)_{max}$ の推定式のいくつかを以下に示す．式（3.42）は文献9）で Katz の式〔式（1.84）〕としてに示されているもので，式中 $D=0$ と置けば，先に導いた式（3.40）と同じになる．式（3.43），（3.44）は山田・津村[11]，式（3.45）は Zeller[12] による式である．最大振幅について，式（3.44），（3.45）の結果を比較したのが**図3.7**である．図中の破線で，左下がりの部分は，式（3.44）の適用範囲を越えているものと思われる．この範囲を除けば，両者の値はほぼ同じであるが，Zeller の結果が常に小さく両者の差は最大 10 % である．

$$\psi'_{max} = \left(\frac{\alpha t}{\omega_n}\right)_{max}$$
$$= 1 + 2.17 \frac{\sqrt{\alpha}}{\omega_n} \frac{1}{(1 + 0.28 n/\sqrt{\alpha})^2}$$

$$= 1 + \frac{2.17\sqrt{acc}}{(1 + 0.28D/\sqrt{acc})^2} \tag{3.42}$$

$$\psi'_{\max} = 1 + 2.16\frac{\sqrt{\alpha}}{\omega_n} + 0.68D$$
$$= 1 + 2.16\sqrt{acc} + 0.68D \tag{3.43}$$

$$\left.\begin{array}{l}\rho_{\max} = 1.51\dfrac{\omega_n}{\sqrt{\alpha}}\exp(-1.16b)\\[4pt] \quad = 1.51\dfrac{\exp(-1.16b)}{\sqrt{acc}},\\[4pt] b = 0.807(1/\sqrt{acc})^{0.758}D^{0.7}\end{array}\right\} \tag{3.44}$$

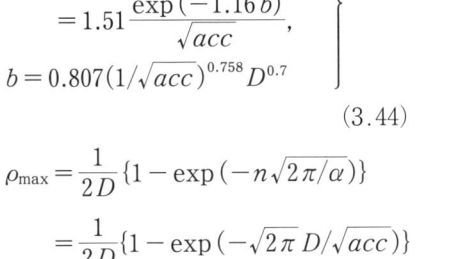

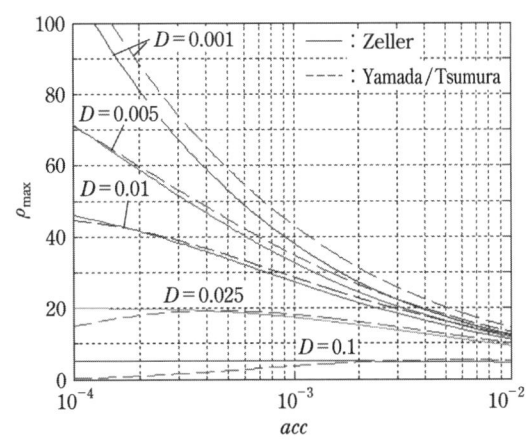

図 3.7 危険速度通過時の最大振幅推定図（Zeller，山田・津村の式による）

$$\rho_{\max} = \frac{1}{2D}\{1 - \exp(-n\sqrt{2\pi/\alpha})\}$$
$$= \frac{1}{2D}\{1 - \exp(-\sqrt{2\pi}D/\sqrt{acc})\} \tag{3.45}$$

［例題］
危険速度 20 rps，減衰比 $D = 0.05$，偏重心 $\varepsilon = 20\,\mu\text{m}$ の基本ロータが静止の状態から加速され 2 秒で危険速度を通過した．加速割合は一定であると仮定して支配パラメータ $D/\sqrt{acc}$ の値を計算せよ．このときの危険速度通過時の最大振幅はいくらか．

［解答］
静止状態から一定角加速度で加速し 2 秒で 20 rps の危険速度を通過する場合，角加速度は $\alpha = 2\pi \times (20/2) = 20\pi\,\text{rad/s}^2$，$acc = \alpha/\omega_n^2 = 20\pi/(2\pi \times 20)^2 = 0.00398$ になる．支配パラメータの値は $D/\sqrt{acc} = 0.05/\sqrt{0.00398} = 0.793 < 1$ となり，非定常性が顕著に現れる．最大振幅は Zeller の式 (3.45) を用いると，$A_{\max} = \rho_{\max}\varepsilon = 173\,\mu\text{m}$ となる．この場合，加速により最大振幅が定常振動の場合 $[\varepsilon/(2D) = 200\,\mu\text{m}]$ より約 14 % 小さくなる．

以上のように，危険速度通過時の最大振幅を低減するために大きな加速で危険速度を通過する（大きな出力のモータなどを用いる）のは，一つの方法として存在するが，コスト増や機械の大型化につながるので好ましくない．実機では，系の減衰比を大きくし偏重心（不釣合い）を小さくする努力をすべきである．特に，減速時は軸受摩擦や流体抵抗などによる回転抵抗だけで減速するため，大きな減速加速度が得にくいといった状況も考慮する必要がある．

3.7 振動系と駆動系の相互作用 [2),4),13),19),20),21),24)]

3.7.1 運動方程式

ここまでは，ロータの回転角速度が時間に比例して増加し危険速度を通過する場合の非定常振動について説明した．しかし，実際のロータは，様々なトルク特性をもつモータやタービンで駆動され，危険速度付近で振動振幅が増大するとロータの回転速度の上昇が鈍化する（振動系と駆動系の相互作用と呼ぶ）場合もある．ここでは，駆動トルク特性や相互作用項が危険速度通過時の振動に及ぼす影響について述べる．運動方程式は，式 (3.1) を無次元化した次式を用いる．

$$\left.\begin{array}{l} X'' + 2DX' + X = \phi'^2 \cos\phi + \phi'' \sin\phi \\ Y'' + 2DY' + Y = \phi'^2 \sin\phi - \phi'' \cos\phi \\ \phi'' = M_{in} - b(X\sin\phi - Y\cos\phi) \end{array}\right\} \quad (3.46)$$

ここで，X', X'' などは $\tau(=\omega_n t)$ に関する微分で，次の無次元量が用いられている．

$$\left.\begin{array}{l} X = x/\varepsilon, \quad Y = y/\varepsilon, \quad D = c/(2m\omega_n) \\ M_{in} = M/(I\omega_n^2) = M_0 - \beta\phi', \quad b = m\varepsilon^2/I, \quad \omega_n = \sqrt{k/m} \end{array}\right\} \quad (3.47)$$

式 (3.46) の第3式の右辺第1項目が駆動トルク特性を，第2項目が振動系と駆動系の相互作用項を表している．なお，M_{in} は，ここでは本来の駆動トルクとロータに加わる抵抗トルクの差としている．相互作用を表す項は，図3.1の極座標表示を用いると $b(r/\varepsilon)\sin\theta = b\rho\sin\theta$ と書ける．したがって，振動の無次元振幅 $r/\varepsilon = \rho$ が大きくなると相互作用項のためロータの角加速度 ϕ'' が小さくなり，回転角速度の上昇が妨げられることがわかる．相互作用項の係数 b は式 (3.47) に示すようにロータの偏重心の2乗に比例しているので，通常の回転機械では極めて小さな値であるが，全自動洗濯機など不釣合いが大きい回転機械や駆動トルクに余力がない回転機械では，相互作用項の影響が現れる．

駆動トルク特性 M_{in} は，式 (3.47) に示すように，回転角速度 ϕ' の増加とともに直線的に減少すると仮定しているが，相互作用項の影響だけを見る場合には $\beta = 0$ として，駆動トルクの大きさは変化しないとした．以下の計算では，式 (3.8) の初期条件を与えて，式 (3.46) をルンゲ・クッタ法で解いた．計算に用いた各パラメータの値は，以下のとおりである．

$D = 0.01, \quad M_0 = 0.0006, \quad \beta = 0, \quad b = 0, 0.000015, 0.00002, \quad \kappa = 0.8$

3.7.2 相互作用項の影響[13),21)]

駆動系と振動系の相互作用項の影響を調べた結果を **図3.8** に示す．図の横軸は，無次元時間 τ，縦軸は上図が無次元振動振幅 $\rho = \sqrt{X^2 + Y^2}$（変位の包絡線），下図が無次元回転角速度 ϕ' である．図中，式 (3.46) の相互作用項の係数 b の値がゼロの場合の結果は，先に示した図3.3(b) と同じもので，無次元回転角速度 ϕ' は直線的に増加し，$\phi' = 1.042$ のとき最大振幅 $\rho_{max} = 32.6$ 達する．$b = 0.000015$ の場合は，危険速度通過時の最大振幅が $b = 0$ のときより大きくなり，相互作用のため振幅増加時に ϕ' は危険速度 ($\phi' = 1$) 付近でその増加割合がかなり小さくなるが，危険速度を通過していることがわかる．しかし，$b = 0.00002$ の場合は無次元振幅 ρ が大きな値で変動し続け，ϕ' は危険速度 ($\phi' = 1$) よりわずかに小さい値で変動するだけで，危険速度を通過できないことがわかる．

ここで，危険速度通過に必要な最小駆動トルクについて説明する．いくつかの計算結果から，ロータの振幅が最大値に達する過程で，常に位相角 θ が増加の状態にあれば，ロータは危険速度を通過できることがわかった．しかし，この条件は陽に駆動トルクを含んでいないため最小駆動トルクの導出には用いにくい．そこで，式 (3.46) の第3式を $\phi'' = M_{in} - b(X\sin\phi - Y\cos\phi) = M_{in} - b\rho\sin\theta$ のように書き改め，

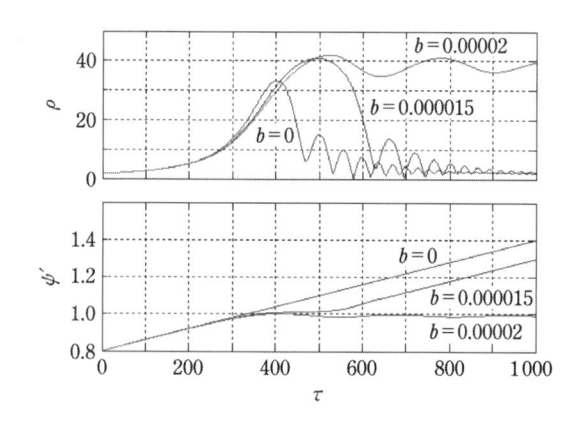

図3.8 駆動系と振動系の相互作用が危険速度通過時の振動に及ぼす影響

この値が最大振幅時に正であれば危険速度通過すると考える．すなわち，$M_{in} > b\rho_{max}\sin\theta$ とする．このときの θ の値は不明なので，最大値として $\sin\theta = 1$ を仮定すれば，危険速度通過のための判定式として，次式が得られる〔文献4）または文献13）の第5章参照〕．

$$M_{in} > b\rho_{max} \tag{3.48}$$

ここで，ρ_{max} の値は，$acc = M_0 = M_{in}$（一定）として式（3.44）または式（3.45）から計算する．$D/\sqrt{acc} > \sqrt{2}$ の場合は $\rho_{max} \approx 1/(2D)$ とする．こうして得た M_{in}, ρ_{max} の値が不等式（3.48）を満足すれば，ロータは危険速度を通過すると考える．図3.8では，$D = 0.01, M_0 = 0.0006 = acc$ なので，式（3.45）より $\rho_{max} = 32.0$ となる．これらの値を式（3.48）に代入すると，$0.0006/32 = 0.000019 > b$ が満足されれば危険速度通過できる．図3.8では，$b = 0.000015$ で危険速度通過，$b = 0.00002$ で危険速度不通過となっていて，式（3.48）は危険速度通過の判定式になっていることがわかる．このことは，D, acc, b の少し広い範囲で確認されている[13),21)]．

3.7.3 駆動トルク特性の影響[13),21)]

計算に用いた駆動トルク特性を，図3.9（a）に示す．駆動トルクは，危険速度 $\psi' = 1$ における無次元駆動トルク M_{in} の大きさを一定（0.0006）とし，その負の傾き $-\beta$〔式（3.47）〕を3通り（A, B, C）に変えている（Cが一定角加速度の場合である）．危険速度通過時のロータの振動特性を計算した．結果を図3.9（b），（c）に示す．図より，駆動トルク特性の傾きが異なっても，危険速度における駆動トルクの大きさが同じならば，危険速度通過時の振幅特性の形はほぼ同じであり，その横軸が A, B, C の順に高速側（右方向）へシフトしていることがわかる．また，最大振幅 ρ_{max} は A, B, C でほぼ同じであること，駆動トルク特性の負の傾きが小さいほど，最大振幅に達する時刻が遅くなることなどがわかる．

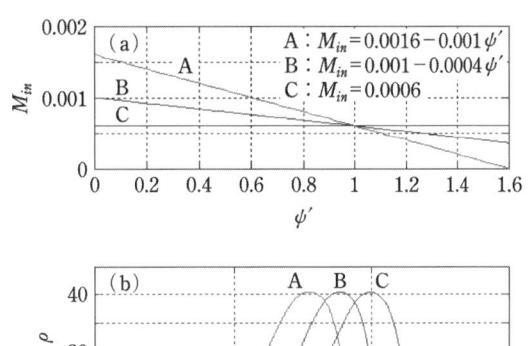

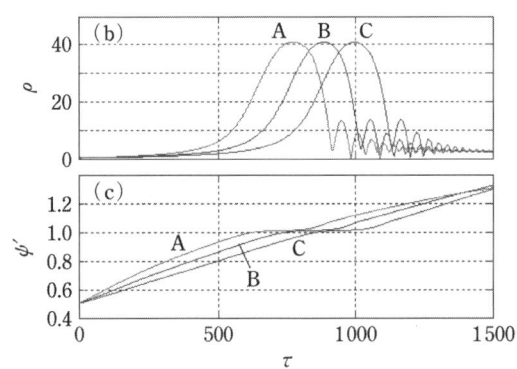

図3.9 駆動トルク特性の傾きが危険速度通過時の振動に及ぼす影響（$D = 0.01, b = 0.000015, \kappa = 0.5$）

参考文献

1) F. M. Lewis："Vibration during Acceleration through a Critical Speed", Trans. ASME, J. Appl. Mech., Vol. 54 (1932) pp.253-261.
2) V. O. Kononenko：Vibration System with a Limited Power Supply (English translation), London Iliffe Books, Ltd. (1969).
3) 矢鍋：「危険速度通過時の回転軸振動（第3報，近似解II），日本機械学会論文集，39巻，325号（1973-9）pp.2734-2744.
4) 日本機械学会編：機械工学便覧 基礎編 機械力学 17.5危険速度通過, 日本機械学会 (2004) pp.153-154.
5) 日本機械学会編：機械工学便覧 基礎編 機械力学 22.6数値計算の基礎, 日本機械学会 (2004) pp.219-222.
6) 小門純一・八田夏夫：数値計算法の基礎と応用, 森北出版 (1988).
7) 矢鍋・田村：「危険速度通過時の回転軸振動（第1報，実験および数値解），日本機械学会論文集，37巻，294号（1971-2）pp. 268-275.
8) 亘理 厚：機械力学, 共立出版 (1954) p.36.
9) Ye. G. Goloskokov and E. P. Fillipov：Non-Stationary Oscillations of Mechanical Systems (Unedited rough draft translation) (1970) FTD-HC-23-1292-68.
10) M. Abramowitz and I. A. Stegun："Handbook of Mathematical Functions with Formulas", Graphs and Mathematical Tables, Appl.

Math., Ser.55, National Bureau of Standard (1965).
11) 山田・津村:「加速回転体の振動解析」, 日本機械学会論文集, 17巻, 64号 (1951) pp.115-119.
12) W. Zeller : "Näherungsverfahren zur Bestimmung der beim Durchfahren der Resonanz auftretenden Höchstamplitude", MTZ, Jahrg.10, Nr.1 (Jan./Feb., 1949) pp.11-12.
13) 矢鍋:「危険速度通過に関する研究」, 学位論文 (東京工業大学, 1973-3).
14) T. Pöschl : "Das Anlaufen eines einfachen Schwingers", Ing-Archiv, 4-1 (1933) pp.98-102.
15) G. Hok : "Response of Linear Resonant Systems to Excitation of a Frequency Varying Linearly with Time", J. Appl. Phys., Vol.19 (1948-3) pp.242-250.
16) J. G. Baker : "Mathematical-Machine Determination of the Vibration of Accelerated Unbalanced Rotor", J. Appl. Mechanics (1939-12) pp.A-145-A-150.
17) A. Dornig : "Transients in Simple Undamped Oscillations Under Inertial Disturbances", J. Appl. Mechanics, 26-2 (1959-6) pp.217-223.
18) J. Fernlund : "Running through the critical speed of a rotor", Chalmers University of Technology, Nr.277 (1963).
19) 川井・岩壺・神吉:「有限の駆動力を持つ非対称回転軸の危険速度通過に関する研究」, 日本機械学会論文集, 35巻, 280号 (1969-12) pp.2325-2334.
20) 松浦:「加速回転体の振動, 速度特性の一考察 (変加速度を有し, 減衰率 $\zeta \geq 0.1$ の場合)」, 日本機械学会論文集, 37巻, 302号 (1971-10) pp.1854-1861.
21) 矢鍋:「危険速度通過時の過渡振動」, 機械の研究, 29巻, 10号 (1977) pp.1191-1196.
22) 野波・宮下:「ジャイロ効果を考慮した回転体の危険速度通過問題:第2報, 内部減衰に起因する自励振動の発生」, 日本機械学会論文集, 44巻, 387号 (1978-11) pp.3726-3737.
23) ガッシュ・ピュッツナー:回転体の力学 (三輪修三訳) 5. 危険速度領域および共振点通過時の基本ロータの挙動, 森北出版 (1978) pp.49-56.
24) 山本敏男・石田幸男:回転機械の力学, 第7章 危険速度通過時の非定常振動, コロナ社 (2001) pp.183-207.

第4章 ロータ形状が曲げ振動に及ぼす影響

　これまで扱ってきた基本ロータは，解析が最も簡単になるようにいくつかの仮定が置かれていた．多くのロータの振動特性は基本ロータの振動特性から類推できるが，ある種のロータでは，その形状や寸法から，円板の傾きや軸のばね定数の異方性などを考慮しなければ，その振動特性を説明できない場合がある．本章では，ふれまわり中の円板の傾きに起因するジャイロモーメントや軸のばね定数の異方性が，ロータの固有振動数，自由振動の安定性，不釣合い振動に及ぼす影響などについて説明する．

4.1 ジャイロモーメントの影響[1)~5)]

4.1.1 ジャイロモーメント

　図4.1(a), (b)に示したオーバーハングロータ（質量の主要部が2軸受の外側にあるロータ）や軸受近くに円板をもつロータなどでは，軸がふれまわると円板が大きく傾く．このとき，ふれまわり（旋回）の方向が軸の回転方向と同じであると，軸の傾きを抑えるようなモーメントが円板に発生する．このモーメントは見かけ上，軸の曲げ変形に関するばね定数の値を大きくし，結果として，ロータの固有振動数を高める．こうした特性をもつモーメントをジャイロモーメントという．

　ここでは，まずコマの旋回運動を例にとり，ジャイロモーメントについて考察する．図4.2(a)のように，角速度 ω で回転している質量 m の地球ゴマの足（点O）の部分をひもで吊るしコマの軸を水平に保ったあと静かに手を放す．そのあとコマは重力によるモーメントで下に倒れ落ちるように思われるが，実際は軸を水平に保ったまま鉛直なひものまわりを旋回する．一見，不思議そうに見えるこのコマの旋回運動は，「物体のもつ角運動量 L （＝慣性モーメント×角速度）の時間変化 ΔL は物体に作用する外力のモーメント M に等しい」という力学法則に従っている．以下にこの法則とコマの旋回について説明する．

　図4.2(a), (b)のように静止座標系O-xyz をとる．図(a)で，コマの自重 mg （外力）による点Oまわりのモーメント $M(=mgh)$ のベクトルは右ねじの法則により x 軸方向〔図(a)では紙面手前から向こう側〕へ向く．コマの回転軸まわりの角運動量 $L=I_p\omega$ のベクトルは ω

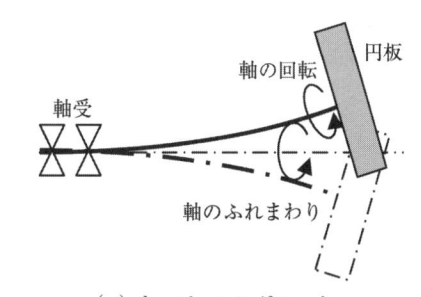

(a) オーバーハングロータ

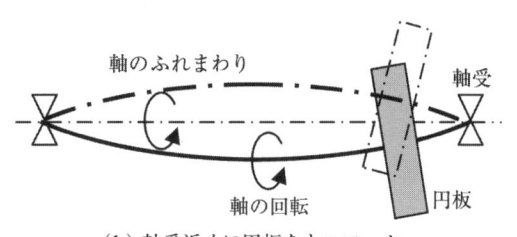

(b) 軸受近くに円板をもつロータ

図4.1 ジャイロモーメントの作用を受けるロータ（ジャイロ系）

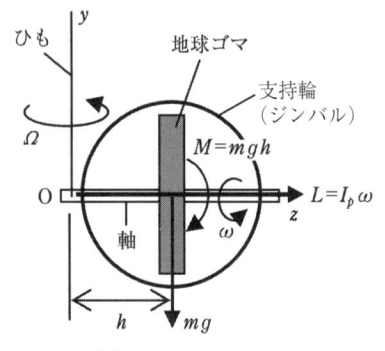

(a) 旋回する地球ゴマ

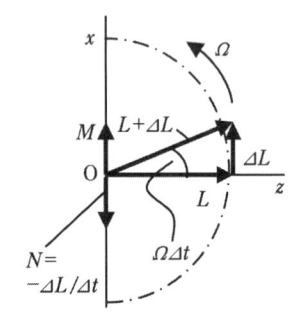

(b) 角運動量とモーメント

(c) オーバーハングロータ

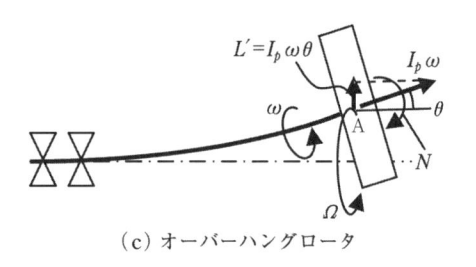

図 4.2 ジャイロモーメントの作用

ベクトルと同じ z 方向を向いている．Δt 時間における L の変化分 ΔL のベクトルは，先の力学法則により M のベクトルと同じ方向を向く（図(b)参照）．このことは，Δt 秒後の角運動量のベクトル $L+\Delta L$ は y 軸まわりに反時計方向に回転する，すなわち，コマの軸は y 軸まわりに反時計方向に角速度 Ω で旋回することを意味する（図(b)）．

この現象は，次のようにも理解することができる．回転しているコマは，その軸が旋回することにより，角運動量の時間変化に負号をつけた $N=-\Delta L/\Delta t=-(L\Omega\Delta t)/\Delta t=-I_p\omega\Omega$ のモーメント（$-x$ 軸方向へ向う）を生じて外力モーメント M と釣り合うので（$I_p\omega\Omega=mgh$），コマは倒れず水平の姿勢を保って旋回することができる．いい換えれば，コマのモーメントの釣合いが保たれるように，旋回の角速度 Ω が決まる．回転する物体の軸が旋回運動することによって生じるモーメント N（この場合 $|N|=I_p\omega\Omega$）をジャイロモーメントという．

次に，図 4.2(c) に示すオーバーハングロータに働くジャイロモーメントについて説明する．円板の傾き角を θ（微小量）とし，軸のふれまわり方向が回転方向と同じ（前向きふれまわり）と仮定すれば，軸の回転角速度 ω，ふれまわりの角速度 Ω および円板の回転軸まわりの角運動量 $I_p\omega$ は図示したようになる．軸のふれまわり（旋回）によって方向が変化する角運動量の成分は $L'=I_p\omega\theta$（$L=I_p\omega$ の鉛直方向成分）なので，この場合の角運動量の時間変化量は $\Delta L'/\Delta t = L'\Omega\Delta t/\Delta t = I_p\omega\theta\Omega$ となり，$\Delta L'$ のベクトルはふれまわりによる A 点の移動方向から紙面奥から手前側に向く．ジャイロモーメント $N=-\Delta L'/\Delta t$ のベクトルの方向は，$\Delta L'$ の方向と逆で，紙面手前から向こう側に向くので，図 4.2(c) では時計まわりのジャイロモーメント N が円板に働くことになる．このジャイロモーメントは，軸の傾きや変位を小さくする方向に作用し，軸の傾きや変位を生じさせるモーメント（外力モーメント）などと釣り合う．ジャイロモーメントを考慮したロータ・軸受系をここではジャイロ系と呼ぶ．

4.1.2 ジャイロ系の曲げ振動の運動方程式

ふれまわっているオーバーハングロータ（ジャイロ系の一つ）の模式図を**図 4.3** に示す．ここで，回転軸（軸）は片持ち梁になるように軸受部（点 O）で支持され，円板（円筒）は軸に垂直に取り付けられていると仮定する．軸の長さを l，曲げ剛性を EI_a，円板の質量，半径，厚さを m, r, h とし，円板の極慣性モーメントおよび直径まわりの慣性モーメントは $I_p(=mr^2/2)$，$I_d(=m(3r^2+h^2)/12)$ で表されるとする．偏重心および重力の影響は無視する．静止座標系を O-xyz で表す．ふれまわり中のある瞬間における円板の軸中心（＝重心，軸の先端）O'(x,y) を原点とし静止座標

系に平行な座標系をO'-$x'y'z'$とする.O'を通り円板面に垂直な法線ベクトルの$x'z'$平面および$y'z'$平面への投影とz'軸とのなす角をそれぞれθ_x, θ_yとする.回転軸の回転角速度をωとすると,y軸の正方向およびx軸の負の方向を向く円板の角運動量L_y, L_xは,次のように表せる.

$$\left. \begin{array}{l} L_y = I_d \dot{\theta}_x + I_p \omega \theta_y \\ L_x = I_d \dot{\theta}_y - I_p \omega \theta_x \end{array} \right\} \quad (4.1)$$

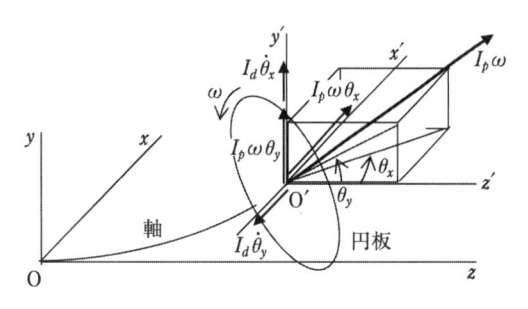

図4.3 座標系と角運動量

また,回転軸先端O'に作用するy軸,$-x$軸まわりの慣性偶力M_y, M_x(ジャイロモーメントを含む)およびx軸,y軸方向の慣性力F_x, F_yは,次のように表せる.

$$\left. \begin{array}{l} M_y = -dL_y/dt \\ M_x = -dL_x/dt \end{array} \right\} \quad (4.2)$$

$$F_x = -m\ddot{x}, \quad F_y = -m\ddot{y} \quad (4.3)$$

上記の力F_xとモーメントM_yが図4.4(a)の片持ち梁の先端に作用し,梁先端に変位とたわみ角(x, θ_x)が生じていると考えると,材料力学の公式より式(4.4)が得られる.式(4.4)の$[\alpha_{ij}]$を影響係数マトリクス,その逆行列$[k_{ij}]$をばねマトリクスといい,$[k_{ij}]$を用いて式(4.4)を書き換えると式(4.5)になる.同様にして,図4.4(b)の(y, θ_y)に関して式(4.6)が得られる.

$$\begin{Bmatrix} x \\ \theta_x \end{Bmatrix} = \frac{l}{EI_a} \begin{bmatrix} \dfrac{l^2}{3} & \dfrac{l}{2} \\ \dfrac{l}{2} & 1 \end{bmatrix} \begin{Bmatrix} F_x \\ M_y \end{Bmatrix} = [\alpha_{ij}] \begin{Bmatrix} F_x \\ M_y \end{Bmatrix} \quad (4.4)$$

$$\begin{Bmatrix} F_x \\ M_y \end{Bmatrix} = \frac{2EI_a}{l} \begin{bmatrix} \dfrac{6}{l^2} & -\dfrac{3}{l} \\ -\dfrac{3}{l} & 2 \end{bmatrix} \begin{Bmatrix} x \\ \theta_x \end{Bmatrix} = [k_{ij}] \begin{Bmatrix} x \\ \theta_x \end{Bmatrix} \quad (4.5)$$

$$\begin{Bmatrix} F_y \\ M_x \end{Bmatrix} = [k_{ij}] \begin{Bmatrix} y \\ \theta_y \end{Bmatrix} \quad (4.6)$$

式(4.2),(4.3)を式(4.5),(4.6)に代入して整理し,粘性減衰力の項を加えると,次のようなジャイロ系の運動方程式が得られる.

$$\left. \begin{array}{l} m\ddot{x} + c_1 \dot{x} + k_{11} x + k_{12} \theta_x = 0 \\ m\ddot{y} + c_1 \dot{y} + k_{11} y + k_{12} \theta_y = 0 \end{array} \right\} \quad (4.7)$$

$$\left. \begin{array}{l} I_d \ddot{\theta}_x + I_p \omega \dot{\theta}_y + c_2 \dot{\theta}_x + k_{21} x + k_{22} \theta_x = 0 \\ I_d \ddot{\theta}_y - I_p \omega \dot{\theta}_x + c_2 \dot{\theta}_y + k_{21} y + k_{22} \theta_y = 0 \end{array} \right\} \quad (4.8)$$

上式に含まれる$I_p \omega \dot{\theta}_y, -I_p \omega \dot{\theta}_x$を,ここではジャイロ項と呼ぶ.

式(4.7),(4.8)の第2式に虚数単位jを乗じて第1式に加え,式(4.9)で表される複素変位を導入すれば,複素表示したジャイロ系の運動方程式は

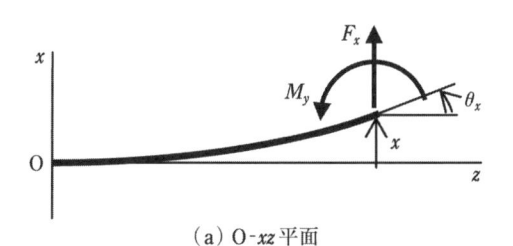

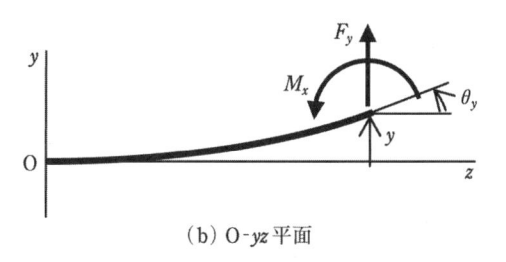

(a) O-xz平面

(b) O-yz平面

図4.4 片持ち梁の先端に作用する力・モーメントと変位・たわみ角

式(4.10)のように書ける.

$$x + jy = Z, \quad \theta_x + j\theta_y = \Theta \tag{4.9}$$

$$\left.\begin{array}{l} m\ddot{Z} + c_1\dot{Z} + k_{11}Z + k_{12}\Theta = 0 \\ I_d\ddot{\Theta} - jI_p\omega\dot{\Theta} + c_2\dot{\Theta} + k_{21}Z + k_{22}\Theta = 0 \end{array}\right\} \tag{4.10}$$

4.1.3 ジャイロ系の固有角振動数

ジャイロ系の固有角振動数を求めるため,式(4.10)の自由振動解を次式で仮定する.

$$Z = Z_0 e^{\lambda t}, \quad \Theta = \Theta_0 e^{\lambda t} \tag{4.11}$$

ここで,λはジャイロ系の複素固有値である.ジャイロ系の複素固有値と固有角振動数との関係については後で説明する.式(4.11)を式(4.10)に代入して計算すれば

$$\begin{bmatrix} m\lambda^2 + c_1\lambda + k_{11} & k_{12} \\ k_{21} & I_d\lambda^2 - jI_p\omega\lambda + c_2\lambda + k_{22} \end{bmatrix} \begin{Bmatrix} Z_0 \\ \Theta_0 \end{Bmatrix} = 0 \tag{4.12}$$

となり,この係数行列の行列式の値をゼロと置くと,次の特性方程式が得られる.

$$(m\lambda^2 + c_1\lambda + k_{11})(I_d\lambda^2 - jI_p\omega\lambda + c_2\lambda + k_{22}) - k_{12}k_{21} = 0 \tag{4.13}$$

上式を展開して整理すると,次のようになる.

$$mI_d\lambda^4 + (I_d c_1 + mc_2 - jmI_p\omega)\lambda^3 + (mk_{22} + I_d k_{11} + c_1 c_2 - jc_1 I_p\omega)\lambda^2 \\ + \{k_{11}(c_2 - jI_p\omega) + c_1 k_{22}\}\lambda + k_{11}k_{22} - k_{12}k_{21} = 0 \tag{4.14}$$

式(4.5)のk_{ij}および次の諸量を用いて式(4.14)を書き改めると,式(4.16)が得られる.

$$\left.\begin{array}{l} \omega_0 = \sqrt{\dfrac{3EI_a}{ml^3}}, \quad \Lambda = \dfrac{\lambda}{\omega_0}, \quad \omega' = \dfrac{\omega}{\omega_0}, \quad \mu = \dfrac{I_p}{I_d}, \quad \delta = \left(\dfrac{l}{r}\right)^2, \quad \gamma = \dfrac{2\mu\delta}{3}, \quad I_p = \dfrac{mr^2}{2} \\ D_1 = c_1/(2m\omega_0), \quad D_2 = c_2/(2I_d\omega_0) \end{array}\right\} \tag{4.15}$$

$$\Lambda^4 + \{2(D_1 + D_2) - j\mu\omega'\}\Lambda^3 + \{4(1+\gamma) + 4D_1 D_2 - j2\mu D_1\omega'\}\Lambda^2 + \{8(D_1\gamma + D_2) \\ - j4\mu\omega'\}\Lambda + 4\gamma = 0 \tag{4.16}$$

式(4.15)中,ω_0は円板の傾きを無視した場合の系の固有角振動数,Λはジャイロ系の無次元複素固有値,ω'はジャイロ系の無次元回転角速度,μは慣性モーメントの比,$\delta = (l/r)^2$は軸のオーバーハング長さと円板半径の比の2乗,γはμとδをまとめた量である.

(1) 減衰がない場合

ここで減衰がない場合($D_1 = D_2 = 0$)のジャイロ系の固有角振動数ω_fを求める.この場合,複素固有値λは純虚数になるため,式(4.11)~(4.15)で$\lambda = j\omega_f$,式(4.15),(4.16)で$\Lambda = js$($s = \omega_f/\omega_0$)と置いて式(4.16)を書き改めると,減衰がない場合のジャイロ系(図4.3)の無次元特性方程式は次のようになる.

$$s^4 - 4(1+\gamma)s^2 + 4\gamma = \mu\omega' s(s^2 - 4) \tag{4.17}$$

非回転時($\omega' = 0$)には上式の右辺がゼロになり,ジャイロモーメントは作用しない.このときの式(4.17)の4個の無次元固有角振動数$\pm s_{01}, \pm s_{02}$ ($0 < s_{01} < s_{02}$) は次のように求まる.

$$\pm s_{01}, \pm s_{02} = \pm\sqrt{2}\sqrt{1+\gamma \pm \sqrt{(1+\gamma)^2 - \gamma}} \tag{4.18}$$

ここで,$l/r = 1$ ($\delta = 1$) と仮定し,図4.3の円板が厚くて$\mu = 0.5$の場合(円筒型ロータと呼ぶ)は,式(4.15)より$\gamma = 1/3$となり,これを式(4.18)に代入すると$s_{01} = 0.5128$,$s_{02} = 2.252$が得られる.円板が薄くて$\mu = 2$の場合(円板型ロータと呼ぶ)は,同様に計算すると$\gamma = 4/3$で,$s_{01} = 0.7820$,$s_{02} = 2.953$となる.

回転時($\omega' \neq 0$)にはジャイロモーメントが作用し,そのときの無次元固有角振動数sは,式(4.17)の左辺の四次式のグラフ(4根は$\pm s_{01}, \pm s_{02}$)と右辺の三次式のグラフ(3根は$0, \pm 2$)の交点の横座標として求まる.数値的には$\mu, \delta = l/r$ ($\gamma = 2\mu\delta/3$)の値を与え,様々なω'の値に対して,

式 (4.17) の根 s を数値計算ソフトを用いて求めればよい. $l/r=1$ で $\mu=0.5, 2$ の場合 (円筒型および円板型ロータの代表例) について式 (4.17) を解いた結果を, s-ω' 曲線として**図 4.5**(a), (b) に示す.

図より, 横軸 ω' に対して常に 4 個の無次元固有角振動数 $s_{F1}, s_{F2}, s_{B1}, s_{B2}$ が存在し, 前者 2 個は常に正, 後者 2 個は常に負で, ω' に対して単調に増加することがわかる. $s_{F1}, s_{F2}(>0)$ を前向きの一次および二次の無次元固有角振動数, $s_{B1}, s_{B2}(<0)$ を後向きの一次および二次の無次元固有角振動数と呼ぶ. s_{F1}, s_{F2} は, ふれまわりの方向が軸の回転方向と同じ場合 (前向きふれまわり) に観測される無次元固有角振動数, s_{B1}, s_{B2} はふれまわりの方向が軸の回転方向と逆の場合 (後向きふれまわり) に観測される無次元固有角振動数である. 式 (4.17) より, ω' が十分大きくなると s_{F2} は $s_{F2}=\mu\omega'$ に漸近する.

ジャイロ系の危険速度とは, 式 (4.17) で $s=\omega'(\omega_f=\omega)$ となる場合の $\omega'(\omega)$ の値で, 図 4.5 (a), (b) の曲線群と原点を通る直線 $s=\pm\omega'$ との交点 (○印) の横座標の値として得られる. したがって, 図 4.5 (a) の $\mu=0.5$ の円筒型ロータでは, 前向き・後向きふれまわりでそれぞれに一次, 二次の危険速度が存在するが, 同図 (b) の $\mu=2$ の円板型ロータでは, 前向き二次の危険速度 s_{F2} が存在しない. これは, $\mu>1$ の場合, s_{F2} の漸近線 $s_{F2}=\mu\omega'$ の傾きが直線 $s=\omega'$ の傾きより大きくなり, 曲線 s_{F2} と直線 $s=\omega'$ が交わらないことによる. なお, 前向きふれまわりの危険速度は, ジャイロモーメントが作用しない場合の系の固有振動数 s_{01}, s_{02} より常に大きく, 後向きふれまわりの危険速度は s_{01}, s_{02} より常に小さい.

不釣合い力は前向きふれまわりの加振力成分のみをもつので, 通常のロータでは前向きの危険速度だけで共振を生じる. しかし, 回転しているジャイロ系の基礎が地震などによって一方向に加振される場合は, この一方向加振力が前向き・後向き両方のふれまわりを加振する力成分をもつので, 前向き・後向き両方の危険速度で共振を生じる. これらについては次節で説明する.

(2) 減衰がある場合

減衰がある場合の複素固有値につい

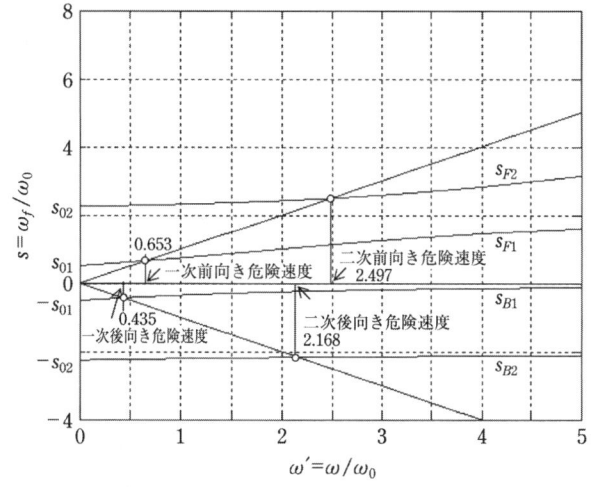

(a) 円筒型ロータの場合 ($\mu=0.5$, $l/r=1$, $\gamma=1/3$)

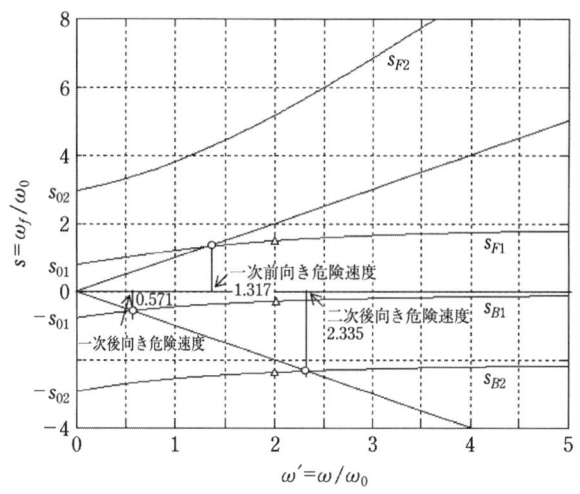

(b) 円板型ロータの場合 ($\mu=2$, $l/r=1$, $\gamma=4/3$)

図 4.5 ロータ形状がジャイロ系の固有角振動数の変化に及ぼす影響

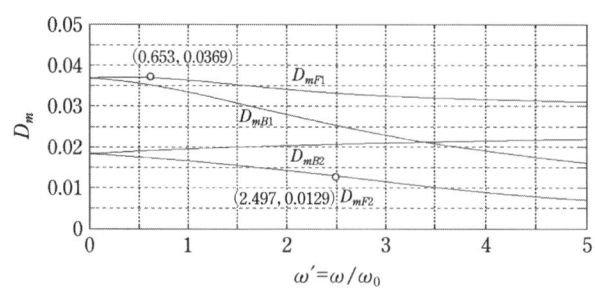

(a) 円筒型ロータの場合（$\mu=0.5$, $D_1=0.05$, $D_2=0.01$）

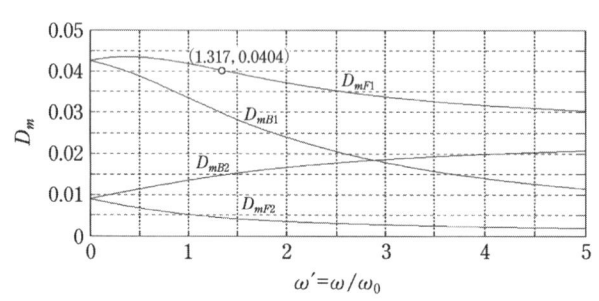

(b) 円板型ロータの場合（$\mu=2$, $D_1=0.05$, $D_2=0.01$）

図 4.6 ジャイロ系のモード減衰比の回転速度による変化

て説明する．減衰がない場合と同様に，$l/r=1$ で $\mu=0.5, 2$ とし，減衰比を $D_1=0.05$, $D_2=0.01$ とした場合について，ω' の値を与えて式 (4.16) の根 Λ を数値解析ソフトを用いて計算した．得られた根 $\Lambda = -a + jb$ ($a > 0$) より，無次元固有角振動数 $s = \omega_f/\omega_0 = b$ およびモード減衰比 $D_m = a/\sqrt{a^2+b^2}$ が求まる．この場合の s-ω' 曲線は，D_1, D_2 の値が小さいので，図 4.5 (a), (b) に示したものとほとんど同じである．D_m-ω' 曲線について，計算結果を **図 4.6**(a), (b) に示す．図より，ω' の増加に対して一次，二次の前向きおよび一次の後向きふれまわりに対するモード減衰比 D_{mF1}, D_{mF2}, D_{mB1} は緩やかに減少するが，二次の後向きふれまわりに対するモード減衰比 D_{mB2} は緩やかに増加することがわかる．なお，図中の○印は，一次および二次の前向き危険速度におけるモード減衰比を示している．

4.1.4 不釣合いによるジャイロ系の振動

ジャイロモーメントの作用を受けるロータに偏重心 ε がある場合の強制振動について考える．式 (4.10) に不釣合い力を付加すれば，運動方程式は次のように書ける．

$$\left.\begin{aligned} m\ddot{Z} + c_1\dot{Z} + k_{11}Z + k_{12}\Theta &= m\varepsilon\omega^2 \exp(j\omega t) \\ I_d\ddot{\Theta} - jI_p\omega\dot{\Theta} + c_2\dot{\Theta} + k_{21}Z + k_{22}\Theta &= 0 \end{aligned}\right\} \quad (4.19)$$

強制振動解を式 (4.20) のように仮定し，これを上式に代入すれば式 (4.21) が得られる．

$$\left.\begin{aligned} Z &= Z_0 \exp(j\omega t) \\ \Theta &= \Theta_0 \exp(j\omega t) \end{aligned}\right\} \quad (4.20)$$

$$\begin{bmatrix} k_{11} - m\omega^2 + jc_1\omega & k_{12} \\ k_{21} & k_{22} + (I_p - I_d)\omega^2 + jc_2\omega \end{bmatrix} \begin{Bmatrix} Z_0 \\ \Theta_0 \end{Bmatrix} = \begin{Bmatrix} m\varepsilon\omega^2 \\ 0 \end{Bmatrix} \quad (4.21)$$

ここで，Z_0, Θ_0 は複素振幅である．上式を解けば，強制振動解は次のように求まる．

$$\left.\begin{aligned} Z_0 &= m\varepsilon\omega^2 [k_{22} + (I_p - I_d)\omega^2 + jc_2\omega]/\Delta \\ \Theta_0 &= m\varepsilon\omega^2 k_{21}/\Delta \\ \Delta &= (k_{11} - m\omega^2 + jc_1\omega)\{k_{22} + (I_p - I_d)\omega^2 + jc_2\omega\} - k_{12}k_{21} \end{aligned}\right\} \quad (4.22)$$

式 (4.5) の k_{ij} および式 (4.15) の記号を用いて式 (4.21) を書き改めると，次のようになる．

$$\begin{bmatrix} 4 - s^2 + j(2D_1 s) & -2 \\ -4\mu\delta & 8\mu\delta/3 + (\mu-1)s^2 + j(2D_2 s) \end{bmatrix} \begin{Bmatrix} Z_0 \\ l\Theta_0 \end{Bmatrix} = \begin{Bmatrix} \varepsilon s^2 \\ 0 \end{Bmatrix} \quad (4.23)$$

ここで，$s = \omega/\omega_0$ である．

$\delta = 1$, $\mu = 0.5, 1, 1.5, 2$ として式 (4.23) の強制振動解を計算した．結果の一部を **図 4.7** に示す．

図の横軸はロータの無次元回転角速度, 縦軸は $|Z_0|/\varepsilon$ で, ロータの無次元ふれまわり半径(円軌跡)である. 図示していないが, $l\Theta_0/\varepsilon$ もほぼ同様な応答を示す. 図より, 円筒型ロータ ($\mu=0.5$) の場合, 一次, 二次の前向き危険速度で共振が生じていること, その危険速度は図 4.5(a) の危険速度 $\omega'=0.653, 2.497$ と一致していることがわかる. また, $\mu=1, 1.5, 2$ の場合は, 前向きの一次危険速度で共振するだけである. $\mu=2$ の場合の一次危険速度は, 図 4.5(b) の危険速度 $\omega'=1.32$ と同じである. なお, 図 4.7 では, μ の値が大きくなるにつれて一次危険速度での振幅が大きくなっている.

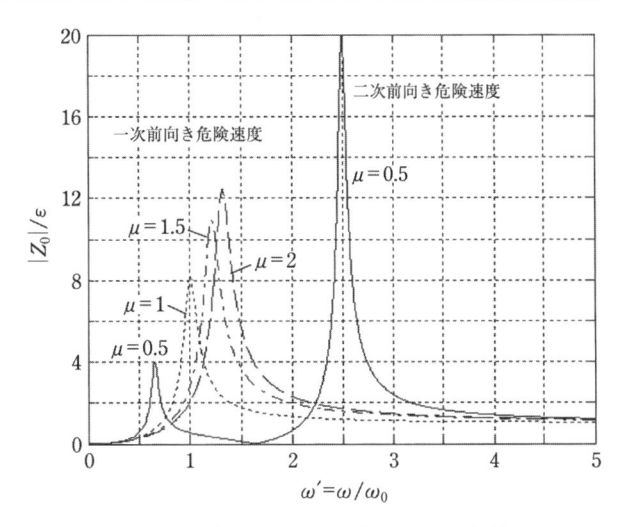

図 4.7 ジャイロ系の不釣合い応答に及ぼす慣性モーメント比 μ の影響 ($\delta=1$, $D_1=0.05$, $D_2=0.01$)

4.1.5 一方向基礎加振によるジャイロ系の振動

図 4.8 に示すように, 不釣合いをもたないジャイロ系が角速度 ω で回転しているとき, その基礎を水平方向に振幅 a, 角振動数 ω_{ex} で正弦的に変位加振したとする. このとき, 静止系から測ったロータ重心(軸先端)の水平方向変位を X, 基礎に固定した座標系 $O\text{-}xyz$ から測ったそれを x とすれば, $X = x + a\cos(\omega_{ex} t)$, $\ddot{X} = \ddot{x} - a\omega_{ex}^2 \cos(\omega_{ex} t)$ の関係がある. したがって, 一方向に加振される基礎上にあるジャイロ系の運動方程式は, 式 (4.7), (4.8) を参考にして, 減衰を無視すれば次のように書ける.

$$\left.\begin{aligned}
m\ddot{x} + k_{11}x + k_{12}\theta_x &= ma\omega_{ex}^2 \cos\omega_{ex} t \\
m\ddot{y} + k_{11}y + k_{12}\theta_y &= 0 \\
I_d \ddot{\theta}_x + I_p \omega \dot{\theta}_y + k_{21}x + k_{22}\theta_x &= 0 \\
I_d \ddot{\theta}_y - I_p \omega \dot{\theta}_x + k_{21}y + k_{22}\theta_y &= 0
\end{aligned}\right\} \quad (4.24)$$

ここで, 式 (4.9) の複素変位 ($Z = x + jy$, $\Theta = \theta_x + j\theta_y$) を導入して式 (4.24) を書き換えれば, 次式が得られる.

$$\left.\begin{aligned}
m\ddot{Z} + k_{11}Z + k_{12}\Theta &= ma\omega_{ex}^2 (e^{j\omega_{ex} t} + e^{-j\omega_{ex} t})/2 \\
I_d \ddot{\Theta} - jI_p \omega \dot{\Theta} + k_{21}Z + k_{22}\Theta &= 0
\end{aligned}\right\} \quad (4.25)$$

上式の加振力(第1式の右辺)の形から次のことがわかる. すなわち, 基礎を一方向に加振することは, 基礎上の回転系に対して, 前向きふれまわりと後向きふれまわりを加振する力成分 $e^{j\omega_{ex} t}$ と $e^{-j\omega_{ex} t}$ を発生させることになる.

式 (4.25) で, 前向きふれまわりの加振力 $e^{j\omega_{ex} t}$ に対する強制振動解を $Z = Z_F e^{j\omega_{ex} t}$, $\Theta = \Theta_F e^{j\omega_{ex} t}$ と仮定して, 式 (4.25) に代入して計算すると次式を得る.

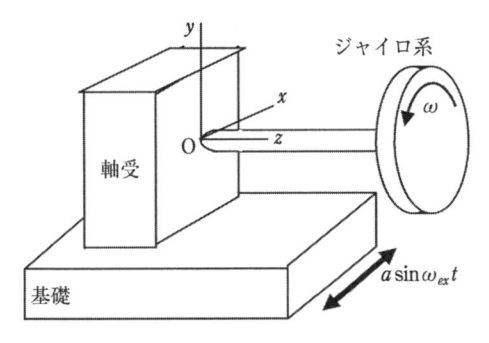

図 4.8 ジャイロ系の一方向基礎加振

$$(k_{11}-m\omega_{ex}^2)Z_F + k_{12}\Theta_F = ma\omega_{ex}^2/2 \\ k_{21}Z_F + \{k_{22}+I_p\omega\omega_{ex}-I_d\omega_{ex}^2\}\Theta_F = 0 \} \quad (4.26)$$

同様に,式 (4.25) で,後向きふれまわりの加振力 $e^{-j\omega_{ex}t}$ に対する強制振動解を $Z=Z_Be^{-j\omega_{ex}t}$, $\Theta=\Theta_Be^{-j\omega_{ex}t}$ とすれば,次式が得られる.

$$(k_{11}-m\omega_{ex}^2)Z_B + k_{12}\Theta_B = ma\omega_{ex}^2/2 \\ k_{21}Z_B + \{k_{22}-I_p\omega\omega_{ex}-I_d\omega_{ex}^2\}\Theta_B = 0 \} \quad (4.27)$$

式 (4.5), (4.15) を用いて式 (4.26), (4.27) を無次元化し,$Z_F, Z_B, \Theta_F, \Theta_B$ を Z_i, Θ_i $(i=F,B)$ と置くと,次式が得られる.

$$\begin{bmatrix} 4-s^2 & -2 \\ -4\delta & \dfrac{8\delta}{3}\pm\omega's-\dfrac{s^2}{\mu} \end{bmatrix} \begin{Bmatrix} Z_i \\ l\Theta_i \end{Bmatrix} = \begin{Bmatrix} 0.5as^2 \\ 0 \end{Bmatrix} \quad (i=F,B) \quad (4.28)$$

ここで,$s=\omega_{ex}/\omega_0$ で,複号の $+$ 符号は前向きふれまわり $(i=F)$,複号の $-$ 符号は後向きふれまわり $(i=B)$ の振幅を計算する場合に対応している.式 (4.28) を解けば,Z_i, Θ_i $(i=F,B)$ が実数で求まり,ジャイロ系を一方向変位加振した場合の強制振動解が次のように得られる.

$$Z = x+jy = Z_Fe^{j\omega_{ex}t}+Z_Be^{-j\omega_{ex}t} \\ = (Z_F+Z_B)\cos\omega_{ex}t \\ \quad + j((Z_F-Z_B)\sin\omega_{ex}t \\ \Theta = \theta_x+j\theta_y = \Theta_Fe^{j\omega_{ex}t}+\Theta_Be^{-j\omega_{ex}t} \\ = (\Theta_F+\Theta_B)\cos\omega_{ex}t \\ \quad + j((\Theta_F-\Theta_B)\sin\omega_{ex}t \} \quad (4.29)$$

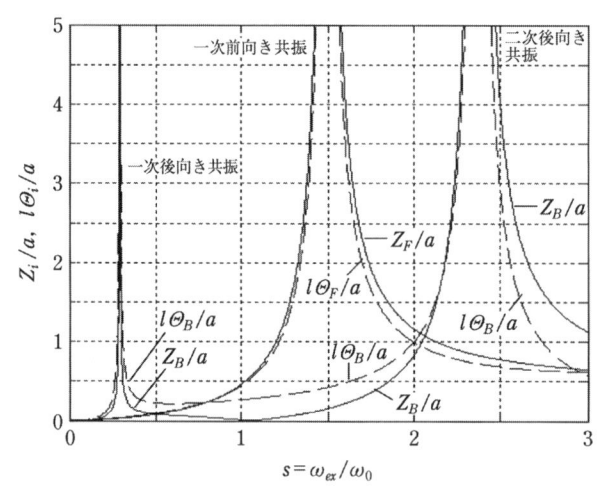

図 4.9 一方向加振されるジャイロ系の応答曲線 ($\mu=2$, $\delta=1$, $\gamma=4/3$, $\omega'=2$)

ここで,$x+jy = x_0\cos\omega_{ex}t + jy_0\sin\omega_{ex}t$ とすれば,係数比較により加振方向 x およびその直角方向 y の振動振幅 x_0, y_0 は,次式で表される.

$$x_0 = Z_F+Z_B, \quad y_0 = Z_F-Z_B \quad (4.30)$$

$\mu=2$, $\delta=1$, $\gamma=4/3$, $\omega'=2$ としたとき,式 (4.28), (4.30) から計算される無次元応答曲線 (Z_i/a-s 曲線,$l\Theta_i/a$-s 曲線) を **図 4.9** に,x,y 方向の無次元応答曲線 (x_0/a-s 曲線,y_0/a-s 曲線) を **図 4.10** にそれぞれ示す.回転しているジャイロ系は一方向 (x 方向) に加振され

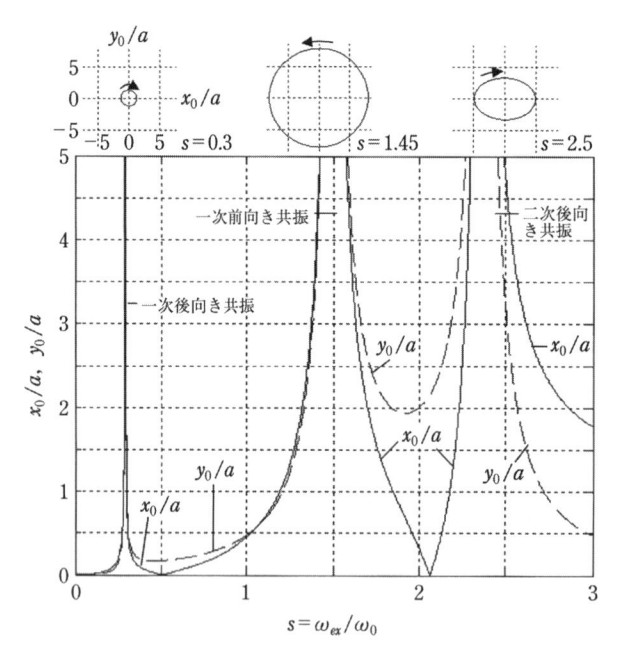

図 4.10 一方向加振されるジャイロ系の加振方向・直角方向の応答曲線 ($\mu=2$, $\delta=1$, $\gamma=4/3$, $\omega'=2$)

ているが，ジャイロ系のロータ重心（軸先端）は楕円軌跡を描いてふれまわっていて，$s=1.49$ で前向きふれまわりの共振，$s=0.290, 2.37$ で後向きふれまわりの一次，二次の共振が生じていることがわかる．なお，これらの共振点は図 4.5(b) の $\omega'=2$ における前向き一次，後向き一次，二次の無次元固有角振動数 $1.4959, -0.2906, -2.3735$（△印）と一致している．特に，後向きの一次共振は低い加振振動数で生じていることに注意が必要である．実際例として，高速回転する縦長のウラン濃縮用遠心分離機において，この後向きの共振のため地震時のロータの振動が大きくなり，問題になったことがある．

4.1.6 まとめ
ジャイロ系のロータの振動特性は次のように要約できる．

（1）ジャイロ系の固有振動数は，ロータの回転速度の関数になり，前向きおよび後向きふれまわりに対応した絶対値の異なる固有振動数がそれぞれ 2 個存在する．回転速度の増加とともに，前向きふれまわりの固有振動数の値は単調に増加し，後向きふれまわりの固有振動数の絶対値は単調に減少する．

（2）ジャイロ系の危険速度は，ロータの回転速度が系の固有角振動数に一致したときの回転速度であり，前向きおよび後向きふれまわりに対応した危険速度が存在する．円板型のロータでは，前向きふれまわりの危険速度は 1 個だけであるが，円筒型のロータでは前向きふれまわりの危険速度が 2 個存在する．

（3）前向きふれまわりの固有振動数および危険速度は，静止時の値より高くなる．

（4）ロータの不釣合いは前向きふれまわりのみを加振し，前向きふれまわりの危険速度で共振が生じる．

（5）ジャイロ系の基礎を一方向に加振すると前向きおよび後向きふれまわりを加振する加振力成分が生じる．この結果，ジャイロ系では，比較的低い回転速度にある後向きのふれまわりの危険速度で共振が生じる．

4.2 回転軸の偏平性の影響[6)~10)]

4.2.1 回転軸の偏平性
図 4.11 に，偏平軸をもつロータの模式図を示す．偏平軸とは，軸の断面が矩形状で，軸の曲げ変形に関するばね定数が，図 4.12 に示すように，軸 1 回転中に 2 サイクル変化するものをいう．振動学的には，ばね定数が時間とともに変化する可変ばね系に含まれる．偏平軸の実際の例として

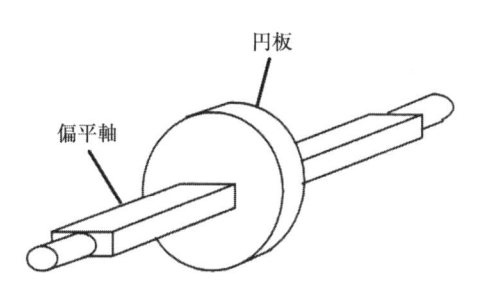

図 4.11 偏平軸をもつロータ（偏平軸系）

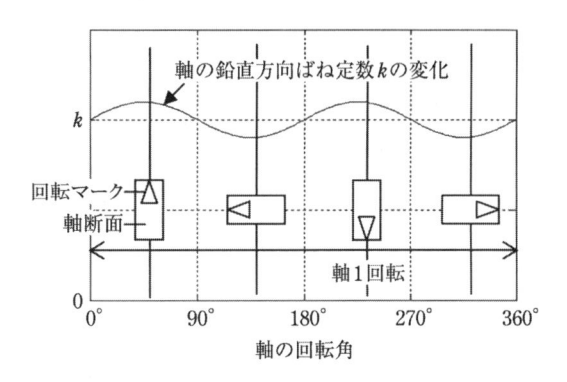

図 4.12 軸の回転による偏平軸のばね定数の変化

は，2極発電機のロータがある．このロータは，180°離れたロータ外周に軸方向に走る巻き線埋込み用の多くの溝（スロット）をもつため，ロータの有効断面が矩形状になり，回転させるとばね定数は図4.12のように変化する．

偏平軸をもつロータの曲げ振動の特徴としては，

（1）固有振動数が回転角速度の関数になる

（2）軸のばね定数の最小値および最大値に対応する2個の固有振動数が存在し，系に減衰力が作用しない場合，その間の回転速度では自由振動が不安定になる

（3）不釣合い応答曲線は不釣合いの角位置（偏重心の角位置）によって大きく変化し，釣合わせ作業が難しい

（4）偏平軸を水平に置いて回転させると，危険速度の半分の回転角速度において共振が生じる（二次的危険速度）

などが挙げられる．

以下に，偏平軸をもつロータ（ここでは偏平軸系と呼ぶ）の軸中心に関する運動方程式を導き，その自由振動および不釣合い振動の特徴などについて説明する．

4.2.2 偏平軸系の運動方程式

両端を単純支持された偏平軸が，そのスパン中央に質量 m の不釣合い円板（偏重心：ε）をもち，回転角速度 ω（一定）と同じ角速度でふれまわっている．ある瞬間における円板位置での軸断面を**図 4.13**(a) に示す．図には，静止座標系 O-xy，角速度 ω で回転する回転座標系 O-$\xi\eta$，円板の軸中心 $S(x,y), (\xi,\eta)$ および円板の重心 $G(x_G, y_G)$ を示してある．ふれまわり中における偏平軸のばね定数の最大および最小の方向を ξ, η 方向とし，ξ 軸から回転方向に測った円板の偏重心の方向（$\overline{SG}$）までの角を β とする．x 軸から測った SG の方向は $\omega t + \beta$ で表される．偏平軸のばね定数の最大値および最小値を k_ξ, k_η とすれば，図示した軸のたわみ状態で軸中心 $S(\xi,\eta)$ に加わる偏平軸のばね力は $-\xi$ 方向に $k_\xi\xi$，$-\eta$ 方向に $k_\eta\eta$ となる ($k_\xi > k_\eta$)．減衰力を無視すれば，次の運動方程式が得られる．g は重力加速度である．

$$\left.\begin{array}{l} m\ddot{x}_G = -k_\xi\xi\cos\omega t + k_\eta\eta\sin\omega t \\ m\ddot{y}_G = -k_\xi\xi\sin\omega t - k_\eta\eta\cos\omega t - mg \end{array}\right\} \tag{4.31}$$

図 4.13 (a), (b) より，以下の幾何学的関係式が得られる．なお，r および ρ は静止座標および回転座標で表した円板軸中心 $S(x,y), (\xi,\eta)$ の複素変位である．

$$\left.\begin{array}{l} x_G = x + \varepsilon\cos(\omega t + \beta) \\ y_G = y + \varepsilon\sin(\omega t + \beta) \\ \xi = x\cos\omega t + y\sin\omega t \\ \eta = -x\sin\omega t + y\cos\omega t \\ x = \xi\cos\omega t - \eta\sin\omega t \\ y = \xi\sin\omega t + \eta\cos\omega t \\ r = x + jy, \quad \rho = \xi + j\eta \\ r = \rho\exp(j\omega t) \end{array}\right\} \tag{4.32}$$

(a) 偏平軸に作用するばね力

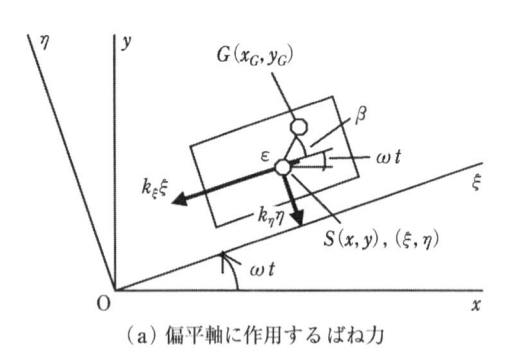

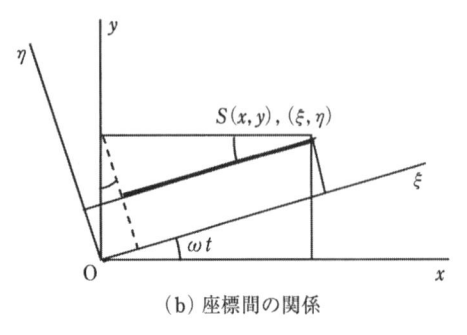

(b) 座標間の関係

図 4.13 座標系と偏平軸に作用するばね力

静止座標系で表した $S(x,y)$ に関する運動方程式

は，式 (4.32) の第 1，第 2 式を式 (4.31) に代入して計算すると，以下の記号を用いて式 (4.35) のように表せる．

$$\left.\begin{array}{l} k_\xi = k + \varDelta, \quad k_\eta = k - \varDelta, \\ \omega_n{}^2 = \dfrac{k}{m} \end{array}\right\} \tag{4.33}$$

$$\left.\begin{array}{l} \omega_\xi^2 = \dfrac{k_\xi}{m} = \omega_n^2\left(1 + \dfrac{\varDelta}{k}\right) \\ \omega_\eta^2 = \dfrac{k_\eta}{m} = \omega_n^2\left(1 - \dfrac{\varDelta}{k}\right) \end{array}\right\} \tag{4.34}$$

$$\left.\begin{array}{l} m\ddot{x} + kx + \varDelta(x\cos 2\omega t + y\sin 2\omega t) = m\varepsilon\omega^2\cos(\omega t + \beta) \\ m\ddot{y} + ky + \varDelta(x\sin 2\omega t - y\cos 2\omega t) = m\varepsilon\omega^2\sin(\omega t + \beta) - mg \end{array}\right\} \tag{4.35}$$

この場合，粘性減衰力を考慮した $S(x, y)$ の運動方程式は，次のように書ける．

$$\left.\begin{array}{l} m\ddot{x} + c\dot{x} + kx + \varDelta(x\cos 2\omega t + y\sin 2\omega t) = m\varepsilon\omega^2\cos(\omega t + \beta) \\ m\ddot{y} + c\dot{y} + ky + \varDelta(x\sin 2\omega t - y\cos 2\omega t) = m\varepsilon\omega^2\sin(\omega t + \beta) - mg \end{array}\right\} \tag{4.36}$$

一方，回転座標系で表した運動方程式を得るには，少し計算が必要である．式 (4.31) の第 2 式に虚数単位 j を乗じて第 1 式と辺々加えると，次式が得られる．

$$m(\ddot{x}_G + j\ddot{y}_G) = (-k_\xi\xi - jk_\eta\eta)\exp(j\omega t) - jmg \tag{4.37}$$

ここで，上式の左辺は，式 (4.32) より，

$$\ddot{x}_G + j\ddot{y}_G = \ddot{x} + j\ddot{y} - \varepsilon\omega^2\exp\{j(\omega t + \beta)\} \tag{4.38}$$

また，

$$\ddot{x} + j\ddot{y} = \ddot{r} = \frac{d^2}{dt^2}\{\rho\exp(j\omega t)\} = (\ddot{\rho} + 2j\omega\dot{\rho} - \omega^2\rho)\exp(j\omega t) \tag{4.39}$$

と表されるので，式 (4.39) を式 (4.38) に代入し，さらに式 (4.38) を式 (4.37) に代入して両辺に $\exp(-j\omega t)$ を乗じ，項を移動すると，次式が得られる．

$$m(\ddot{\rho} + 2j\omega\dot{\rho} - \omega^2\rho) + k_\xi\xi + jk_\eta\eta = m\varepsilon\omega^2\exp(j\beta) - jmg\exp(-j\omega t) \tag{4.40}$$

$\rho = \xi + j\eta$ を考慮して，上式を実部と虚部に分けて表示すれば，回転座標系での円板軸中心 $S(\xi, \eta)$ に関する運動方程式は，次のようになる．

$$\left.\begin{array}{l} m(\ddot{\xi} - 2\omega\dot{\eta} - \omega^2\xi) + k_\xi\xi = m\varepsilon\omega^2\cos\beta - mg\sin\omega t \\ m(\ddot{\eta} + 2\omega\dot{\xi} - \omega^2\eta) + k_\eta\eta = m\varepsilon\omega^2\sin\beta - mg\cos\omega t \end{array}\right\} \tag{4.41}$$

粘性減衰力を考慮した場合の運動方程式は，次のように書ける．

$$\left.\begin{array}{l} m(\ddot{\xi} - 2\omega\dot{\eta} - \omega^2\xi) + c(\dot{\xi} - \omega\eta) + k_\xi\xi = m\varepsilon\omega^2\cos\beta - mg\sin\omega t \\ m(\ddot{\eta} + 2\omega\dot{\xi} - \omega^2\eta) + c(\dot{\eta} + \omega\xi) + k_\eta\eta = m\varepsilon\omega^2\sin\beta - mg\cos\omega t \end{array}\right\} \tag{4.42}$$

4.2.3 偏平軸系の固有角振動数と自由振動の安定性

静止座標系での運動方程式 (4.35) を用いて，一般的な方法で固有角振動数を求めるのは困難なので，ここでは回転座標系での運動方程式 (4.42) を用いて偏平軸系の固有角振動数を求める．式 (4.42) の右辺をゼロと置き，さらに全体を m で割れば，次式が得られる．

$$\left.\begin{array}{l} \ddot{\xi} - 2\omega\dot{\eta} - \omega^2\xi + 2n(\dot{\xi} - \omega\eta) + \omega_\xi^2\xi = 0 \\ \ddot{\eta} + 2\omega\dot{\xi} - \omega^2\eta + 2n(\dot{\eta} + \omega\xi) + \omega_\eta^2\eta = 0 \end{array}\right\} \tag{4.43}$$

ここで，

$$2n = c/m, \quad \omega_\xi^2 = k_\xi/m, \quad \omega_\eta^2 = k_\eta/m \tag{4.44}$$

式 (4.43) の自由振動解を

$$\xi = \xi_0 \exp(st), \quad \eta = \eta_0 \exp(st) \tag{4.45}$$

と仮定して式 (4.43) に代入すると，次式が得られる．

$$\begin{bmatrix} s^2 + 2ns - \omega^2 + \omega_\xi^2 & -2\omega(s+n) \\ 2\omega(s+n) & s^2 + 2ns - \omega^2 + \omega_\eta^2 \end{bmatrix} \begin{Bmatrix} \xi_0 \\ \eta_0 \end{Bmatrix} = \begin{Bmatrix} 0 \\ 0 \end{Bmatrix} \tag{4.46}$$

固有値 s を与える特性方程式は，上式の係数行列式の値をゼロと置いて，次のように書ける．

$$(s^2 + 2ns - \omega^2 + \omega_\xi^2)(s^2 + 2ns - \omega^2 + \omega_\eta^2) + 4\omega^2(s+n)^2 = 0$$

上式を展開して整理すると，特性方程式は次のようになる．

$$s^4 + 4ns^3 + (2\omega^2 + \omega_\xi^2 + \omega_\eta^2 + 4n^2)s^2 + 2n(2\omega^2 + \omega_\xi^2 + \omega_\eta^2)s + (\omega^2 - \omega_\xi^2)(\omega^2 - \omega_\eta^2) + 4n^2\omega^2$$
$$= 0 \tag{4.47}$$

（1）減衰がない場合

系に減衰がない場合には式 (4.47) で $n=0$ と置くと，特性方程式は次のように書ける．

$$s^4 + (2\omega^2 + \omega_\xi^2 + \omega_\eta^2)s^2 + (\omega^2 - \omega_\xi^2)(\omega^2 - \omega_\eta^2) = 0 \tag{4.48}$$

式 (4.48) を s^2 の二次式として解くと，

$$s^2 = \frac{1}{2}\{-(2\omega^2 + \omega_\xi^2 + \omega_\eta^2) \pm \sqrt{(2\omega^2 + \omega_\xi^2 + \omega_\eta^2)^2 - 4(\omega^2 - \omega_\xi^2)(\omega^2 - \omega_\eta^2)}\} \tag{4.49}$$

もし，上式の s^2 が正 $s^2 = \alpha^2 (\alpha > 0)$ として求まると $s = \pm \alpha$ となり，式 (4.45) の自由振動解の一つ $\xi = \xi_0 e^{\alpha t} (\alpha > 0)$ は，時間とともに大きくなり不安定になる．したがって，偏平軸系の自由振動が不安定になる条件 ($s^2 > 0$) は，式 (4.49) より次のように書ける．

$$(2\omega^2 + \omega_\xi^2 + \omega_\eta^2) < \sqrt{(2\omega^2 + \omega_\xi^2 + \omega_\eta^2)^2 - 4(\omega^2 - \omega_\xi^2)(\omega^2 - \omega_\eta^2)}\}$$

すなわち，

$$(\omega^2 - \omega_\xi^2)(\omega^2 - \omega_\eta^2) < 0$$

よって，

$$\omega_\eta^2 < \omega^2 < \omega_\xi^2, \quad \text{すなわち} \quad \omega_\eta < \omega < \omega_\xi \tag{4.50}$$

式 (4.50) が満足される，すなわち，軸の回転角速度 ω が偏平軸の最小および最大ばね定数に対応する固有角振動数 ω_η, ω_ξ の間にあるとき，自由振動解の一つが不安定になるといえる．

自由振動解が安定な場合，式 (4.49) で $s^2 < 0$ となり，このときの偏平軸系の固有角振動数を p とすると，$s^2 = -p^2 (p>0)$ の関係がある．この式を式 (4.49) に代入し，式 (4.34) の関係（$\omega_\xi^2 + \omega_\eta^2 = 2\omega_n^2$ など）を用いると，p^2 は次のように求まる．

$$\begin{aligned} p^2 &= \omega^2 + \omega_n^2 \mp \sqrt{(\omega^2 + \omega_n^2)^2 - \{\omega^4 - 2\omega_n^2\omega^2 + \omega_\xi^2\omega_\eta^2\}} \\ &= \omega^2 + \omega_n^2 \mp \sqrt{(\omega^2 + \omega_n^2)^2 - [\omega^4 - 2\omega_n^2\omega^2 + \omega_n^4\{1 - (\varDelta/k)^2\}]} \\ &= \omega^2 + \omega_n^2 \mp \sqrt{4\omega^2\omega_n^2 + \omega_n^4(\varDelta/k)^2} \end{aligned} \tag{4.51}$$

上式の両辺を ω_n^2 で割って無次元化し，

$$\bar{p} = p/\omega_n, \quad \bar{\omega} = \omega/\omega_n \tag{4.52}$$

と置くと，式 (4.51) は次のように書ける．

$$\bar{p}^2 = 1 + \bar{\omega}^2 \mp \sqrt{4\bar{\omega}^2 + \left(\frac{\varDelta}{k}\right)^2} \tag{4.53}$$

$\varDelta/k$（軸の偏平度という）がゼロで軸に偏平性がないとき，上式は $\bar{p}^2 = (1 \pm \bar{\omega})^2$ となるので $\bar{p}$ は $\bar{p}_i = \pm(1 \mp \bar{\omega})(i=1\sim 4)$ と表される．これらの式は $\bar{p}$-$\bar{\omega}$ 平面上で傾き ± 1, y 切片 ± 1 の 4 本の直線を表わす．したがって，$\varDelta/k(\neq 0)$ が微小量の場合，式 (4.53) の $\bar{p}_i$ は上記 4 本の直線に近い変化を示すことが推測される．$\varDelta/k = 0.2$ として，式 (4.53) から計算した $\bar{p}_i$-$\bar{\omega}$ 曲線（回転座標系でみた偏平軸系の無次元固有振動数の変化）を **図 4.14** に示す．ここで，$\bar{p}_2 = -\bar{p}_1, \bar{p}_4 = -\bar{p}_3$

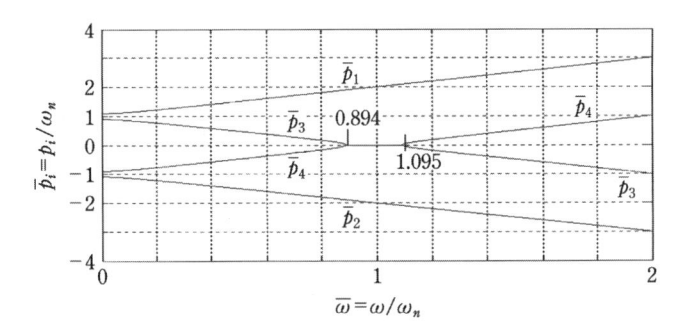

図 4.14 偏平軸系の回転角速度 ω に対する固有角振動数 p_i の変化(回転座標系)〔式 (4.53), $\Delta/k=0.2$, $n=0$〕

である. $\Delta/k=0.2$ のとき, $\omega_\xi = \omega_n\sqrt{1+(\Delta/k)} = 1.095$, $\omega_\eta = \omega_n\sqrt{1-(\Delta/k)} = 0.894$ であり, 図中, $0.894 < \bar{\omega} < 1.095$ の範囲で, $\bar{p}_3, \bar{p}_4$ の値がないのは, 先に説明したように ω_η, ω_ξ 間に実数の固有角振動数が存在しない(自由振動解が不安定な)ためである.

(2) 減衰がある場合

次に, 系に減衰がある場合 $(n \neq 0)$, 上記の自由振動の不安定領域がどのように縮小するか調べてみる. この場合の特性方程式 (4.47) を ω_n^4 で割って,

$$\bar{s}=s/\omega_n,\ D=n/\omega_n,\ \bar{\omega}=\omega/\omega_n,\ \omega_\xi^2/\omega_n^2=1+\Delta/k,\ \omega_\eta^2/\omega_n^2=1-\Delta/k, \\ \omega_n^2=(k_\xi+k_\eta)/(2m)=(\omega_\xi^2+\omega_\eta^2)/2 \tag{4.54}$$

を用いて書き改めると, 次式が得られる.

$$\bar{s}^4 + 4D\bar{s}^3 + 2(1+\bar{\omega}^2+2D^2)\bar{s}^2 + 4D(1+\bar{\omega}^2)\bar{s} + \{\bar{\omega}^4 - 2(1-2D^2)\bar{\omega}^2 + 1 - (\Delta/k)^2\} = 0 \tag{4.55}$$

ここで, 上式を

$$f(s) = a_0 s^4 + a_1 s^3 + a_2 s^2 + a_3 s + a_4 = 0 \tag{4.56}$$

と置き, ラウス-フルビッツの安定判別を行う. 式 (4.56) の固有値の実部が負(自由振動が安定)になるための条件式は, 以下のように示されている[11].

$$\left. \begin{array}{l} \begin{vmatrix} a_1 & a_3 & 0 \\ a_0 & a_2 & a_4 \\ 0 & a_1 & a_3 \end{vmatrix} > 0,\ \begin{vmatrix} a_1 & a_3 \\ a_0 & a_2 \end{vmatrix} > 0 \\ a_0, a_1, a_2, a_3, a_4 > 0 \end{array} \right\} \tag{4.57}$$

上記不等式に $a_0=1, a_1=4D, a_2=2(1+\bar{\omega}^2+2D^2)$ などを代入して調べると, 結局, $a_4 > 0$ が満足されればよいことになり, 特性方程式 (4.55) の安定条件は, 次式で表される.

$$\bar{\omega}^4 - 2(1-2D^2)\bar{\omega}^2 + 1 - (\Delta/k)^2 > 0 \tag{4.58}$$

これを解くと, 自由振動が安定な無次元角速度の範囲が次のように求まる.

$$\left. \begin{array}{l} \bar{\omega}^2 < \bar{\omega}_{th1}^2,\ \bar{\omega}_{th2}^2 < \bar{\omega}^2 \\ \bar{\omega}_{th1}^2 = 1 - 2D^2 - \sqrt{4D^4 - 4D^2 + (\Delta/k)^2} \\ \bar{\omega}_{th2}^2 = 1 - 2D^2 + \sqrt{4D^4 - 4D^2 + (\Delta/k)^2} \end{array} \right\} \tag{4.59}$$

また, すべての $\bar{\omega}$ に対して式 (4.58) が成立するためには, 式 (4.58) を $\bar{\omega}^2$ の二次式とみて, その判別式が負であればよい. すなわち,

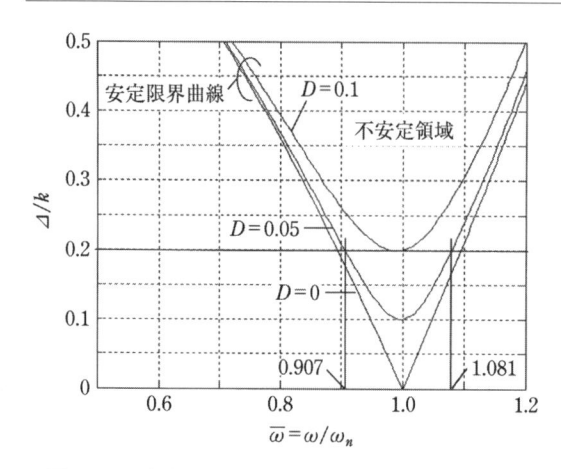

図4.15 減衰比 D および軸の偏平度 Δ/k による自由振動の不安定領域の変化

$$\left.\begin{array}{l}(1-2D^2)^2 - \{1-(\Delta/k)^2\} < 0 \\ \text{よって,}\ 4D^2(1-D^2) > (\Delta/k)^2\end{array}\right\} \tag{4.60}$$

上式で四次の微小量 D^4 を無視すると,次式が得られる.

$$2D > \Delta/k \tag{4.61}$$

すなわち,軸の偏平度 Δ/k が減衰比 D の2倍より小さければ,偏平軸系の自由振動は全ての回転速度範囲で安定になる.式(4.61)を偏平軸系の安定条件と呼ぶ.

$D=0, 0.05, 0.1, 0.15$ の場合について Δ/k の値を変えて,式(4.59)より無次元安定限界速度 $\bar{\omega}(=\bar{\omega}_{th1}, \bar{\omega}_{th2})$ を計算した.結果を**図4.15**に示す.図より,偏平軸では,$D=0$ の場合,Δ/k の値に応じて $\bar{\omega}=1$ の近傍 ($\omega_\eta < \omega < \omega_\xi$) で自由振動が不安定になる速度領域が存在するが,この不安定領域は,減衰比 $D=n/\omega_n$ が大きくなるに従って小さくなり,D が式(4.61)を満足するようになると消滅することがわかる.図4.15で $D=0.05, \Delta/k=0.2$ の場合,$\Delta/k=0.2$ の水平線が $D=0.05$ の安定限界曲線と交叉する横軸を読めば,$0.907 < \omega/\omega_n < 1.081$ で自由振動が不安定になるといえる.また,$D=0.1, \Delta/k=0.2$ の場合は不等式(4.61)の境界にあたり,不安定領域がなくなる.こうした結果は,$D, \Delta/k, \bar{\omega}$ の値を与えて特性方程式(4.55)の複素根を数値的に求めた結果からも得られる.減衰がある場合の無次元固有角振動数の変化は,不安定領域や $\bar{\omega}=0$ 近傍におけるわずかな違いを除けば,図4.14に示した減衰がない場合の結果とほとんど同じになる.

次に,減衰がない場合についてこれまで求めた回転座標系での固有角振動数 p ($p_1 \sim p_4$) と静止座標系から観測した振動の固有角振動数 p_S との関係について説明する.式(4.45)で $s=jp$ と置けば,回転座標系での自由振動解は,次のように書ける.

$$\xi = \xi_0 \exp(jpt),\quad \eta = \eta_0 \exp(jpt) \tag{4.62}$$

これに対応する静止座標系の自由振動解 x, y は,式(4.32)の関係式 $r=\rho\exp(j\omega t)$, $r=x+jy$, $\rho=\xi+j\eta$ などや式(4.62)を用いて,次のように書ける.

$$\begin{aligned}r = x+jy &= (\xi+j\eta)\exp(j\omega t) \\ &= (\xi_0+j\eta_0)\exp\{j(\omega+p)t\} \\ &= \sqrt{\xi_0^2+\eta_0^2}\,[\cos\{(\omega+p)t+\gamma\} \\ &\quad + j\sin\{(\omega+p)t+\gamma\}]\end{aligned} \tag{4.63}$$

上式の自由振動解より,$\omega+p$ が静止座標系での固有角振動数 p_S になる.すなわち,

$$p_S = \omega + p \tag{4.64}$$

これは,回転座標系および静止座標系から見たそれぞれの固有角振動数の関係を示す重要

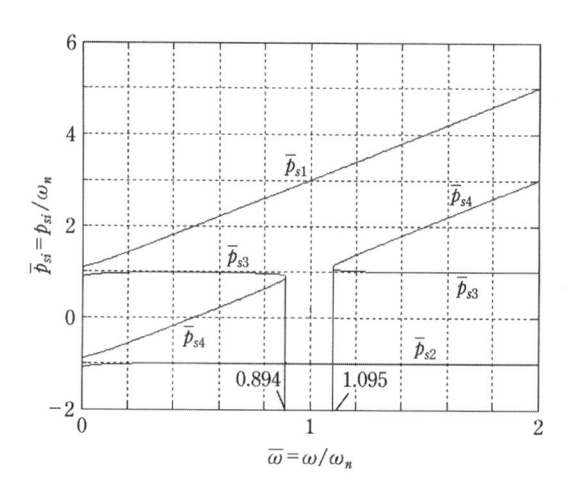

図4.16 偏平軸系の静止座標系での無次元固有角振動数 $\bar{p}_{si}$ の変化 ($\Delta/k=0.2$)

な式で，回転座標系での固有角振動数 p に軸の回転角速度 ω を加えたものが静止座標系での固有角振動数 p_s になることを意味している．上式を ω_n で割って無次元化し式 (4.52), (4.53) を用いれば，静止系での無次元固有角振動数 $\bar{p}_s$ は次のように表せる．

$$\begin{aligned}\bar{p}_S &= p_s/\omega_n = \bar{\omega} \pm \bar{p} \\ &= \bar{\omega} \pm \sqrt{1+\bar{\omega}^2 \mp \sqrt{4\bar{\omega}^2 + (\varDelta/k)^2}}\end{aligned} \tag{4.65}$$

$\varDelta/k = 0.2$ の場合について，式 (4.65) で計算した $\bar{p}_s$ の $\bar{\omega}(=\omega/\omega_n)$（軸の無次元回転角速度）に対する変化を示すと，**図 4.16** のようになる．すなわち，偏平軸系の振動を静止系から非接触変位計などで測定した場合，その固有角振動数の回転速度に対する変化は図 4.16 で表される．一方，同じ振動を偏平軸に貼りつけたひずみゲージで測定した場合，その固有角振動数の変化は図 4.14 で表されることに注意すべきである．

4.2.4 偏平軸系の不釣合い振動

偏平軸系の不釣合い振動について説明する．回転座標系での円板軸中心 $S(\xi, \eta)$ に関する運動方程式 (4.42) の重力項（右辺第 2 項）を除いた式の両辺を m で割って，式 (4.44) の記号を用いて書き改めれば，次のようになる．

$$\left.\begin{aligned}\ddot{\xi} - 2\omega\dot{\eta} - \omega^2\xi + 2n(\dot{\xi} - \omega\eta) + \omega_\xi^2\xi &= \varepsilon\omega^2\cos\beta \\ \ddot{\eta} + 2\omega\dot{\xi} - \omega^2\eta + 2n(\dot{\eta} + \omega\xi) + \omega_\eta^2\eta &= \varepsilon\omega^2\sin\beta\end{aligned}\right\} \tag{4.66}$$

回転座標系での強制振動解を

$$\xi = A_\xi, \quad \eta = A_\eta \quad (A_\xi, A_\eta : \text{一定}) \tag{4.67}$$

と仮定して式 (4.66) に代入すると，時間微分項 $\ddot{\xi}, \dot{\eta}$ などがゼロなので次式が得られる．

$$\left.\begin{aligned}(\omega_\xi^2 - \omega^2)A_\xi - 2n\omega A_\eta &= \varepsilon\omega^2\cos\beta \\ 2n\omega A_\xi + (\omega_\eta^2 - \omega^2)A_\eta &= \varepsilon\omega^2\sin\beta\end{aligned}\right\} \tag{4.68}$$

上式を解くと，A_ξ, A_η は次のように求まる．

$$\left.\begin{aligned}\bar{A}_\xi = \frac{A_\xi}{\varepsilon} &= \frac{\omega^2\{(\omega_\eta^2-\omega^2)\cos\beta + 2n\omega\sin\beta\}}{(\omega_\xi^2-\omega^2)(\omega_\eta^2-\omega^2) + 4n^2\omega^2} \\ &= \frac{\bar{\omega}^2\{(1-\varDelta/k-\bar{\omega}^2)\cos\beta + 2D\bar{\omega}\sin\beta\}}{(1+\varDelta/k-\bar{\omega}^2)(1-\varDelta/k-\bar{\omega}^2) + 4D^2\bar{\omega}^2} \\ \bar{A}_\eta = \frac{A_\eta}{\varepsilon} &= \frac{\omega^2\{(\omega_\xi^2-\omega^2)\sin\beta - 2n\omega\cos\beta\}}{(\omega_\xi^2-\omega^2)(\omega_\eta^2-\omega^2) + 4n^2\omega^2} \\ &= \frac{\bar{\omega}^2\{(1+\varDelta/k-\bar{\omega}^2)\sin\beta - 2D\bar{\omega}\cos\beta\}}{(1+\varDelta/k-\bar{\omega}^2)(1-\varDelta/k-\bar{\omega}^2) + 4D^2\bar{\omega}^2}\end{aligned}\right\} \tag{4.69}$$

ここで，

$$\begin{aligned}&\bar{\omega} = \omega/\omega_n, \quad D = n/\omega_n \\ &\omega_\xi^2/\omega_n^2 = 1+\varDelta/k, \quad \omega_\eta^2/\omega_n^2 = 1-\varDelta/k, \quad \omega_n^2 = (\omega_\xi^2+\omega_\eta^2)/2\end{aligned} \tag{4.70}$$

系に減衰がない場合，上式で $n = D = 0$ と置くと，不釣合い振動解は次のようになる．

$$\left.\begin{aligned}\bar{A}_\xi = \frac{A_\xi}{\varepsilon} &= \frac{\omega^2}{\omega_\xi^2-\omega^2}\cos\beta = \frac{\bar{\omega}^2}{(1+\varDelta/k-\bar{\omega}^2)}\cos\beta \\ \bar{A}_\eta = \frac{A_\eta}{\varepsilon} &= \frac{\omega^2}{\omega_\eta^2-\omega^2}\sin\beta = \frac{\bar{\omega}^2}{(1-\varDelta/k-\bar{\omega}^2)}\sin\beta\end{aligned}\right\} \tag{4.71}$$

式 (4.71) より，減衰がない場合，

（1）回転座標系上で軸の最大ばね定数の方向（ξ 方向）の変位 A_ξ は偏重心 ε の ξ 方向成分 $\varepsilon\cos\beta$ に比例し，ξ 方向の固有角振動数 ω_ξ で共振し変位が無限大になること，

（2）軸の最小ばね定数の方向（η 方向）の変位 A_η は偏重心 ε の η 方向成分 $\varepsilon\sin\beta$ に比例し，η

方向の固有角振動数 ω_η で共振することがわかる．このことは従来からよく知られていた．

次に，減衰を考慮した場合の不釣合い振動解について考える．式 (4.69) より，A_ξ, A_η は ω_ξ, ω_η の 2 個の固有角振動数付近で共振し，振幅が無限大になる（有限ではない）可能性があることがわかる．そこで，まず式 (4.69) で $\Delta/k = 0.2$ とし，減衰比 $D = n/\omega_n$ および偏重心の角位置 β を変えて不釣合いによる強制振動応答を計算した．結果を図 4.17 に示す．図の横軸および縦軸は，それぞれ無次元回転角速度 $\bar{\omega}$ および偏平軸の最大および最小ばね定数の方向の無次元変位（たわみ

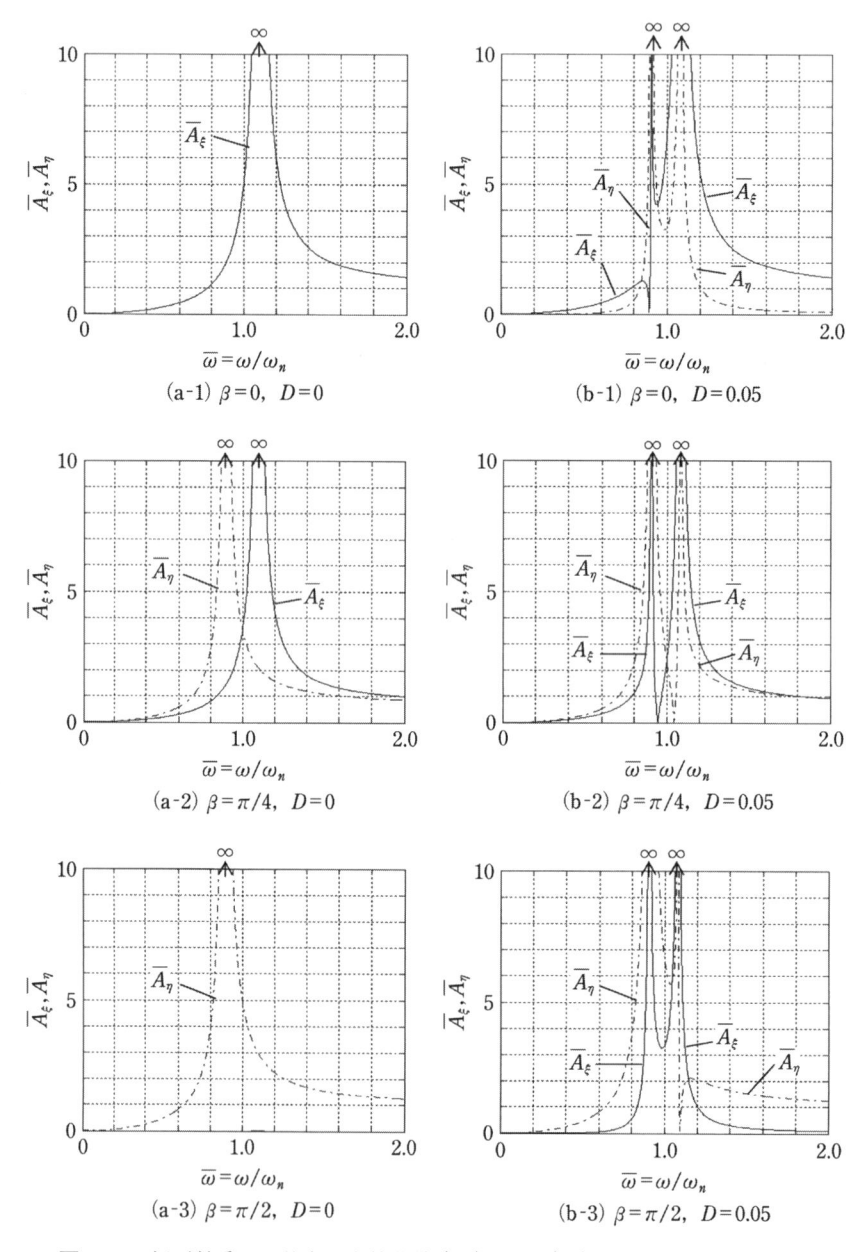

(a-1) $\beta = 0$, $D = 0$

(b-1) $\beta = 0$, $D = 0.05$

(a-2) $\beta = \pi/4$, $D = 0$

(b-2) $\beta = \pi/4$, $D = 0.05$

(a-3) $\beta = \pi/2$, $D = 0$

(b-3) $\beta = \pi/2$, $D = 0.05$

図 4.17 偏平軸系の不釣合い応答曲線 ($\Delta/k = 0.2$) 〔β および D の影響，式 (4.69)〕

量)$\bar{A}_\xi, \bar{A}_\eta$ である. 図より, $D=0$ の場合, $\beta=0$〔図(a-1)〕では$\bar{\omega}=\sqrt{1+\varDelta/k}=1.095$ ($\omega=\omega_\xi$)で, また$\beta=\pi/2$〔図(a-3)〕では$\bar{\omega}=\sqrt{1-\varDelta/k}=0.894$ ($\omega=\omega_\eta$)で共振し, $\bar{A}_\xi$や$\bar{A}_\eta$は無限大になる. 一方, 減衰がある$D=0.05$の場合, $\beta=0, \pi/4, \pi/2$で〔図(b-1), (b-2), (b-3)〕, ω_ξとω_ηの両方の固有角振動数で共振が生じ, 偏平軸の最大および最小ばね定数の方向の変位が無限大になることがわかる.

ここで, 系に減衰力が作用するにもかかわらず, 共振して変位が無限大になる理由を式(4.69)で考察する. 式(4.69)の分母に注目すれば, $\omega_\eta < \omega < \omega_\xi$の範囲で分母1項目の$(\omega_\xi^2-\omega^2)(\omega_\eta^2-\omega^2)$は負となり, その絶対値が2項目の$4n^2\omega^2$に等しければ, 分母がゼロになり, 変位は無限大になる. すなわち, 式(4.69)の分母をω^2の二次式と考え, これが正の2実根をもつ場合, 分母がゼロになるωが存在することになる. 分母$=\bar{\omega}^4-2(1-2D^2)\bar{\omega}^2+1-(\varDelta/k)^2$と書けるので, この条件は二次式の判別式が正として表される. すなわち,

$$\left.\begin{array}{l}(1-2D^2)^2 \geq 1-(\varDelta/k)^2 \\ \text{よって,} \quad 4D^2(1-D^2) < (\varDelta/k)^2\end{array}\right\} \quad (4.72)$$

D^4を四次の微小量として無視すると, 次式が得られる.

$$D \leq (\varDelta/k)/2 \quad (4.73)$$

この条件下では, 減衰があっても共振時に偏平軸の変位が無限大になる. 例えば, $\varDelta/k=0.2$の場合, $D \leq 0.1$であれば, 共振時の軸変位は無限大になる. 減衰比Dが式(4.73)を満足しない場合(Dが大きい場合), 強制振動解式(4.69)の分母はゼロになることはなく, 共振時の軸変位は有限な値になる. なお, 式(4.73)は, 4.2.3項で述べた偏平軸系の安定条件(自由振動が常に安定になるための条件)式(4.61)と同じであることは大変興味深い(不等号の向きが逆になっていることに注意). すなわち, 減衰があっても自由振動が不安定な場合, 偏平軸の不釣合い振動の振幅は共振時に無限大になるといえる.

偏平軸の不釣合い振動に及ぼす減衰比Dの影響をもう少し詳しく調べるため, $\varDelta/k=0.2$, $\beta=0$の場合について, 式(4.69)を用いて不釣合い応答を計算した. 結果を**図4.18**に示す. 図の横軸と縦軸は, 図4.17と同じである. 図4.18より, $D \leq (\varDelta/k)/2=0.1$を満足する$D=0.05$, 0.1の場合, 2箇所の共振振動数で軸変位が無限大になることがわかる. 共振時の軸の無次元回転角速度$\bar{\omega}$を調べると, $D=0$のとき$\bar{\omega}=1.095$, $D=0.05$のとき$\bar{\omega}=0.9068, 1.0811$, $D=0.1$のとき$\bar{\omega}=0.9798, 1.000$(図では1個の共振のように見えるが, 2個の共振のピークがある)と少しずつ異なっていることがわかる. さらに, これら共振時の$\bar{\omega}$の値〔式(4.69)の分母$=0$の根〕は, 式(4.59)から計算される自由振動の安定限界速度$\bar{\omega}_{th1}, \bar{\omega}_{th2}$〔式(4.58)の根〕と一致している. このことは, 式(4.69)の分母$=0$の式と式(4.58)がまったく同じ式であることから理解できる. すなわち, $D \leq (\varDelta/k)/2$の場合, 偏平軸系では, 自由振動の安定限界速度$\bar{\omega}_{th1}, \bar{\omega}_{th2}$が, 不釣合い振動時の共振振動数(危険速度, 振幅無限大)になっている.

一方, $D \leq (\varDelta/k)/2=0.1$を満足しない$D=0.15$のとき〔図4.18(d)〕, 共振時($\bar{\omega}=0.996$, 1.049)の軸変位(最大変位)は有限で$6.007, 4.783$とかなり小さい. 以上より, 偏平軸系を広い回転速度範囲で安定に回転させるためには, 偏平軸系の安定条件$D \geq (\varDelta/k)/2$を満足するような減衰力を系に付与すべきであるといえる.

ここで, 上で求めた回転座標系での不釣合い振動解A_ξ, A_η〔式(4.69)〕から, 静止座標系での不釣合い振動解を求めておく. いまの場合, $\rho=\xi+j\eta=A_\xi+jA_\eta$と書けるので, 静止座標系での解は次のようになる.

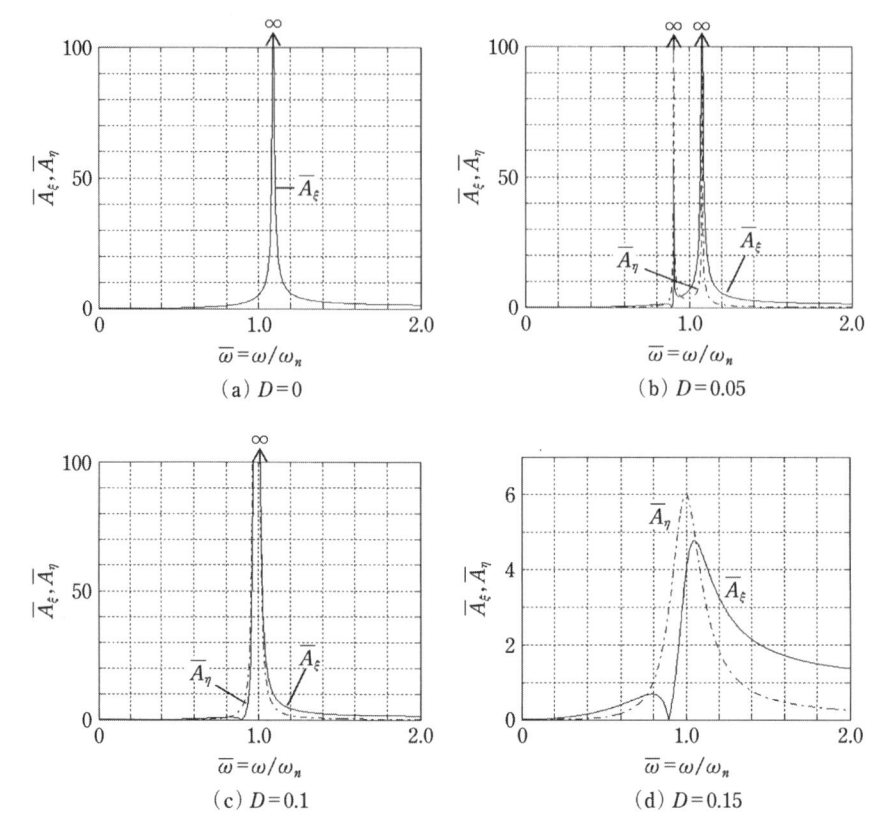

図 4.18 偏平軸系の不釣合い応答曲線（減衰比 D の影響）〔$\Delta/k=0.2, \beta=0$, 式 (4.69)〕

$$r = x + jy = \rho e^{j\omega t}$$
$$= (A_\xi + jA_\eta)(\cos\omega t + j\sin\omega t)$$
$$= (A_\xi\cos\omega t - A_\eta\sin\omega t) + j(A_\eta\cos\omega t + A_\xi\sin\omega t)$$
$$= \sqrt{A_\xi^2 + A_\eta^2}\{\cos(\omega t + \gamma) + j\sin(\omega t + \gamma)\} \tag{4.74}$$
$$\tan\gamma = A_\eta/A_\xi \tag{4.75}$$

上式より，静止座標系で見ると，偏平軸系は不釣合いによって半径 $\sqrt{A_\xi^2 + A_\eta^2}$ の円を描きながら前向きにふれまわることがわかる．また，これまでの議論から，ふれまわりの半径は $\omega = \omega_\eta, \omega_\xi$ 付近の回転速度で共振のため大きくなること，その大きさは不釣合いの角位置 β や減衰比 D によって複雑に変化するといえる．

4.2.5 偏平軸系の二次的危険速度

偏平軸をもつ不釣合いロータを水平に支持した状態で，ロータの回転速度をゼロから次第に増加させると，一次危険速度の共振が生じる以前に，一次危険速度の 1/2 の回転速度付近で別の共振が発生する（後述の図 4.22 参照）．これを二次的危険速度と呼ぶ．二次的危険速度は，軸の偏平性（軸の曲げ変形に対するばね定数の異方性）と重力によって生じる回転速度の 2 倍の振動数をもつ振動成分の共振である．以下に，二次的危険速度における振動の特徴について説明する．

粘性減衰力を考慮した回転座標系での運動方程式 (4.42) において不釣合い力をゼロと置くと，重力の作用を受ける偏平軸系の円板軸中心 $S(\xi, \eta)$ に関する運動方程式は，次のようになる．

$$\left.\begin{array}{l}m(\ddot{\xi}-2\omega\dot{\eta}-\omega^2\xi)+c(\dot{\xi}-\omega\eta)+k_\xi\xi=-mg\sin\omega t\\ m(\ddot{\eta}+2\omega\dot{\xi}-\omega^2\eta)+c(\dot{\eta}+\omega\xi)+k_\eta\eta=-mg\cos\omega t\end{array}\right\} \quad (4.76)$$

この強制振動解を

$$\left.\begin{array}{l}\xi=\xi_{g1}\cos\omega t+\xi_{g2}\sin\omega t\\ \eta=\eta_{g1}\cos\omega t+\eta_{g2}\sin\omega t\end{array}\right\} \quad (4.77)$$

と仮定して，式 (4.76) に代入すれば次式が得られる．

$$\begin{bmatrix}\omega_\xi^2-2\omega^2 & c\omega/m & -c\omega/m & -2\omega^2\\ -c\omega/m & \omega_\xi^2-2\omega^2 & 2\omega^2 & -c\omega/m\\ c\omega/m & 2\omega^2 & \omega_\eta^2-2\omega^2 & c\omega/m\\ -2\omega^2 & c\omega/m & -c\omega/m & \omega_\eta^2-2\omega^2\end{bmatrix}\begin{Bmatrix}\xi_{g1}\\ \xi_{g2}\\ \eta_{g1}\\ \eta_{g2}\end{Bmatrix}=\begin{Bmatrix}0\\ -g\\ -g\\ 0\end{Bmatrix} \quad (4.78)$$

ここで，減衰の影響を無視すると $(c=0)$，$\xi_{g1}=\eta_{g2}=0$ および次式が得られる．

$$\begin{bmatrix}\omega_\xi^2-2\omega^2 & 2\omega^2\\ 2\omega^2 & \omega_\eta^2-2\omega^2\end{bmatrix}\begin{Bmatrix}\xi_{g2}\\ \eta_{g1}\end{Bmatrix}=\begin{Bmatrix}-g\\ -g\end{Bmatrix} \quad (4.79)$$

上式を解くと，重力による偏平軸系の強制振動解は，次のようになる．

$$\left.\begin{array}{l}\xi_{g2}=-g\dfrac{\omega_\eta^2-4\omega^2}{(\omega_\xi^2-2\omega^2)(\omega_\eta^2-2\omega^2)-4\omega^4}\\ \eta_{g1}=-g\dfrac{\omega_\xi^2-4\omega^2}{(\omega_\xi^2-2\omega^2)(\omega_\eta^2-2\omega^2)-4\omega^4}\end{array}\right\} \quad (4.80)$$

上式の分母がゼロになるとき共振が生じる．この共振時の回転角速度を ω_g とすると，式 (4.80) の分母 $=\omega_\xi^2\omega_\eta^2-2\omega_g^2(\omega_\xi^2+\omega_\eta^2)=0$ より，式 (4.33), (4.34) に注意すれば，

$$\omega_g^2=\dfrac{\omega_\xi^2\omega_\eta^2}{2(\omega_\xi^2+\omega_\eta^2)}=\dfrac{\omega_n^4}{4\omega_n^2}\left\{1-\left(\dfrac{\Delta}{k}\right)^2\right\}\approx\dfrac{\omega_n^2}{4} \quad (4.81)$$

したがって，$\omega_g=\omega_n\sqrt{1-(\Delta/k)^2}/2$．すなわち，$\omega_n/2$ よりわずかに低い回転速度で式 (4.80) の分母がゼロになり，共振 (軸変位無限大) が生じる．この共振を生じる回転速度 ω_g を二次的危険速度と呼ぶ．

減衰の影響を考慮する場合は，式 (4.78) を解き，その結果を式 (4.77) に代入すれば，ξ, η 方向の振動は，次式から計算できる．

$$\left.\begin{array}{l}\xi=\sqrt{\xi_{g1}^2+\xi_{g2}^2}\sin(\omega t-\theta_\xi)=\xi_{g0}\sin(\omega t-\theta_\xi)\\ \tan\theta_\xi=-\xi_{g1}/\xi_{g2}\\ \eta=\sqrt{\eta_{g1}^2+\eta_{g2}^2}\cos(\omega t-\theta_\eta)=\eta_{g0}\cos(\omega t-\theta_\eta)\\ \tan\theta_\eta=\eta_{g2}/\eta_{g1}\end{array}\right\} \quad (4.82)$$

また，回転座標系での円板軸中心 $S(\xi,\eta)$ の運動の軌跡 $\rho=\xi+j\eta$ は，この ξ,η に式 (4.77) の結果を代入して計算すると，式 (4.83) で表され，その軌跡は $|\rho_{g0+}\pm\rho_{g0-}|$ を長径，短径とする楕円となる．

$$\begin{aligned}\rho&=\xi+j\eta\\ &=\rho_{g0+}e^{j(\omega t-\theta_{g0+})}+\rho_{g0-}e^{-j(\omega t-\theta_{g0-})}\end{aligned} \quad (4.83)$$

ここで，

$$\left.\begin{array}{l}\rho_{g0+}=\sqrt{(\xi_{g1}+\eta_{g2})^2+(\xi_{g2}-\eta_{g1})^2}/2\\ \tan\theta_{g0+}=(\xi_{g2}-\eta_{g1})/(\xi_{g1}+\eta_{g2})\\ \rho_{g0-}=\sqrt{(\xi_{g1}-\eta_{g2})^2+(\xi_{g2}+\eta_{g1})^2}/2\\ \tan\theta_{g0-}=(\xi_{g2}+\eta_{g1})/(\xi_{g1}-\eta_{g2})\end{array}\right\} \quad (4.84)$$

第4章 ロータ形状が曲げ振動に及ぼす影響

水平に置かれた偏平軸系が回転中に重力の影響を受けて行う円板軸中心の運動の軌跡 $S(\xi,\eta)$ は，回転座標系では式 (4.83), (4.84) で表される．これらの式から，同じ運動の軌跡を静止座標系で見た場合の式を求めておこう．式 (4.74) を導出したときの手順に従えば，式 (4.83), (4.84) より，静止座標系での運動の軌跡 $S(x,y)$ は次のように得られる．

$$\begin{aligned}
r &= x + jy = \rho e^{j\omega t} \\
&= (\rho_{g0+} e^{j(\omega t - \theta_{g0+})} + \rho_{g0-} e^{-j(\omega t - \theta_{g0-})}) e^{j\omega t} = (\rho_{g0+} e^{j(2\omega t - \theta_{g0+})} + \rho_{g0-} e^{j\theta_{g0-}}) \\
&= \frac{1}{2}[\xi_{g1} - \eta_{g2} + (\xi_{g1} + \eta_{g2})e^{j2\omega t} + j\{\xi_{g2} + \eta_{g1} + (-\xi_{g2} + \eta_{g1})e^{j2\omega t}\}]
\end{aligned} \quad (4.85)$$

上式の 2 行目より，静止座標系から観察した円板軸中心 $S(x,y)$ の変位は，時間によって変化しない成分 $\rho_{g0-}\exp(j\theta_{g0-})$ と時間とともに回転角速度の 2 倍の角速度で変化する振動成分 $\rho_{g0+}\exp\{j(2\omega t - \theta_{g0+})\}$ からなり，その振幅 ρ_{g0+} は式 (4.81) などの考察から $\omega_g \approx \omega_n/2$ 付近の回転速度で共振により増加することがわかる．

ここで式 (4.82) に示した ξ_{g0}, η_{g0} の ω/ω_n に対する変化を調べよう．式 (4.33), (4.34) などの無次元量 $\omega_\xi^2/\omega_n^2 = 1 + \Delta/k$, $\omega_\eta^2/\omega_n^2 = 1 - \Delta/k$, $\omega_n^2 = (\omega_\xi^2 + \omega_\eta^2)/2$ や $\bar{\omega} = \omega/\omega_n$, $D = c/(2m\omega_n)$ を用いて式 (4.82) を書き改め，$\Delta/k = 0.2$, $D = 0.05$ の場合について ξ_{g0}, η_{g0} を計算した．結果を図 4.19 に示す．横軸は $\bar{\omega} = \omega/\omega_n$, 縦軸は偏平軸の最大および最小ばね定数の方向の無次元振動振幅 $\xi_{g0}/\delta, \eta_{g0}/\delta$ (ただし，$\delta = mg/k$) である．η_{g0}/δ は $\bar{\omega} = 0.480$, ξ_{g0}/δ は $\bar{\omega} = 0.501$ で，ともに $\bar{\omega} = \omega/\omega_n \approx 0.5$ で共振している．また，図 4.19 の代表的な無次元回転速度 $\bar{\omega}$ における $(\xi/\delta, \eta/\delta)$ の軌跡を図 4.20 に示す．この結果は，式 (4.78) の解 $\xi_{g1}, \xi_{g2}, \eta_{g1}, \eta_{g2}$ を式 (4.77) に代入し ωt の値を 0 から 2π まで変化させて求めた．図 4.21 に，この場合の ρ_{g0+}, ρ_{g0-}〔式 (4.83) 〜 (4.85) 参照〕の計算結果を示す．

図 4.20, 図 4.21 より，$\rho_{g0+} > \rho_{g0-}$ ($0.453 < \bar{\omega} < 0.54$) のとき，重力による偏平軸系の軸中心の運動軌跡は，回転座標系上では，反時計回り (軸の回転方向) に角速度 ω で楕円軌跡を描き，$\rho_{g0+} < \rho_{g0-}$ ($\bar{\omega} < 0.453$, $0.54 < \bar{\omega}$) のときは，時計回りに楕円軌跡を描いていることがわかる．

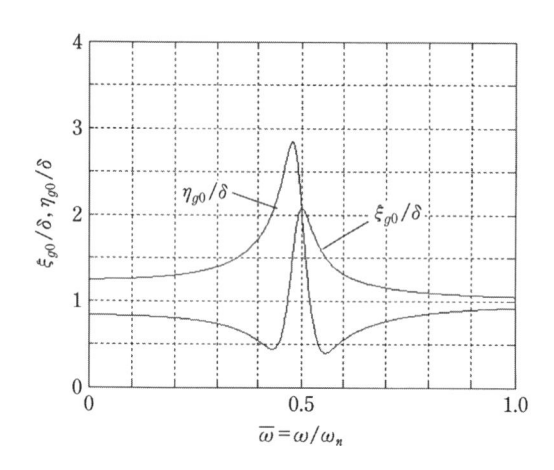

図 4.19 回転座標系上で見た偏平軸系の二次的危険速度付近での応答曲線〔$\Delta/k=0.2$, $D=0.05$, $\delta=mg/k$, 式 (4.82)〕

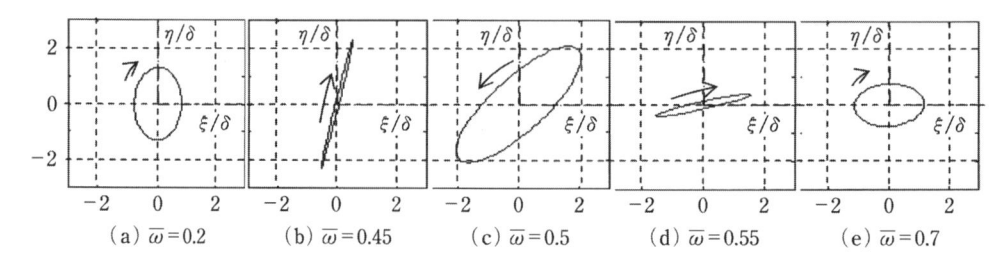

図 4.20 回転座標系上で見た二次的危険速度前後の円板重心の運動軌跡 $(\xi/\delta, \eta/\delta)$ ($\Delta/k=0.2, D=0.05$)

(a) $\bar{\omega}=0.2$ (b) $\bar{\omega}=0.45$ (c) $\bar{\omega}=0.5$ (d) $\bar{\omega}=0.55$ (e) $\bar{\omega}=0.7$

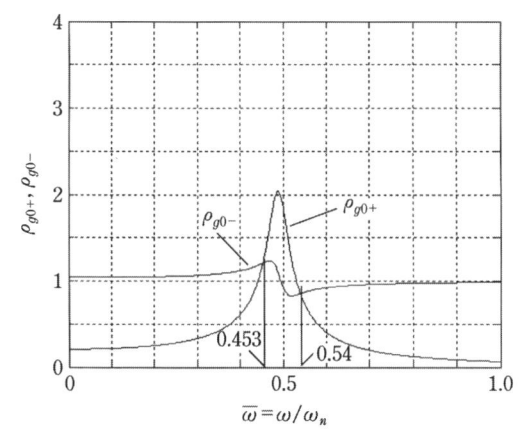

図 4.21 ρ_{g0+}, ρ_{g0-} の計算結果〔$\Delta/k=0.2, D=0.05, \delta=1$, 式 (4.84)〕

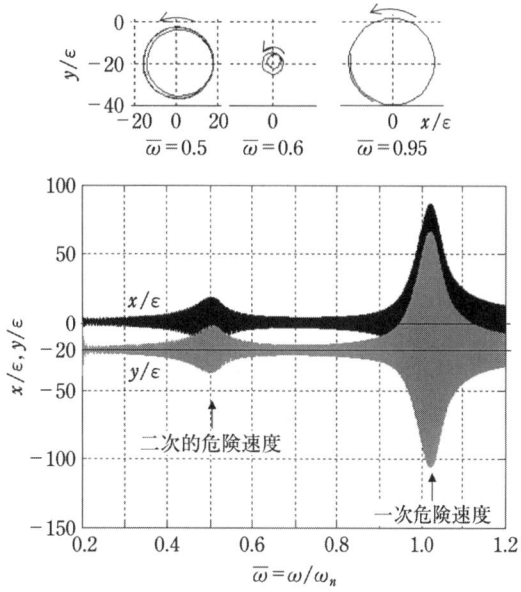

図 4.22 二次的危険速度および一次危険速度通過時の振動（偏重心あり，静止座標系）（$\Delta/k=0.1, D=0.06, \varepsilon=3, \beta=0, \delta=mg/k=20, acc=0.00025$, 式 (4.36)）

次に，ロータの不釣合いも考慮して，水平に置かれた偏平軸系（図4.11）の振動特性を式 (4.36)（静止座標系での運動方程式）を用いて計算した．計算では，ロータを低速（$\bar{\omega}_0=0.2$）から緩やかに加速（$acc=0.00025$）して危険速度を通過させ（3.3 節参照），円板軸中心 $S(x,y)$ の振動（静止座標系での変位の変化）を調べた．$\Delta/k=0.1, D=0.06$ の場合の結果を**図 4.22**に示す．図中，$\bar{\omega}=1$ 付近における一次危険速度（主危険速度）および $\bar{\omega}=0.5$ 付近における二次的危険速度で共振が生じていることがわかる．図の上部に，両危険速度近傍における $S(x,y)$ の運動軌跡を示した．二次的危険速度付近では，1回転に2サイクルの前向きふれまわりが生じている．

4.2.6 まとめ

（1）偏平軸系では，各回転角速度において 4 個の固有角振動数 $p_1 \sim p_4$ が存在する．回転座標系での固有角振動数 $p_i (i=1 \sim 4)$ に回転角速度 ω を加えると，静止座標系での固有角振動数 $p_{si}=p_i+\omega$ が得られる．

（2）偏平軸のばね定数の最大値 k_ξ および最小値 k_η に対応する固有角振動数 $\omega_\xi=\sqrt{k_\xi/m}$, $\omega_\eta=\sqrt{k_\eta/m}$ の間の回転角速度では，系の自由振動の一つが不安定になる．系に減衰が作用すると，この不安定領域は小さくなり，その安定限界速度を示した．また，$\Delta=(k_\xi-k_\eta)/2$, $k=(k_\xi+k_\eta)/2$ としたとき，軸の偏平度 Δ/k が減衰比 D の2倍より小さければ（$2D>\Delta/k$），自由振動は全ての回転速度範囲で安定になる（偏平軸系の安定条件）．

（3）不釣合い振動応答は，不釣合いの角位置 β および減衰比 D および回転角速度 ω の関数である．ここで，β は軸の最大ばね定数の方向から回転方向へ測った不釣合い（偏重心）ベクトルまでの角度である．系に減衰が作用しない場合，$\beta=0$ であれば $\omega=\omega_\xi$ で共振し（不釣合いが軸の最大ばね定数の方向にあるときは，その方向の固有角振動数で共振し），$\beta=\pi/2$ であれば $\omega=\omega_\eta$ で共振する．系に減衰が作用すると，β の値にかかわらず，$\omega=\omega_\eta$, $\omega=\omega_\xi$ の2箇所付近で共振が生じる．$2D \leq \Delta/k$ のとき，減衰があっても共振時の振幅は無限大になるので注意が必要である．$2D>\Delta/k$ のとき，共振での振幅はかなり小さくなる．

（4）回転による偏平軸のばね定数の変化と重力の作用により，系の一次危険速度の1/2の回転角速度付近で二次的危険速度が生じる．このときのふれまわりは前向きで，その角速度は回転角速度の2倍である．

参考文献

1) A. Stodola："Neue Kritische Drehzahlen als Folge der Kreiselwirkung der Laufräder", Zeitschrift für Das Gesamte Turbinenwesen (1918) Heft 30 (pp.253-254), Heft31 (pp.264-266), Heft32 (pp.269-271).
2) 亘理　厚：機械力学「4.5 危険速度に及ぼすジャイロモーメントの影響」, 共立出版 (1954) pp.153-158.
3) デン ハルトック：機械振動論（谷口・藤井 訳）「6.8 ジャイロ効果」, コロナ社 (1960) pp.280-295.
4) 山本敏男・太田　博：機械力学（増補改訂版）「8.3 回転体の傾き振動・ジャイロモーメント」, 朝倉書店 (1986) pp.220-225.
5) ガッシュ・ピュッツナー：回転体の力学（三輪 訳）「第8章 ジャイロ作用の影響」, 森北出版 (1978) pp.94-118.
6) チモシェンコ：工業振動学（谷下市松・渡辺　茂 訳）「§28 可変ばね特性の例, §29 可変ばね特性系の不安定条件」, 東京図書 (1956) pp.151-167.
7) デン ハルトック：機械振動論（谷口　修・藤井澄二 訳）「8.2 可変弾性をもった系の例, 8.3 方程式の解, 8.4 結果の解釈」, コロナ社 (1960) pp.376-392.
8) 山本敏男・太田　博：機械力学（増補改訂版）「8.7 偏平軸, 非対称回転体の振動」, 朝倉書店 (1986) pp.234-241.
9) ガッシュ・ピュッツナー：回転体の力学（三輪 訳）「第9章 非真円軸」, 森北出版 (1978) pp.119-130.
10) 山本敏男・石田幸男：回転機械の力学「4. 偏平軸と非対称回転体の振動」, コロナ社 (2001) pp.78-102.
11) 日本機械学会編：機械工学便覧 基礎編 $\alpha2$ 機械力学, (2004) p.α2-71.

第5章 ばねとダンパで支持した一様断面軸の曲げ振動

実機のロータ・軸受系の曲げ振動解析モデルとして基本ロータ（2自由度系，第2章参照）があるが，もう一つのモデルとして両端を軸受で支持した一様断面軸（丸棒など軸断面が軸方向位置で変化しない軸）がある．軸は連続体で，その質量分布を考慮すると無限自由度系になり，運動方程式の立て方，固有振動数や固有モードの求め方において，基本ロータの場合と際立った違いがある．こうした部分については，多くの教科書，参考書[1]に述べられており，そちらを参照していただきたい．

ここでは，次章の有限要素法を用いたロータ・軸受系の振動解析をよりよく理解するために，ばねとダンパで支持した一様回転軸系の運動方程式，境界条件，自由振動解などの導出法，さらには軸受部のばねや減衰が一様断面軸の固有振動数やモード減衰比に及ぼす影響などについて説明する．

5.1 一様断面軸の曲げ振動の運動方程式[1]

図 5.1 に，両端をある境界条件で支持されて一平面内で振動している一様断面軸を示す．軸は長さ l，断面積 A，密度 ρ，曲げ剛性 EI_a（E：縦弾性係数，I_a：断面2次モーメント）であるとする．振動していないときの軸の左端を座標系 O-yz の原点とし，軸の長さ方向を z 軸，軸の曲げ振動方向を y 軸とする．振動している軸の原点から距離 z にある長さ dz の微小要素の変位を $y(z,t)$ とし，微小要素の両端に働くせん断力 S と曲げモーメント M を示すと，図のようになる．なお，微小要素左右端面の S と M の正方向は図示した矢印の向きのとおりとする．微小要素の回転慣性やせん断変形は無視する．

振動中の微小要素の y 方向の運動方程式，要素右端まわりのモーメントの釣合い式，材料力学における梁（軸）の基本式（曲げモーメントと梁のたわみの関係式）を書くと，次のようになる．

運動方程式 $\quad \rho A\,dz\dfrac{\partial^2 y}{\partial t^2} = \dfrac{\partial S}{\partial z}dz \quad$ (5.1)

モーメントの釣合い $\quad S\,dz = \dfrac{\partial M}{\partial z}dz \quad$ (5.2)

梁の基本式 $\quad M = -EI_a\dfrac{\partial^2 y}{\partial z^2} \quad$ (5.3)

式 (5.3) を式 (5.2) へ，さらに式 (5.2) を式 (5.1) へ代入すると，次式が得られる．

$$\rho A\dfrac{\partial^2 y}{\partial t^2} = \dfrac{\partial S}{\partial z} = \dfrac{\partial^2 M}{\partial z^2} = \dfrac{\partial^2}{\partial z^2}\left(-EI_a\dfrac{\partial^2 y}{\partial z^2}\right) \quad (5.4)$$

一様断面軸の場合，EI_a は z に関して定数と

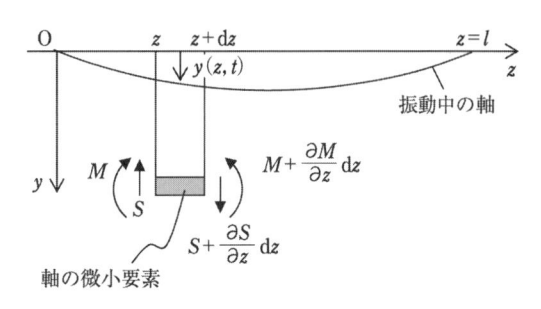

図 5.1 振動中の一様断面軸

なり，上式は次のように書ける．
$$\frac{\partial^2 y}{\partial t^2} = -\frac{EI_a}{\rho A}\frac{\partial^4 y}{\partial z^4} \tag{5.5}$$
式 (5.5) が，一様断面軸の曲げ振動の基礎式である．

5.2 自由振動解

式 (5.5) の自由振動解を
$$y(z,t) = Y(z)\cos(pt+\alpha) \tag{5.6}$$
と仮定し，式 (5.6) が式 (5.5) および後で述べる境界条件を満たすように，固有角振動数 p および固有関数 (固有モード) $Y(z)$ を求める．α は初期条件から決まる定数である．式 (5.6) を式 (5.5) に代入して計算すると，次のような Y に関する 4 階の微分方程式が得られる．
$$\frac{d^4 Y}{dz^4} = k^4 Y \tag{5.7}$$
ここで，
$$k^4 = \frac{\rho A}{EI_a} p^2 \tag{5.8}$$
式 (5.7) を満足する関数は，4 回微分した形が元に戻ればよいので，$\sin kz, \cos kz, \sinh kz, \cosh kz, e^{kz}, e^{-kz}, e^{jkz}, e^{-jkz}$ などが解であることがわかる．したがって，式 (5.7) の一般解は，これらのうち独立な 4 個の基本解の一次結合として，例えば次のように表せる．
$$Y(z) = C_1 \sin kz + C_2 \cos kz + C_3 \sinh kz + C_4 \cosh kz \tag{5.9}$$
ここで，$C_1 \sim C_4$ は境界条件によって決められる定数である．

5.3 境界条件

連続体である軸の固有振動数および固有モードは，境界条件によって異なる．ここでは，軸の境界条件として以下の (1)〜(5) の場合を考える．なお，一様断面軸の自由振動解を $y = Y \cos(pt+\alpha)$〔式 (5.6)〕と仮定したので，曲げモーメント M とせん断力 S は，式 (5.3)，(5.2) より次のように表せる．
$$\left.\begin{array}{l} M = -EI_a \dfrac{\partial^2 y}{\partial z^2} = -EI_a \cos(pt+\alpha) Y'' \\ S = -EI_a \dfrac{\partial^3 y}{\partial z^3} = -EI_a \cos(pt+\alpha) Y''' \end{array}\right\} \tag{5.10}$$
ここで，Y'', Y''' は z に関する $Y(z)$ の 2 階，3 階の微分を表す．

(1) 軸両端が単純支持の場合，軸両端 $z=0, l$ で，たわみと曲げモーメントは常にゼロなので，式 (5.10) を考慮すれば，この場合の境界条件は次のように表せる．
$$Y = Y'' = 0 \quad (z=0, l) \tag{5.11}$$
(2) 軸両端固定の場合，軸両端でたわみとたわみ角が常にゼロなので，境界条件は，
$$Y = Y' = 0 \quad (z=0, l) \tag{5.12}$$
(3) 軸両端自由の場合，軸両端で曲げモーメントとせん断力がゼロなので，
$$Y'' = Y''' = 0 \quad (z=0, l) \tag{5.13}$$
(4) 軸両端がばね支持の場合，軸両端で曲げモーメント＝0，せん断力＝ばね力となる．した

がって，$z=0$ では $S=-EI_a\cos(pt+\alpha)Y'''=KY\cos(pt+\alpha)$ が成り立つことから，$-EI_aY'''=KY$ の関係式が得られる（K：支持ばねの定数）．一方，$z=l$ では S の正方向が $z=0$ の場合と逆なので〔図5.2(a) 参照〕，これを考慮すると境界条件は次のように書ける．

$$\left.\begin{array}{l} Y''=0 \quad (z=0, l) \\ -EI_aY'''=KY \quad (z=0) \\ +EI_aY'''=KY \quad (z=l) \end{array}\right\} \quad (5.14)$$

せん断力の方向の正負の定義より，軸の両端で符号が異なることに注意が必要である．

（5）一端に集中質量 m をもつ片持ち梁の場合，図5.2(b) の系を考えると，$z=0$ は固定端，$z=l$ で曲げモーメント $=0$，せん断力 $=$ 慣性力となる．$z=l$ におけるせん断力は $S=-EI_a\cos(pt+\alpha)Y'''$，慣性力は $-m\ddot{y}=mp^2Y\cos(pt+\alpha)$ と書けるので，両者を等置すれば $-EI_aY'''=mp^2Y$ が得られる．この場合の境界条件は，次のように書ける．

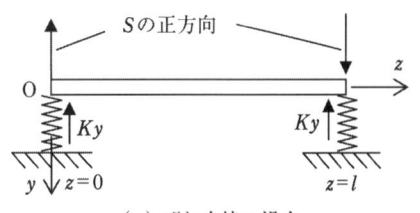

$$\left.\begin{array}{l} Y=Y'=0 \quad (z=0) \\ Y''=0 \quad (z=l) \\ -EI_aY'''=mp^2Y \quad (z=l) \end{array}\right\} \quad (5.15)$$

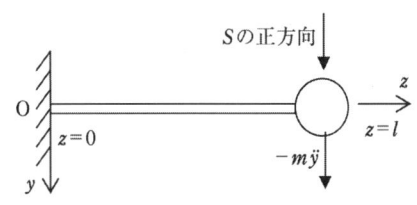

図5.2 ばね支持，一端に集中質量をもつ片持ち梁の場合の境界条件

5.4 両端単純支持軸の固有角振動数と固有モード

式 (5.9) を境界条件式 (5.11) に代入して，$\sinh(0)=0$，$\cosh(0)=1$，$(\sinh z)'=\cosh z$，$(\cosh z)'=\sinh z$，$(\cosh z)^2-(\sinh z)^2=1$ に注意すれば〔( )$'$ は z に関する微分〕，$z=0$ の境界条件より

$$C_2+C_4=0, \quad -C_2+C_4=0$$

よって

$$C_2=C_4=0 \qquad (a)$$

$z=l$ での境界条件より

$$C_1\sin kl + C_3\sinh kl = 0 \qquad (b)$$

$$k^2(-C_1\sin kl + C_3\sinh kl) = 0 \qquad (c)$$

式 (b), (c) より，$C_1\sin kl = C_3\sinh kl = 0$ が得られる．これらの式が常に成り立つためには，$\sinh kl$ が $kl=0$ 以外ではゼロにならないことを考慮すると，$C_3=0$，$\sin kl=0$ でなければならない．$C_1=0$ とすると $C_1\sim C_4=0$ となり振動しない解になる．したがって，$C_1\neq0$，$C_2=C_3=C_4=0$，

$$\sin kl = 0 \qquad (5.16)$$

式 (5.16) が両端単純支持の場合の振動数方程式で，これを満足する kl（特性値と呼ぶ）を求めて式 (5.8) に代入すれば固有角振動数 p が得られる．

固有関数（固有モード）は，上記の $C_1\sim C_4$ を式 (5.9) に代入すれば次のようになる．

$$Y(x) = C_1\sin kz \qquad (5.17)$$

振動数方程式 (5.16) を解くと，$kl = i\pi \ (i=1, 2, 3, \cdots)$，すなわち

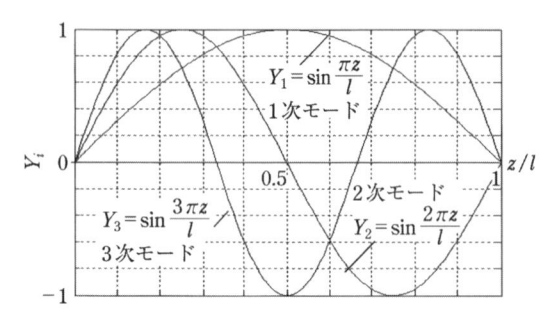

図 5.3 一様断面軸の固有モードの形

$$k_i = \frac{i\pi}{l} \quad (i=1, 2, 3, \cdots) \tag{5.18}$$

となり，これを式 (5.8) に代入すれば，i 次の固有角振動数は次のように求まる．

$$p_i = \sqrt{\frac{EI_a}{\rho A}}k_i^2 = \sqrt{\frac{EI_a}{\rho A}}\left(\frac{i\pi}{l}\right)^2$$
$$(i=1, 2, 3, \cdots) \tag{5.19}$$

このとき，i 次の固有モード (固有関数) 式 (5.17) は，$C_1 = 1$ として次式で表される．

$$Y_i = \sin k_i z = \sin \frac{i\pi}{l}z \quad (i=1, 2, 3, \cdots) \tag{5.20}$$

なお，$i=0$ のとき $p_i=0$ になり，振動しない解になる．図 5.3 に，式 (5.20) で計算した 1 次～3 次の固有モードの形状を示す．ここでは，各固有モードの最大変位を 1 として表示している．

ここで，固有角振動数について数値例を示す．両端単純支持した長さ l[mm]，直径 d[mm] の鋼製の軸 ($\rho = 7.86 \times 10^3$ kg/m^3, $E = 205.8 \times 10^9$ Pa) の一次の固有振動数 $f_1 = p_1/(2\pi)$[Hz] は，$I_a/A = (\pi d^4/64)/(\pi d^2/4) = d^2/16$ なので式 (5.19) より次のように表せる．

$$f_1 = 2.04 \times 10^6 \left(\frac{d}{l^2}\right)[\text{Hz}] \quad \text{①}$$

この式から，$l = 1000$ mm $= 1$ m のとき，

$$f_1 \approx 2d\,[\text{Hz}] \quad \text{②}$$

が得られる．$d = 20$ mm ならば，$f_1 \approx 40$ Hz になる．簡単な式なので覚えておくと便利である．なお，2 次，3 次の固有振動数は，式 (5.19) より，$f_2 = 2^2 \times f_1 \approx 160$ Hz, $f_3 = 3^2 \times f_1 \approx 360$ Hz と計算される．きちっと計算すると $f_1 = 40.8$ Hz, $f_2 = 163.2$ Hz, $f_3 = 367.2$ Hz となる．

一様断面軸の自由振動解は，式 (5.6), (5.19), (5.20) より次のように表せる．

$$y(z, t) = \sum_{i=1}^{\infty} C_i Y_i \cos(p_i t + \alpha_i)$$
$$= \sum_{i=1}^{\infty} Y_i \{A_i \cos p_i t + B_i \sin p_i t\} \tag{5.21}$$

未定係数 A_i, B_i は，初期条件〔$t = 0$ における変位 $y(z, 0)$ および速度 $y'(z, 0)$〕を満足するように固有モードの直交性を利用して定められる．

固有モード (固有関数) Y_i の直交性とは，次数の異なる m 次と n 次の固有モード Y_m, Y_n をかけ合わせ，0 から l まで積分した値がゼロになることを言い，次式で表される．

$$\int_0^l Y_m Y_n \,dz = 0 \quad (m \neq n) \tag{5.22}$$

この式に式 (5.20) で表される固有モードを代入すると

$$\int_0^l \sin\frac{m\pi z}{l}\sin\frac{n\pi z}{l}\,dz = 0 \quad (m \neq n) \tag{5.23}$$

となり，これはある区間内の任意関数を Fourie 展開する際に用いる関係式と同じである．この固有モードの直交性により，振動中の軸の任意のたわみ形状を固有モードの 1 次結合で表すことができるので，与えられた初期条件に応じて未定係数 A_i, B_i ($i=1,\cdots\infty$) を定めることができる．なお，両端単純支持でない他の境界条件の場合の固有モードについても，直交性が成り立つことが証明されている[1]．

5.5 他の境界条件の場合の固有角振動数と固有モード

以下に，その他の境界条件に対する振動数方程式，固有角振動数，固有モードを示す．詳細は，振動学の書籍[1]などを参照して欲しい．

（1）両端固定の軸

振動数方程式：$\cos kl \times \cosh kl = 1$ (a)

特性値：$k_i l = 4.730, 7.853, 10.996, 14.137, \cdots \approx (i+0.5)\pi$ $(i = 1, 2, 3, \cdots)$ (b)

固有角振動数：$p_i = \sqrt{\dfrac{EI_a}{\rho A}} k_i^2$ $(i = 1, 2, 3, \cdots)$ (c)

固有モード：$Y_i = C_1(\sin k_i z - \sinh k_i z) + C_2(\cos k_i z - \cosh k_i z)$
$C_2/C_1 = -(\sin k_i l - \sinh k_i l)/(\cos k_i l - \cosh k_i l)$ (d)

（2）両端自由の軸

振動数方程式：$\cos kl \times \cosh kl = 1$ (a)

特性値：$k_i l = 4.730, 7.853, 10.996, 14.137, \cdots \approx (i+0.5)\pi$ （剛体変位は無視，$i = 1, 2, 3, \cdots$）   (b)

固有角振動数：$p_i = \sqrt{\dfrac{EI_a}{\rho A}} k_i^2$ $(i = 1, 2, 3, \cdots)$ (c)

固有モード：$Y_i = C_1(\sin k_i z + \sinh k_i z) + C_2(\cos k_i z + \cosh k_i z)$
$C_2/C_1 = (\sin k_i l + \sinh k_i l)/(\cos k_i l - \cosh k_i l)$ (d)

（3）一端固定一端自由な軸

振動数方程式：$\cos kl \times \cosh kl = -1$ (a)

特性値：$k_i l = 1.875, 4.694, 7.855, 10.996, 14.137, \cdots \approx (i-0.5)\pi$ $(i = 1, 2, 3, \cdots)$ (b)

固有角振動数：$p_i = \sqrt{\dfrac{EI_a}{\rho A}} k_i^2$ $(i = 1, 2, 3 \cdots)$ (c)

固有モード：$Y_i = C_1(\sin k_i z - \sinh k_i z) + C_2(\cos k_i z - \cosh k_i z)$
$C_2/C_1 = (\cos k_i l + \cosh k_i l)/(\sin k_i l - \sinh k_i l)$ (d)

5.6 両端ばね支持した一様断面軸の曲げ振動の固有振動数と固有モード[2]

式(5.9)の固有関数およびそれをzで1～3階微分した式は，次のようになる．

$$\left.\begin{aligned}
Y(z) &= C_1 \sin kz + C_2 \cos kz + C_3 \sinh kz + C_4 \cosh kz \\
Y'(z) &= k\{C_1 \cos kz - C_2 \sin kz + C_3 \cosh kz + C_4 \sinh kz\} \\
Y''(z) &= k^2\{-C_1 \sin kz - C_2 \cos kz + C_3 \sinh kz + C_4 \cosh kz\} \\
Y'''(z) &= k^3\{-C_1 \cos kz + C_2 \sin kz + C_3 \cosh kz + C_4 \sinh kz\}
\end{aligned}\right\} \quad (5.24)$$

これらを両端ばね支持の境界条件式(5.14)に代入する．このとき，支持ばねのばね定数をKとして，

$$\delta = \frac{k^3 EI_a}{K} = \frac{(kl)^3}{Kl^3/EI_a} \tag{5.25}$$

と置けば，次式が得られる．

$$\begin{bmatrix} 0 & -1 & 0 & 1 \\ -\delta & 1 & \delta & 1 \\ \sin kl & \cos kl & -\sinh kl & -\cosh kl \\ \sin kl+\delta\cos kl & \cos kl-\delta\sin kl & \sinh kl-\delta\cosh kl & \cosh kl-\delta\sinh kl \end{bmatrix} \begin{Bmatrix} C_1 \\ C_2 \\ C_3 \\ C_4 \end{Bmatrix} = 0$$

上式を次のように表記する.

$$[\alpha_{ij}]\{C_j\} = 0 \tag{5.26}$$

特性方程式 (振動数方程式) は,上式の係数行列式の値をゼロと置いて得られる.

$$|\alpha_{ij}| = 0 \tag{5.27}$$

この係数行列式の4列目 α_{i4} を2列目 α_{i2} に加えれば,1行目の要素は0 0 0 1となり,展開して3行3列の行列式を得る.この3行3列の行列式の3列目 α_{i3} を1列目 α_{i1} に加えると,特性方程式は次のように書き換えられる.

$$\begin{vmatrix} 0 & 2 & \delta \\ \sin kl-\sinh kl & \cos kl-\cosh kl & -\sinh kl \\ \sin kl+\sinh kl+\delta(\cos kl-\cosh kl) & \cos kl+\cosh kl-\delta(\sin kl+\sinh kl) & \sinh kl-\delta\cosh kl \end{vmatrix} = 0$$

この行列式を展開し δ について整理すると,最終的に振動数方程式は次のようになる.

$$(1-\cos kl\cosh kl)\delta^2 - 2(\sin kl\cosh kl - \cos kl\sinh kl)\delta + 2\sin kl\sinh kl = 0 \tag{5.28}$$

この2次方程式を解くと,次式が得られる.

$$\delta = \frac{(kl)^3}{Kl^3/EI_a} = \frac{\sin kl\cosh kl - \cos kl\sinh kl \pm (\sin kl - \sinh kl)}{1-\cos kl\cosh kl} \tag{5.29}$$

この式の分母分子を逆にして書き改めると,次のようになる.

$$\frac{Kl^3}{EI_a} = (kl)^3 \frac{1-\cos kl\cosh kl}{\sin kl\cosh kl - \cos kl\sinh kl \pm (\sin kl - \sinh kl)} \tag{5.30}$$

ここで,複号の正号は奇数次の固有振動数,負号は偶数次のそれに対応している.

上式より得られた $Kl^3/(EI_a)$-kl 曲線 (特性値曲線) を図5.4に示す.図は,横軸の kl の値を与えて式 (5.30) の右辺,すなわち縦軸の $Kl^3/(EI_a)$ の値を計算し,結果をプロットしたものである.この図の使い方は,以下のとおりである.支持ばねの定数 K および軸の長さ l や曲げ剛性

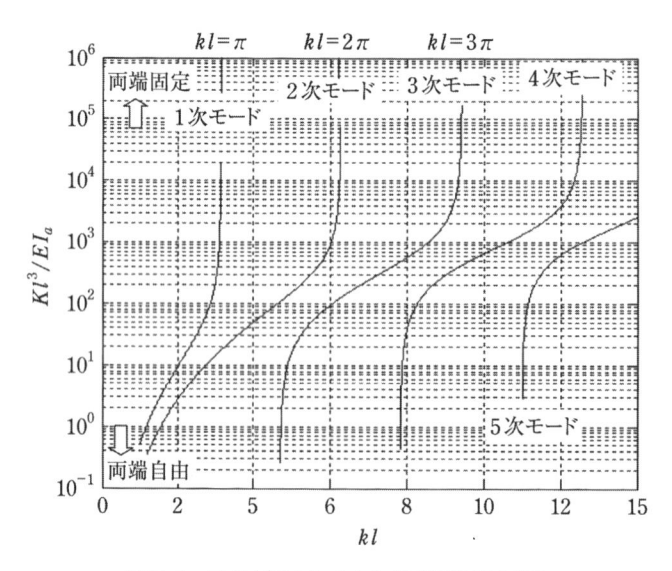

図5.4 $Kl^3/(EI_a)$-kl 曲線 (特性値曲線)

EI_a がわかれば，図 5.4 の縦軸の値 $Kl^3/(EI_a)$ が計算でき，その点を通る水平線と各モードの特性値曲線の交点の横軸の値から $k_i l$ すなわち k_i ($i=1,2,3,\cdots$) の値を求め，次式を用いて固有角振動数 p_i[rad/s] を計算する．なお，図 5.4 で kl の値は K が十分大きいと両端固定のそれに，K が十分小さいと両端自由のそれに近づく．

固有角振動数：$p_i = \sqrt{\dfrac{EI_a}{\rho A}}\, k_i^2$ (5.31)

固有モードは，式 (5.26) の 1～3 行を式 (5.32) のように変形し $C_1/C_4, C_2/C_4, C_3/C_4$ (式 (5.33)) を求めて得られる．

表 5.1 両端ばね支持した一様断面軸の固有振動数 ($l=1\mathrm{m}$, $d=18\mathrm{mm}$, 鋼製)

ばね定数	固有振動数 f_i[Hz]			
K[N/m]	1次	2次	3次	4次
∞	36.16	144.7	325.5	578.7
10^8	36.16	144.6	324.9	576.8
10^7	36.10	143.5	319.3	558.6
5×10^6	36.03	142.3	313.1	537.4
10^6	35.44	133.0	265.9	406.2
10^5	30.05	77.93	132.9	249.5
10^4	14.77	27.27	88.11	228.3
0	0	0	81.98	226.0

$$\begin{bmatrix} 0 & -1 & 0 \\ -\delta & 1 & \delta \\ \sin kl & \cos kl & -\sinh kl \end{bmatrix} \begin{Bmatrix} C_1 \\ C_2 \\ C_3 \end{Bmatrix} = \begin{Bmatrix} -1 \\ -1 \\ \cosh kl \end{Bmatrix} C_4 \quad (5.32)$$

$$\dfrac{C_1}{C_4} = \dfrac{\delta(\cosh kl - \cos kl) - 2\sinh kl}{\delta(\sin kl - \sinh kl)}, \quad \dfrac{C_2}{C_4} = 1, \quad \dfrac{C_3}{C_4} = \dfrac{\delta(\cosh kl - \cos kl) - 2\sinh kl}{\delta(\sin kl - \sinh kl)} \quad (5.33)$$

上式を 式 (5.9) に代入すれば，固有モード (固有関数) は次のように書ける．

$$\begin{aligned} Y_i(z) &= \dfrac{C_1}{C_4}\sin k_i z + \dfrac{C_2}{C_4}\cos k_i z + \dfrac{C_3}{C_4}\sinh k_i z + \cosh k_i z = \cos k_i z + \cosh k_i z \\ &\quad + \dfrac{\delta(\cosh k_i l - \cos k_i l) - 2\sinh k_i l}{\delta(\sin k_i l - \sinh k_i l)}\sin k_i z + \dfrac{\delta(\cosh k_i l - \cos k_i l) - 2\sinh k_i l}{\delta(\sin k_i l - \sinh k_i l)}\sinh k_i z \end{aligned} \quad (5.34)$$

(a) $K=10^8$ N/m の場合

(b) $K=10^6$ N/m の場合

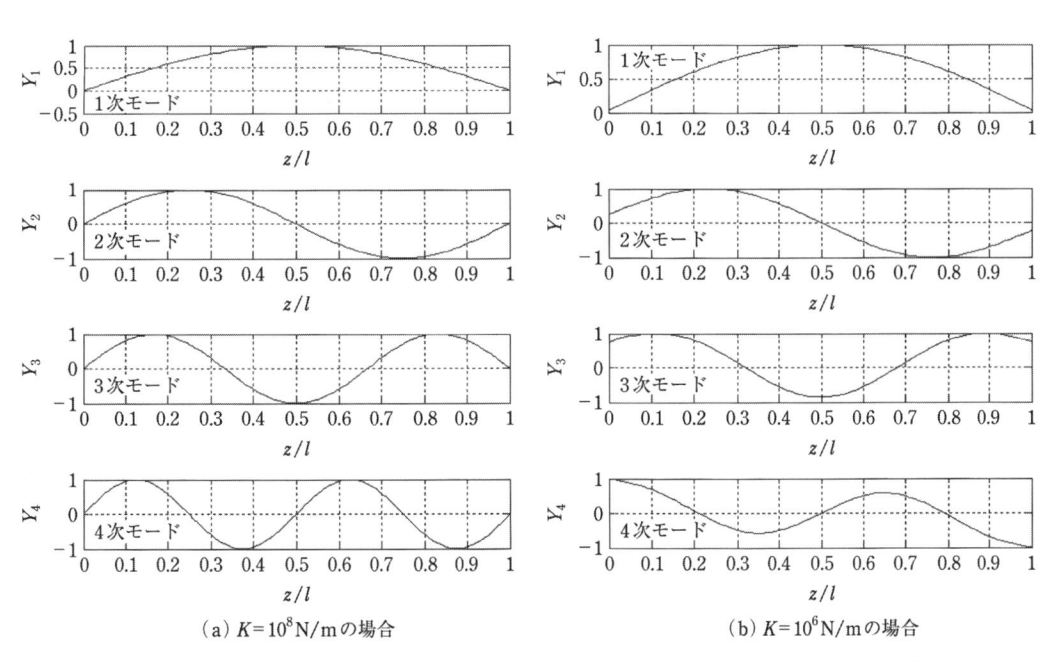

図 5.5 両端ばね支持した一様断面軸の固有モード ($l=1\mathrm{m}$, $d=18\mathrm{mm}$, 鋼製)

$l=1$ m, $d=18$ mm の鋼製の軸 ($\rho=7.86\times10^3$ kg/m^3, $E=205.8\times10^9$ Pa) の両端を,ばね定数 K の値が異なる 8 種類のばねで支持した場合の 1 次~4 次の固有振動数を式 (5.30), (5.31) から計算した.結果を**表 5.1** に示す.このとき,$Kl^3/(EI_a)=0.942\times10^{-3}K$, $p_i=\sqrt{EI_a/(\rho A)}\,k_i^2=23.04\,k_i^2$ [rad/s], $f_i=p_i/(2\pi)$ [Hz] である.また $K=10^8, 10^6$ N/m のばねで支持した場合の 1 次~4 次の固有モードを 式 (5.34) から計算し,結果を **図 5.5** に示す.図より,$K=10^8$ N/m の場合,各固有モードで軸受部の変位はほとんどゼロであるが,$K=10^6$ N/m の場合,各固有モードで軸受部が変位していることがわかる.

5.7 両端をばねとダンパで支持した一様断面軸の曲げ振動[2),3)]

実際の回転機械では,要素の結合部や支持部に摩擦力などが働き振動が減衰する.ここでは,前節のばね支持系にダンパ (粘性減衰係数 c) を付加して減衰自由振動の特性を調べる.考察する系を **図 5.6** に示す.運動方程式 (5.5) は前と同じであり,境界条件の式 (5.14) に減衰力が加わる.減衰により,系の固有値 s および固有モード (固有関数) Y は複素数になるので,式 (5.5) の自由振動解を式 (5.6) でなく次のように仮定する.

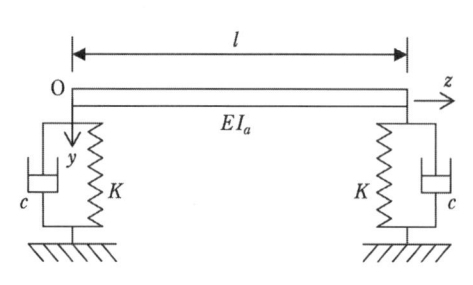

図 5.6 両端をばねとダンパで支持した一様断面軸

$$y(z,t) = R\{Y(z)e^{st}\} \tag{5.35}$$

R は括弧内の実数部分をとることを表す.R を除いた上式を式 (5.5) に代入すれば,式 (5.36) が得られ,式 (5.8) は式 (5.37) のようになる.

$$\frac{d^4 Y}{dz^4} = k^4 Y \tag{5.36}$$

$$k^4 = -\rho A s^2/(EI_a) \tag{5.37}$$

式 (5.36) の解をここでは次式で表す.

$$Y(z) = C_1 e^{jkz} + C_2 e^{-jkz} + C_3 e^{kz} + C_4 e^{-kz} \tag{5.38}$$

境界条件は,式 (5.14) を参考にすれば,次のように書ける.

$$\left.\begin{array}{l} Y'' = 0 \quad (z=0, l) \\ -EI_a Y''' = KY + csY \quad (z=0) \\ +EI_a Y''' = KY + csY \quad (z=l) \end{array}\right\} \tag{5.39}$$

式 (5.38) を式 (5.39) に代入して計算し,

$$\beta = (K+cs)/(EI_a k^3), \quad \gamma = kl \tag{5.40}$$

と置くと,次式が得られる.

$$\begin{bmatrix} -1 & -1 & 1 & 1 \\ -e^{j\gamma} & -e^{-j\gamma} & e^{\gamma} & e^{-\gamma} \\ \beta-j & \beta+j & \beta+1 & \beta-1 \\ (\beta+j)e^{j\gamma} & (\beta-j)e^{-j\gamma} & (\beta-1)e^{\gamma} & (\beta+1)e^{-\gamma} \end{bmatrix} \begin{Bmatrix} C_1 \\ C_2 \\ C_3 \\ C_4 \end{Bmatrix} = 0 \tag{5.41}$$

この係数行列 $[\alpha_{ij}]$ を以下の手順で行列の左下半分の要素がゼロになるように変形する.

① 1 行目に $\alpha_{21}(=-e^{j\gamma})$, $\alpha_{31}(=\beta-j)$, $\alpha_{41}(=(\beta+j)e^{j\gamma})$ を乗じたものをそれぞれ 2, 3, 4 行目に加えて,新たな行列の 1 列目の要素を $\alpha_{21}=\alpha_{31}=\alpha_{41}=0$ にする.

5.7 両端をばねとダンパで支持した一様断面軸の曲げ振動

② 新たな行列の2列目に $\alpha_{32}(=-2j)$, $\alpha_{42}(=-(\beta+j)e^{j\gamma}+(\beta-j)e^{-j\gamma})$ を乗じたものをそれぞれ3,4列目に $\alpha_{22}(=e^{j\gamma}-e^{-j\gamma})$ を乗じたものから引いて，$\alpha_{32}=\alpha_{42}=0$ にする．

③ さらに同様の手順で $\alpha_{43}=0$ とすると，式 (5.41) はかなりの計算の後次のようになる．

$$\begin{bmatrix} -1 & -1 & 1 & 1 \\ 0 & e^{j\gamma}-e^{-j\gamma} & -e^{j\gamma}+e^{\gamma} & -e^{j\gamma}+e^{-\gamma} \\ 0 & 0 & (2\beta+1-j)(e^{j\gamma}-e^{-j\gamma})-2j(-e^{j\gamma}+e^{\gamma}) & (2\beta-1-j)(e^{j\gamma}-e^{-j\gamma})-2j(-e^{j\gamma}+e^{-\gamma}) \\ 0 & 0 & 0 & \alpha_{44} \end{bmatrix} \begin{Bmatrix} C_1 \\ C_2 \\ C_3 \\ C_4 \end{Bmatrix} = 0 \tag{5.42}$$

ここで，上式の α_{44} は次のように表せる．

$$\begin{aligned}\alpha_{44} &= \{(2\beta+1-j)(e^{j\gamma}-e^{-j\gamma})-2j(-e^{j\gamma}+e^{\gamma})\} \\ &\times [(e^{j\gamma}-e^{-j\gamma})\{(\beta+j)e^{j\gamma}+(\beta+1)e^{-\gamma}\}-(-e^{j\gamma}+e^{-\gamma})\{-(\beta+j)e^{j\gamma}+(\beta-j)e^{-j\gamma}\}] \\ &- \{(2\beta-1-j)(e^{j\gamma}-e^{-j\gamma})-2j(-e^{j\gamma}+e^{-\gamma})\} \\ &\times [(e^{j\gamma}-e^{-j\gamma})\{(\beta+j)e^{j\gamma}+(\beta-1)e^{\gamma}\}-(-e^{j\gamma}+e^{\gamma})\{-(\beta+j)e^{j\gamma}+(\beta-j)e^{-j\gamma}\}] \\ &= (e^{j\gamma}-e^{-j\gamma}) \times F \end{aligned} \tag{5.43}$$

$$F = -8j - (2\beta-1+j)^2 e^{(1+j)\gamma} - (2\beta+1-j)^2 e^{-(1+j)\gamma} + (2\beta-1-j)^2 e^{(1-j)\gamma} + (2\beta+1+j)^2 e^{-(1-j)\gamma} \tag{5.44}$$

式 (5.42) の特性方程式（複素数の振動数方程式）は，同式の係数行列式の値（この場合は，4個の対角項の掛け算）をゼロと置いて得られるが，対角項の2,3項目は $\gamma=0$ のとき以外はゼロにならないので，$\alpha_{44}=0$ より，特性方程式は式 (5.44) の F を用いて次のように書ける．

$$F = F_r + jF_i = 0 \tag{5.45}$$

上式の複素根 $\gamma(=x+jy)$ を求めるには，ニュートン-ラフソン法[4]を用いる．この方法では，初期値 $\gamma_0(=x_0+jy_0)$ と仮想増分 dx, dy を与えて $\partial F_r/\partial x$, $\partial F_r/\partial y$, $\partial F_i/\partial x$, $\partial F_i/\partial y$ を計算し，式 (5.46) を用いて次のステップの仮想増分 dx, dy および初期値 $\gamma_1 = x_1 + jy_1 = x_0 + dx + j(y_0 + dy)$ を求める．この手順を繰り返し仮想増分が十分小さくなった（10^{-6} 程度）ときの γ_i の値を根とする（収束計算）．

$$\begin{bmatrix} \dfrac{\partial F_r}{\partial x} & \dfrac{\partial F_r}{\partial y} \\ \dfrac{\partial F_i}{\partial x} & \dfrac{\partial F_i}{\partial y} \end{bmatrix} \begin{Bmatrix} dx \\ dy \end{Bmatrix} = \begin{Bmatrix} -F_r \\ -F_i \end{Bmatrix} \tag{5.46}$$

この計算のために，式 (5.37) の複素固有値 s および式 (5.40) の β を $\gamma(=kl)$ で表した以下の2式を用いる．また，初期値 γ_0 には，5.6 節の両端ばね支持した場合の固有値 kl〔式 (5.30), 図 5.4〕の値を用いた．

$$s = j\sqrt{\dfrac{EI_a}{\rho A}}\dfrac{\gamma^2}{l^2} \tag{5.47}$$

$$\beta = \dfrac{Kl^3 + csl^3}{EI_a k^3 l^3} = \dfrac{Kl^3 + jcl\gamma^2\sqrt{EI_a/(\rho A)}}{EI_a \gamma^3} \tag{5.48}$$

得られた根 γ_i を式 (5.47) に代入すれば，複素固有値

$$s_i = -n_i \pm jq_i \tag{5.49}$$

が計算でき，その虚部 q_i から減衰固有振動数 f_i，実部 $-n_i$ を $|s_i|$ で割って負号をつけた値からモード減衰比 D_i が，それぞれ次のように得られる．

$$f_i = \dfrac{q_i}{2\pi}\,[\mathrm{Hz}], \quad D_i = \dfrac{n_i}{\sqrt{q_i^2 + n_i^2}} \tag{5.50}$$

長さ1m，直径18mmの鋼製丸棒の軸を考え，支持ばねのばね定数Kが10^6N/mおよび10^5N/mの場合について，支持部の粘性減衰係数cの値を$10\sim10^4$N·s/mと変えて，特性方程式の複素根を計算し，減衰固有振動数f_iおよびモード減衰比D_iを求めた．結果を**図5.7**に示す．図より，減衰係数cが大きくなると，① 過減衰になり，固有振動数がゼロになるものが生じること，② それぞれのモードのモード減衰比を最大にする減衰係数の大きさ（最適減衰）があること，その値はモードによって異なること，③ 支持部の減衰係数cを大きくしすぎると，支持部の振動が抑制され減衰の効果が小さくなる（モード減衰比の値が小さくなる）ことなどがわかる．cが十分大きいと，各モード減衰比が同じ値になることは興味深い．

固有モードを求めるには，まず，式(5.41)の1～3行を次式のように変形する．

$$\begin{bmatrix} 1 & 1 & -1 \\ e^{j\gamma} & e^{-j\gamma} & -e^{\gamma} \\ \beta-j & \beta+j & \beta+1 \end{bmatrix} \begin{Bmatrix} C_1 \\ C_2 \\ C_3 \end{Bmatrix} = \begin{Bmatrix} 1 \\ e^{-\gamma} \\ -(\beta-1) \end{Bmatrix} C_4 \tag{5.51}$$

ここで，C_4を既知量として$C_1\sim C_3$を求めれば，C_4に対する比C_1/C_4，C_2/C_4，C_3/C_4が次のように得られる．

(a-1) 固有振動数f_iの変化（$K=1\times10^6$N/m）

(b-1) 固有振動数f_iの変化（$K=1\times10^5$N/m）

(a-2) モード減衰比D_iの変化（$K=1\times10^6$N/m）

(b-2) モード減衰比D_iの変化（$K=1\times10^5$N/m）

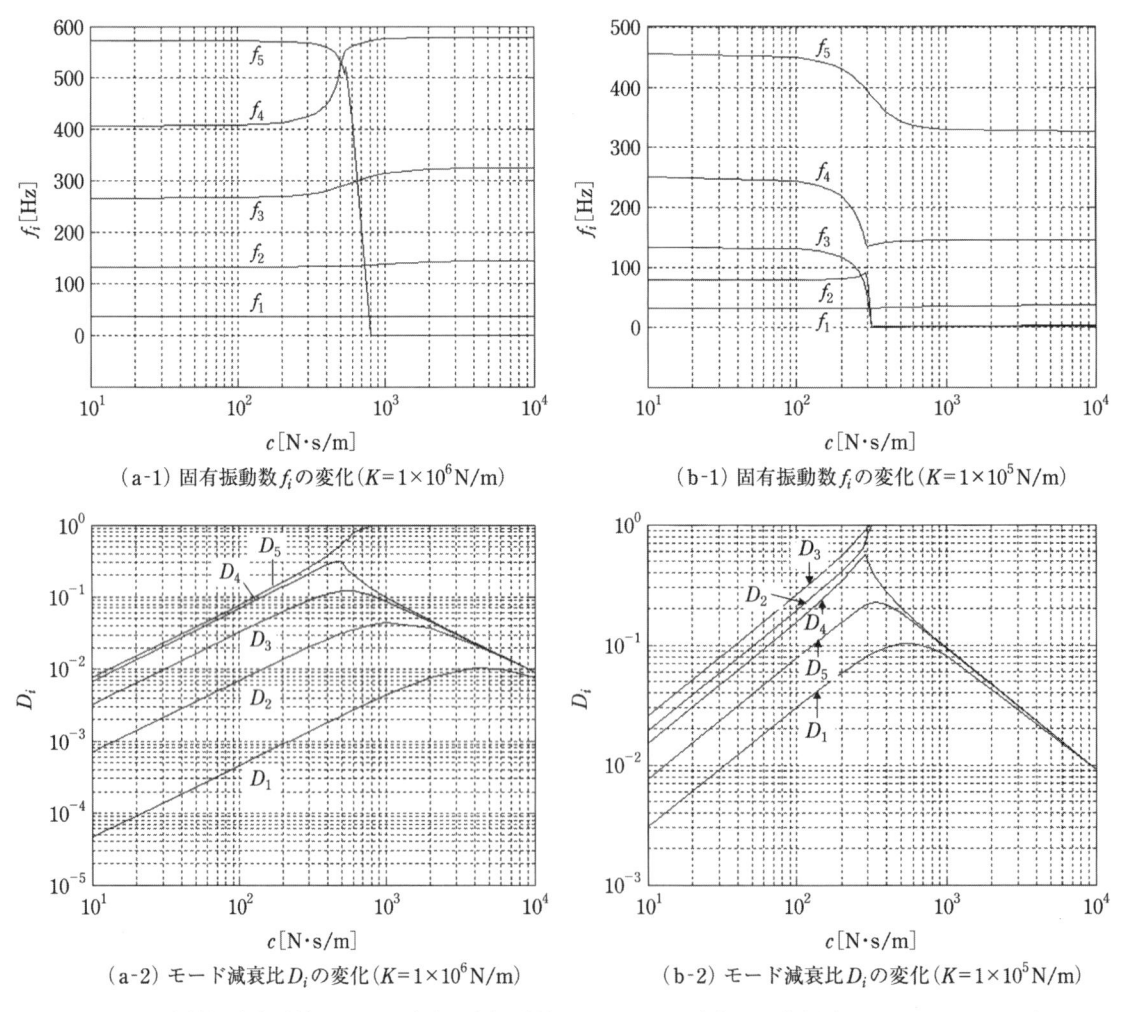

図5.7 支持部減衰係数cによる減衰固有振動数およびモード減衰比の変化（$l=1$m，$d=18$mm）

$$\left.\begin{aligned}\frac{C_1}{C_4} &= \{(2\beta-1+j)e^{\gamma}-(2\beta+1+j)e^{-\gamma}+2e^{-j\gamma}\}/\Delta \\ \frac{C_2}{C_4} &= \{-(2\beta-1-j)e^{\gamma}+(2\beta+1-j)e^{-\gamma}-2e^{j\gamma}\}/\Delta \\ \frac{C_3}{C_4} &= \{(2\beta-1+j)e^{j\gamma}-(2\beta-1-j)e^{-j\gamma}-2je^{-\gamma}\}/\Delta \\ \Delta &= -(2\beta+1+j)e^{j\gamma}+(2\beta+1-j)e^{-j\gamma}+2je^{\gamma}\end{aligned}\right\} \tag{5.52}$$

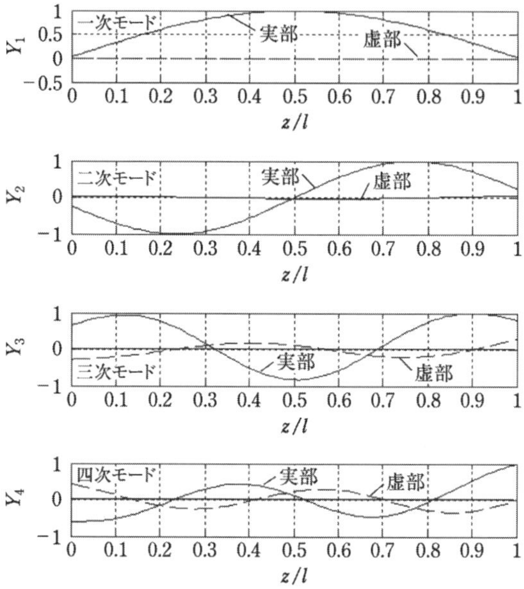

(a) $c=1\times10^2$ N·s/m の場合

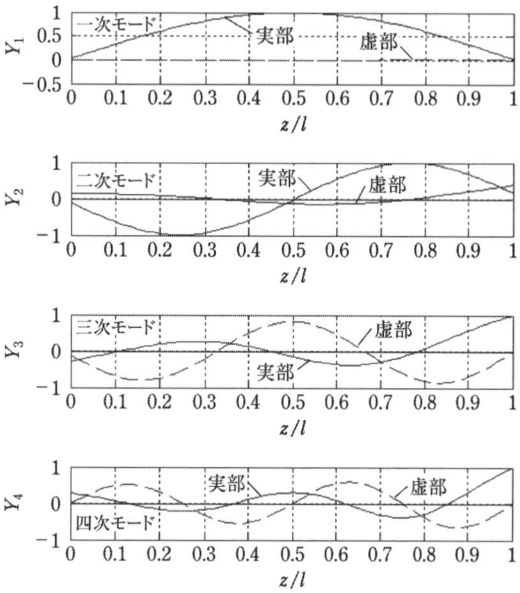

(b) $c=1\times10^3$ N·s/m の場合

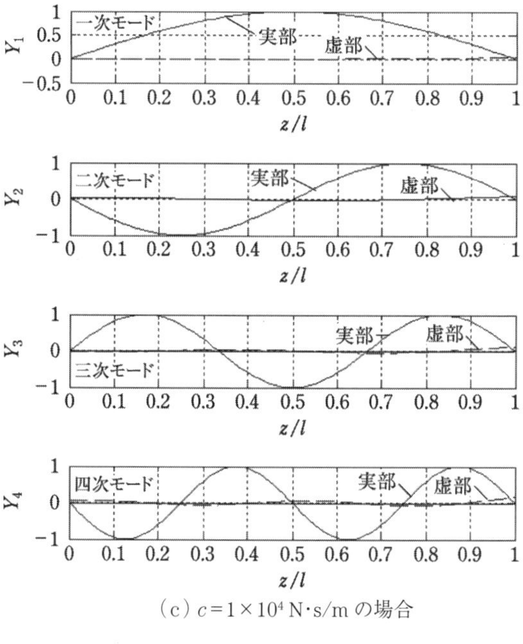

(c) $c=1\times10^4$ N·s/m の場合

図 5.8 ばねとダンパで支持した一様断面軸の複素固有モード ($l=1$m, $d=18$mm, $K=1\times10^6$N/m の場合)

以上より，複素固有値 γ_i〔式 (5.45) の複素根〕に対応する複素固有モード Y_i は，次式で計算できる

$$Y_i(z) = \frac{C_1}{C_4}e^{jk_iz} + \frac{C_2}{C_4}e^{-jk_iz} + \frac{C_3}{C_4}e^{k_iz} + e^{-k_iz} \tag{5.53}$$

ここで，$C_1/C_4 \sim C_3/C_4$ は式 (5.52) の γ に γ_i を代入した値，k_i は $k_i = \gamma_i/l$ から求められる値である．

図 5.7 (a) の $K = 10^6$ N/m，$c = 10^2, 10^3, 10^4$ N·s/m の場合について，四次までの固有モード (固有関数) Y_i を式 (5.53) より計算し，その実部および虚部の形状を**図 5.8** (a)～(c) 示す．各図では，最大変位を 1 として示してある．図より，高次モードほど虚部が大きく，この傾向は図 5.7 (a-2) と比較すると $0.01 < D_i$ で顕著であることがわかる．支持部の粘性減衰力の作用によって固有モードが複素数になること（複素固有モード）の意味は，次のように理解できる．すなわち，系が i 次の固有角振動数 q_i で振動するとき，軸の各点の変位は位相角を持ち，ある点の変位が最大値に達したとき，他の点はまだ最大値に達していなかったり，最大値をすでに過ぎていたりすることになる．

5.8　まとめ

（1）一様断面軸は境界条件によって決まる無限個の固有角振動数と，それに対応する固有モード（固有関数）をもつ．

（2）両端単純支持した一様断面軸の i 次の固有角振動数と，その固有モードは次式で表される．

固有角振動数：$p_i = \sqrt{\dfrac{EI_a}{\rho A}}\left(\dfrac{i\pi}{l}\right)^2$

固有モード（固有関数）：$Y_i(z) = \sin\dfrac{i\pi}{l}z$

（3）ばね定数 K のばねで両端を支持した一様断面軸の固有角振動数は，K が大きくなるにつれて両端単純支持の場合の固有角振動数の値に漸近し，K がゼロに近づくと両端自由の場合の固有角振動数の値に漸近する．

（4）ばねと粘性減衰係数 c のダンパで両端を支持した一様断面軸では，各モードのモード減衰比 D_i は c の増加とともに増加し最大値に達した後減少する．モード減衰比が最大になるときの c の値はモードの次数によって異なる．c が極端に大きくなると軸両端が変位しにくくなり，減衰効果が大きく低下することに留意すべきである．

参考文献

1) チモシェンコ：工業振動学 第5章 (谷下市松・渡辺 茂 訳)，東京図書 (1956).
2) 矢鍋重夫・菊地勝昭・小林暁峯：高次危険速度通過時の振動，日本機械学会論文集，**44**, 382 (1978-6) pp.1923-1933.
3) 斉藤 忍・染谷常雄：「軸受の減衰を考慮した回転軸の危険速度に関する研究 (第1報, 減衰の大きさおよび軸受と軸の剛性比が減衰比に及ぼす影響)」, 日本機械学会論文集，43, 376 (1977-12) pp.4474-4484.
4) 小門純一・八田夏夫：数値計算法の基礎と応用，森北出版 (1988).

第6章 有限要素法を用いたロータ・軸受系の振動解析

6.1 複雑なロータ・軸受系のモデル化

　蒸気タービン，ターボコンプレッサ，ポンプなど，実際の回転機械では，ロータ形状は複雑で，それを支持する軸受も様々な特性を持っている．こうしたロータ・軸受系の固有振動数，固有モード，モード減衰比，自由振動の安定性，不釣合い応答などを機械の開発・設計段階で解析し把握しておくことは，その後のロータの釣合わせや製品の振動トラブル対策にとって極めて重要である．複雑なロータ・軸受系の振動解析では，無限自由度を持つ弾性体（連続体）を多自由度系に変換（離散化）するため，有限要素法[1]～[5]を用いることが多い．

　有限要素法では，以下の手順で離散化を行う．①回転軸は複数個の軸要素，翼など大きな質量部分は円板要素，軸受は軸受要素として，実機のロータ・軸受系を軸方向にいくつかに分割し，分割点などに節点を置く〔図6.1(a)参照〕．節点は，回転軸の両端，軸断面が変化する位置（必要以上に細かく分割しない），翼や軸受の中心位置などに選ぶ．②軸要素（有限要素，弾性体）内の任意の位置の変位は，要素両端の節点の変位ベクトルに変位関数と呼ばれるマトリクスを乗じて表せると仮定する．そして，振動中の有限要素（弾性体）の運動エネルギーとポテンシャルエネルギーが，離散化した要素のそれらと等しくなるように，離散化した要素の質量マトリクス $[M]_e$ およびばねマトリクス $[K]_e$ を決める．

　こうした過程を経て，図6.1(a)の系は図6.1(b)に示すように，質量マトリクスとばねマトリクスを持つ軸要素がつながった系に円板要素や軸受要素を付加した多自由度系として表すことができる．各要素のマトリクス $[M]_e, [K]_e$ を合成してこの多自由度系全体の質量マトリクス $[M]$ およびばねマトリクス $[K]$ を作成し，さらに減衰マトリクス $[C]$ および外力ベクトル $\{F\}$ を導入すれば，離散化した多自由度系の運動方程式は形式的に式(6.1)のように書ける．

$$[M]\{\ddot{\delta}\} + [C]\{\dot{\delta}\} + [K]\{\delta\} = \{F\} \quad (6.1)$$

ここで，$\{\delta\}$ は全節点の変位ベクトルである．

　以下に，ロータ・軸受系のねじり振動や曲げ振動における各要素のマトリクの導出法および固有値解析法などについて説明する．説明の都合上，座標系を図6.1(b)のようにとる．

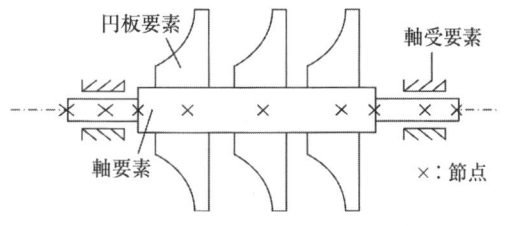

(a) 実機のロータ・軸受系（弾性体・無限自由度系）

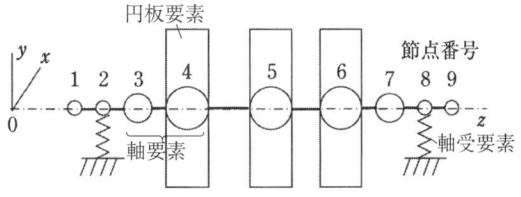

(b) 離散化した多自由度系

図6.1　実機のロータ・軸受系と離散化した多自由度系

6.2 軸要素の質量マトリクス・ばねマトリクスの導出法

ここでは，ロータを構成する基本要素である軸要素の質量マトリクスとばねマトリクスの導出法について説明する．まず，節点で分割された軸要素内の任意の軸方向位置 z での変位ベクトルを $\{u\}$，軸要素両端の節点の変位ベクトルを $\{\delta\}_e$ とし，両者は変位関数 $[N]$（マトリクスで z の関数）を用いて近似的に次のように表せると仮定する．

$$\{u\} = [N]\{\delta\}_e \tag{6.2}$$

ここで，$\{u\}$ や $\{\delta\}_e$ は，ねじり振動を扱う場合は $\{u\} = \{\theta\}$, $\{\delta\}_e = \{\theta_L\ \theta_R\}^T$，曲げ振動を扱う場合は $\{u\} = \{v\ \phi\}^T$, $\{\delta\}_e = \{v_L\ \phi_L\ v_R\ \phi_R\}^T$ と表される．θ は軸要素内の位置 z におけるねじれ角，θ_L, θ_R は軸要素左右端の節点のねじれ角，v, ϕ は軸要素内の位置 z における変位とたわみ角，v_L, v_R, ϕ_L, ϕ_R は軸要素左右端の節点の変位とたわみ角である．したがって，変位関数 $[N]$ は，ねじり振動の場合は 1×2，曲げ振動の場合は 2×4 のマトリクスで，要素内の位置変数 z の関数である．

一方，**図 6.2** (a), (b) に示すように，軸のねじり変形，曲げ変形においては，変位とひずみ，ひずみと応力の間に次の関係式が成り立っている．

$$\gamma = r\frac{d\theta}{dz}, \quad \tau = G\gamma = Gr\frac{d\theta}{dz} \tag{6.3}$$

$$\varepsilon = y\frac{d^2v}{dz^2}, \quad \sigma = E\varepsilon = Ey\frac{d^2v}{dz^2} \tag{6.4}$$

ここで，θ, γ, τ, G は軸のねじれ角，せん断ひずみ，せん断応力，横弾性係数で，式 (6.3) は任意の半径位置 r で成り立つ．$v, \varepsilon, \sigma, E$ は軸の曲げによる変位，ひずみ，応力，縦弾性係数である．これらの関係式に式 (6.2) を代入して計算すると，要素内のひずみと応力は節点変位 $\{\delta\}_e$ を用いて形式的に次のように表せる．

$$\{\gamma\}, \{\varepsilon\} = [B]\{\delta\}_e \tag{6.5}$$

$$\{\tau\}, \{\sigma\} = [D][B]\{\delta\}_e \tag{6.6}$$

上式で，ねじり振動の場合，$[B]$ は $[N]$ を z で 1 回微分したマトリクスに r を乗じたもので $[D]$ は G になり，曲げ振動の場合，$[B]$ は $[N]$ を z で 2 回微分したマトリクスに y を乗じたもので $[D]$ は E になる（実際の導出は，6.3.2項，6.5.2項参照）．

振動中の軸要素（弾性体）が持つ運動エネルギー T_e，ひずみエネルギー U_e および外力のなす仕事 V_e は，曲げ振動であれば $dT_e = (1/2)\rho \dot{u}^2 dV$, $dU_e = (1/2)\varepsilon\sigma dV$ と書けるので，これらは，式 (6.2), (6.5), (6.6) および節点変位 $\{\delta\}_e$ や節点速度 $\{\dot{\delta}\}_e$（$\{\dot{u}\} = [N]\{\dot{\delta}\}_e$）を用いて次のように表せる．なお，$\rho$ は軸要素の密度，dV は軸要素内の微小体積である．

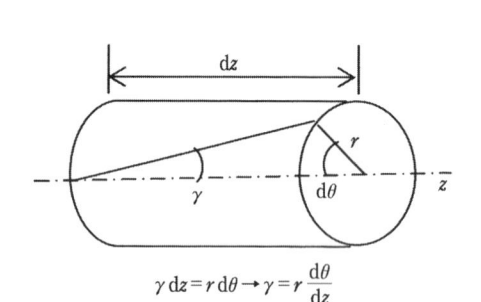

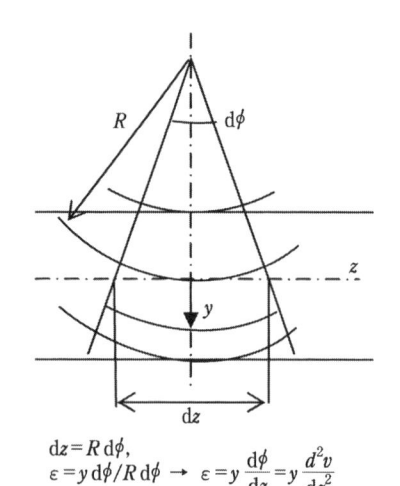

$\gamma dz = r d\theta \rightarrow \gamma = r\dfrac{d\theta}{dz}$

(a) 軸のねじり変形

$dz = R d\phi$,
$\varepsilon = y d\phi / R d\phi \rightarrow \varepsilon = y\dfrac{d\phi}{dz} = y\dfrac{d^2v}{dz^2}$

(b) 軸の曲げ変形（v：軸の y 方向変位）

図 6.2 軸要素のねじり・曲げ変形における変位とひずみとの関係

$$T_e = \int_e \frac{1}{2}\{\dot{u}\}^T \rho \{\dot{u}\} \,\mathrm{d}V = \frac{1}{2}\{\dot{\delta}\}_e^T \left(\int_e \rho [N]^T[N]\,\mathrm{d}V\right)\{\dot{\delta}\}_e = \frac{1}{2}\{\dot{\delta}\}_e^T [M]_e \{\dot{\delta}\}_e,$$

$$U_e = \int_e \frac{1}{2}\{\varepsilon\}^T \{\sigma\}\,\mathrm{d}V = \frac{1}{2}\{\delta\}_e^T \left(\int_e [B]^T[D][B]\,\mathrm{d}V\right)\{\delta\}_e = \frac{1}{2}\{\delta\}_e^T [K]_e \{\delta\}_e,$$

$$V_e = \int_e \{u\}^T \{f\}\,\mathrm{d}V = \{\delta\}_e^T \left(\int_e [N]^T\{f\}\,\mathrm{d}V\right) = \{\delta\}_e^T \{F\}_e \tag{6.7}$$

ここで，各式の最終項は，離散化した軸要素が持つ運動エネルギー，ひずみエネルギー，外力仕事を離散化した軸要素の質量マトリクス $[M]_e$，ばねマトリクス $[K]_e$，外力ベクトル $\{F\}_e$ を用いて表したものである．各式の最終項とその前の項を比較すれば，$[M]_e, [K]_e, \{F\}_e$ は，変位関数 $[N]$ などを用いて次のように計算できることがわかる[1]．

$$[M]_e = \int_e \rho[N]^T[N]\,\mathrm{d}V \tag{6.8}$$

$$[K]_e = \int_e [B]^T[D][B]\,\mathrm{d}V \tag{6.9}$$

$$\{F\}_e = \int_e [N]^T\{f\}\,\mathrm{d}V \tag{6.10}$$

なお，ねじり振動を扱う場合，ねじりばねマトリクスは式 (6.9) で表されるが，慣性モーメントマトリクスは式 (6.8) を少し修正した形で計算される〔後述の式 (6.20) の導出を参照〕．

6.3 回転軸系のねじり振動解析

ここでは，節点の変位が1個で取扱いが簡単なねじり振動について，解析の手順を説明する．まず軸要素のねじり変形に関する変位関数を導き，これを用いて軸要素の慣性モーメントマトリクスとねじりばねマトリクスを求める．次に，円板要素やねじりばね要素を含めた系全体の慣性モーメントマトリクスとねじりばねマトリクスを作成して多自由度系の運動方程式を書き，その固有振動数，固有モード，モード減衰比を固有値解析によって求める．

6.3.1 軸のねじり変形の変位関数

図 6.3 に示すように，軸要素がねじり変形した状態を考える．軸要素は，長さ l，半径 r，密度 ρ，横弾性係数 G で，要素内では r, ρ, G の値は一定とする．ねじれ角 θ を軸方向座標 z の関数として次のように仮定する．

$$\theta(z) = a_0 + a_1 z \tag{6.11}$$

θ は，軸要素の左右端で節点の角変位 θ_L, θ_R に等しいので，

$$\theta(0) = \theta_L, \quad \theta(l) = \theta_R \tag{6.12}$$

式 (6.11) を式 (6.12) に代入して a_0, a_1 を計算すると，次式が得られる．

$$\begin{Bmatrix} a_0 \\ a_1 \end{Bmatrix} = \frac{1}{l}\begin{bmatrix} l & 0 \\ -1 & 1 \end{bmatrix}\begin{Bmatrix} \theta_L \\ \theta_R \end{Bmatrix} \tag{6.13}$$

式 (6.13) を式 (6.11) に代入して整理すると

$$\theta = \begin{bmatrix} 1-\dfrac{z}{l} & \dfrac{z}{l} \end{bmatrix}\begin{Bmatrix} \theta_L \\ \theta_R \end{Bmatrix} = [N]\{\delta\}_e \tag{6.14}$$

上式より，この場合の変位関数 $[N]$ は次のように書けることがわかる．

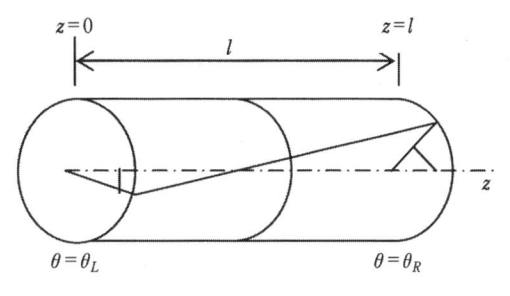

図 6.3 軸要素のねじり変形

$$[N] = \begin{bmatrix} 1-\dfrac{z}{l} & \dfrac{z}{l} \end{bmatrix} \tag{6.15}$$

6.3.2 ねじり変形における変位とひずみおよび変位と応力の関係

ねじりによるせん断ひずみ γ は，式 (6.14) を式 (6.3) に代入し，式 (6.5) の表現を用いると，次のように書ける．

$$\gamma = r\frac{\mathrm{d}\theta}{\mathrm{d}z} = r\frac{\mathrm{d}}{\mathrm{d}z}\begin{bmatrix} 1-\dfrac{z}{l} & \dfrac{z}{l} \end{bmatrix}\begin{Bmatrix} \theta_L \\ \theta_R \end{Bmatrix} = \begin{bmatrix} -\dfrac{r}{l} & \dfrac{r}{l} \end{bmatrix}\begin{Bmatrix} \theta_L \\ \theta_R \end{Bmatrix} = [B]\{\delta\}_e \tag{6.16}$$

これより次式が得られる．

$$[B] = \begin{bmatrix} -\dfrac{r}{l} & \dfrac{r}{l} \end{bmatrix} \tag{6.17}$$

せん断応力 τ は，式 (6.3), (6.16), (6.6) より

$$\tau = G\gamma = G\begin{bmatrix} -\dfrac{r}{l} & \dfrac{r}{l} \end{bmatrix}\begin{Bmatrix} \theta_L \\ \theta_R \end{Bmatrix} = [D][B]\{\delta\}_e \tag{6.18}$$

したがって，次式が得られる．

$$[D] = G \tag{6.19}$$

6.3.3 軸要素の慣性モーメントマトリクスとねじりばねマトリクス

軸要素の慣性モーメントマトリクス $[I]_e$ は，式 (6.8) で $[M]_e$ を $[I]_e$ に，また，$[N]$ が z のみの関数であること〔式 (6.15)〕を考慮して $\rho \mathrm{d}V$ を $\mathrm{d}I$ 〔$=(1/2)\mathrm{d}m \cdot r^2 = (1/2)\rho\pi r^2 \mathrm{d}z \cdot r^2$；図 6.4 参照〕に置き換えて計算すれば，次のように求まる．

$$\begin{aligned}
[I]_e &= \int_e [N]^T[N]\,\mathrm{d}I \\
&= \frac{\rho\pi r^4}{2}\int_0^l \begin{bmatrix} 1-z/l \\ z/l \end{bmatrix}[1-z/l \quad z/l]\,\mathrm{d}z \\
&= \frac{\rho\pi r^4}{2}\int_0^l \begin{bmatrix} (1-z/l)^2 & (z/l)(1-z/l) \\ (z/l)(1-z/l) & (z/l)^2 \end{bmatrix}\mathrm{d}z \\
&= \frac{\rho\pi r^4 l}{2}\begin{bmatrix} 1/3 & 1/6 \\ 1/6 & 1/3 \end{bmatrix} = [I]_e
\end{aligned} \tag{6.20}$$

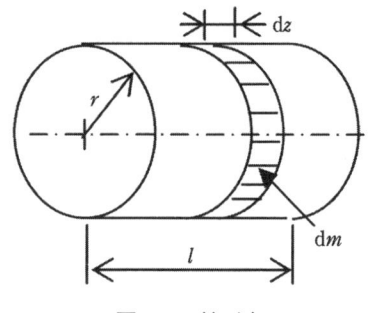

図 6.4 軸要素

一方，軸要素のねじりばねマトリクス $[K]_e$ は，式 (6.17), (6.19) を式 (6.9) に代入し $[B]$ が r の関数であることを考慮して，軸要素内の半径 r，微小肉厚 $\mathrm{d}r$，微小幅 $\mathrm{d}z$ の円環の体積を $\mathrm{d}V = 2\pi r\,\mathrm{d}r\,\mathrm{d}z$ として積分すると，次式のように得られる．

$$\begin{aligned}
[K]_e &= \int_e [B]^T[D][B]\,\mathrm{d}V = \int_0^l \int_0^r G\begin{bmatrix} -r/l \\ r/l \end{bmatrix}[-r/l \quad r/l]\,2\pi r\,\mathrm{d}r\,\mathrm{d}z \\
&= \frac{2\pi G}{l^2}\int_0^l \int_0^r r^3 \begin{bmatrix} 1 & -1 \\ -1 & 1 \end{bmatrix}\mathrm{d}r\,\mathrm{d}z = \frac{\pi r^4 G}{2l}\begin{bmatrix} 1 & -1 \\ -1 & 1 \end{bmatrix} = [K]_e
\end{aligned} \tag{6.21}$$

6.3.4 系全体の慣性モーメントマトリクスとねじりばねマトリクスの作成と運動方程式

式 (6.20), (6.21) で得られた各軸要素のマトリクス $[I]_{ep}$, $[K]_{ep}$ ($p=1,\cdots,n-1$) を合成して軸全体のマトリクス $[I]$, $[K]$ を作成すれば，次のような多自由度系の運動方程式が得られる．

$$[I]\begin{Bmatrix} \ddot{\theta}_1 \\ \ddot{\theta}_2 \\ \vdots \\ \ddot{\theta}_n \end{Bmatrix} + [K]\begin{Bmatrix} \theta_1 \\ \theta_2 \\ \vdots \\ \theta_n \end{Bmatrix} = 0 \tag{6.22}$$

ここで，θ_1, θ_2 は 1 番目の軸要素の左右節点のねじれ角，θ_2, θ_3 は 2 番目の軸要素の左右節点のねじれ角である（同一軸上では，p 番目の軸要素の右節点は $p+1$ 番目の軸要素の左節点と同一）．したがって，全体マトリクス $[I], [K]$ の作成に当たっては，隣り合う軸要素の要素マトリクス $[I]_{ep}, [K]_{ep}, [I]_{ep+1}, [K]_{ep+1}$（2 行 × 2 列）を対角線に沿って 1 節点分ずつずらして配置するこ

表 6.1 軸全体の慣性モーメントマトリクス $[I]$ の作成

I_{11e1}	I_{12e1}	0	0	0	0
I_{21e1}	$I_{22e1}+I_{11e2}$	I_{12e2}	0	0	0
0	I_{21e2}	$I_{22e2}+I_{11e3}$	I_{12e3}	0	0
0	0	I_{21e3}	$I_{22e3}+I_{11e4}$	I_{12e4}	0
0	0	0	I_{21e4}	$I_{22e4}\cdots$	$\cdots$
0	0	0	0	$\cdots$	$\cdots$

表 6.2 軸全体のねじりばねマトリクス $[K]$ の作成

K_{11e1}	K_{12e1}	0	0	0	0
K_{21e1}	$K_{22e1}+K_{11e2}$	K_{12e2}	0	0	0
0	K_{21e2}	$K_{22e2}+K_{11e3}$	K_{12e3}	0	0
0	0	K_{21e3}	$K_{22e3}+K_{11e4}$	K_{12e4}	0
0	0	0	K_{21e4}	$K_{22e4}\cdots$	$\cdots$
0	0	0	0	$\cdots$	$\cdots$

とにより，軸全体のマトリクス $[I], [K]$ が得られる．この様子を模式的に示したのが**表 6.1**，**表 6.2** である．

通常のねじり振動系では，軸のいくつかの節点に円板要素（慣性モーメント要素）やねじりばね要素（一端固定）が存在する．こうした場合は，その慣性モーメントやねじりばね定数を軸全体のマトリクス $[I], [K]$ の対角線上の対応する節点位置に加えればよい．また，系に複数の軸が存在し，そのうちの 2 本の軸上の節点 q, r 間がねじりばね要素（ばね定数 k）で結合されている場合は，その部分の運動方程式を考慮して，$[K]$ の 4 箇所の要素に $K_{qq}=K_{rr}=k, K_{qr}=K_{rq}=-k$ の値を加えればよい．

多くの回転機械では，軸端の角変位は拘束されていないので，ねじり振動の境界条件は両端自由と考えてよい．したがって，このように作成した系全体のマトリクス $[I], [K]$ をそのまま式 (6.22) で用いれば，両端自由の境界条件を満足したものになっていて，式 (6.22) が離散化した多自由度系のねじり振動の運動方程式になる．一端固定の境界条件としたい場合は，軸端にねじりばねを付加し，そのばね定数を極めて大きくすることで対応できる．

6.4 固有値解析（固有振動数，固有モードの計算）[5],[6]

ここでは，多自由度線形振動系の固有振動数や固有モードの求め方（固有値解析）について説明する．なお，説明は，式 (6.1) の $[M], [K]$ マトリクスを用いて行う．

6.4.1 系に減衰力が作用しない場合の固有値解析

一般に，減衰力の作用を受けない n 自由度系の自由振動の運動方程式は，$\{x\}$ を変位ベクトル，$[M], [K]$ を $n \times n$ の質量マトリクス，ばねマトリクスとして次のように書ける．

$$[M]\{\ddot{x}\}+[K]\{x\}=0 \tag{6.23}$$

上式に左から $[M]$ の逆マトリクス $[M]^{-1}$ を乗じて

$$[A]=[M]^{-1}[K] \tag{6.24}$$

と置けば，式 (6.23) は次のように書ける．

$$\{\ddot{x}\} + [A]\{x\} = 0 \tag{6.25}$$

この系の固有角振動数を p として自由振動解を次のように仮定する．

$$\{x\} = \{x_0\}\cos(pt+\alpha) \tag{6.26}$$

上式を式 (6.25) に代入し，

$$p^2 = \lambda \tag{6.27}$$

と置くと，次式が得られる．

$$[A]\{x_0\} = \lambda\{x_0\} \tag{6.28}$$

一般に，与えられた正方マトリクス $[A]$ に対して式 (6.28) を満足するゼロでないスカラー λ とベクトル $\{x_0\}$ が存在するとき，λ を $[A]$ の固有値，$\{x_0\}$ を $[A]$ の固有ベクトル (固有モード) と呼ぶ．これらを求める問題を固有値問題といい，固有値問題を解くことを固有値解析という．通常 n 自由度の線形振動系では，式 (6.24) で表される $[A]$ の固有値解析を行うと n 個の正の固有値 λ，すなわち λ_i $(i=1,2,\cdots n, \lambda_1 < \lambda_2 < \cdots < \lambda_n)$ が得られる．これらを式 (6.27) に代入すれば，n 個の固有角振動数 $p_i = \sqrt{\lambda_i}$ $(i=1,2,\cdots n)$ が求まる．p_i を i 次の固有角振動数，これに対応する $\{x_0\}_i$ を i 次の固有ベクトル (固有モード) と呼ぶ．

以上より，有限要素法による離散化によって得られた回転軸系の質量マトリクス $[M]$ およびばねマトリクス $[K]$ を用いて，以下の手順で固有値解析を行えば，系の固有角振動数と固有モードを得ることができる．

（1）正方マトリクス $[A] = [M]^{-1}[K]$ を計算する．
（2）ヤコビ法，ハウスホルダ-QR 法，逆反復法など既存の固有値解析法を用いて $[A]$ の固有値 (固有角振動数) および固有ベクトル (固有モード) を求める．

ここでは，6.3.3 項で求めた軸要素の慣性モーメント・ねじりばねマトリクス式 (6.20), (6.21) の妥当性を検討するため，これらのマトリクスを用いて長さ l，半径 r，密度 ρ，横弾性係数 G の両端自由な軸 (丸棒) のねじり振動の固有角振動数を求めてみる．通常は，この軸を軸方向にいくつかに分割し，そのデータをねじり振動解析プログラムに入力して固有値解析を行う．ここでは，分割なし (軸全体が 1 要素) として固有角振動数を求めてみる．式 (6.20), (6.21) を用いて，この系のねじり振動の運動方程式を書くと次のようになる．

$$\frac{\rho\pi r^4 l}{2}\begin{bmatrix} 1/3 & 1/6 \\ 1/6 & 1/3 \end{bmatrix}\begin{Bmatrix} \ddot{\theta}_L \\ \ddot{\theta}_R \end{Bmatrix} + \frac{\pi r^4 G}{2l}\begin{bmatrix} 1 & -1 \\ -1 & 1 \end{bmatrix}\begin{Bmatrix} \theta_L \\ \theta_R \end{Bmatrix} = 0 \tag{6.29}$$

この自由振動解を $\theta_L = \theta_{L0}\cos(pt+\alpha)$, $\theta_R = \theta_{R0}\cos(pt+\alpha)$ と仮定して上式に代入し，2 自由度系の固有角振動数 p を求める方法に従って計算すると，$p=0$ と

$$p = \sqrt{\frac{12G}{l^2\rho}} = \frac{3.46}{l}\sqrt{\frac{G}{\rho}} \text{ [rad/s]}$$

が得られる．この固有角振動数は，厳密解

$$\frac{\pi}{l}\sqrt{\frac{G}{\rho}} = \frac{3.14}{l}\sqrt{\frac{G}{\rho}} \text{ [rad/s]}$$

にほぼ近いが約 10 % の誤差がある．軸をいくつかに分割した場合の結果は以下のようになる．

6.3 節，6.4 節に示した方法に従って回転軸系のねじり振動の固有値解析プログラムを作成し，長さ 1m，直径 10mm の鋼の丸棒 (両端自由) のねじり振動の固有振動数を計算した．軸を軸方向に 10 分割した場合，1〜3 次の固有振動数として 1615Hz, 3269Hz, 5004Hz が得られた．これらを i 次の固有振動数の厳密解

$$\frac{i}{2l}\sqrt{\frac{G}{\rho}}\,[Hz], \ (i=1,2,\cdots)$$

による結果 1608Hz（1次），3216Hz（2次），4824Hz（3次）と比較すると，それぞれ 0.4％，1.7％，3.8％の誤差があるが，かなりよい近似値が得られていることがわかる．なお，ここでは $\rho = 7.86 \times 10^3 \, \text{kg/m}^3$, $G = 81.34 \times 10^9 \, \text{Pa}$ とした．

6.4.2 系に減衰力が作用する場合の固有値解析[5),6)]

粘性減衰力が作用する n 自由度振動系の自由振動の運動方程式は，系全体の質量・ばね・減衰マトリクスを $[M], [K], [C]$，変位ベクトルを $\{x\}$ として，次のように書ける．

$$[M]\{\ddot{x}\} + [C]\{\dot{x}\} + [K]\{x\} = 0 \tag{6.30}$$

上式に左から $[M]$ の逆マトリクス $[M]^{-1}$ を乗じると，次式が得られる．

$$\{\ddot{x}\} + [M]^{-1}[C]\{\dot{x}\} + [M]^{-1}[K]\{x\} = 0 \tag{6.31}$$

ここで，新たな変数

$$\{\dot{x}\} = \{y\} \tag{6.32}$$

を導入して式 (6.31), (6.32) をマトリクスの形で表現すれば，次のようになる．

$$\begin{Bmatrix} \dot{x} \\ \dot{y} \end{Bmatrix} = \begin{bmatrix} [0] & [I] \\ -[M]^{-1}[K] & -[M]^{-1}[C] \end{bmatrix} \begin{Bmatrix} x \\ y \end{Bmatrix} \tag{6.33}$$

ここで，$[0]$ は $n \times n$ のゼロマトリクス，$[I]$ は $n \times n$ の単位マトリクスである．上式で，

$\{z\} = \{x \; y\}^T$,

$$[A] = \begin{bmatrix} [0] & [I] \\ -[M]^{-1}[K] & -[M]^{-1}[C] \end{bmatrix} \tag{6.34}$$

と置けば，次式が得られる．

$$\{\dot{z}\} = [A]\{z\} \tag{6.35}$$

以上より，粘性減衰力が作用する n 自由度振動系の自由振動の運動方程式 (6.30) は，式 (6.35) に示すように $2n$ 個の連立した一階の微分方程式で表されることになる．

式 (6.35) の自由振動解を

$$\{z\} = \{z_0\} \exp(\lambda t + \alpha) \tag{6.36}$$

と仮定して式 (6.35) に代入して整理すると，次式が得られる．

$$[A]\{z_0\} = \lambda\{z_0\} \tag{6.37}$$

この式は式 (6.28) と同じ形をしていて，与えられた $2n \times 2n$ の正方マトリクス $[A]$ に対して上式を満足するスカラー λ（固有値）とこれに対応するベクトル $\{z_0\}$（固有ベクトル，固有モード）を求める固有値問題になっている．通常，n 自由度の線形減衰振動系では，$2n$ 個の固有値 λ_i（$i=1, 2, \cdots, 2n$）が次式に示すような n 個の共役複素数として求まる．

$$\lambda_i = -n_i \pm jq_i, \quad (i=1, 2, \cdots, n) \tag{6.38}$$

ここで，サフィックス i は $0 < q_1 < q_2 < \cdots < q_n$ となるように番号づけられている．式 (6.38) の虚数部分 q_i [rad/s] が i 次の減衰固有角振動数，次式で定義される D_{mi} が i 次のモード減衰比になる．

$$D_{mi} = \frac{n_i}{\sqrt{n_i^2 + q_i^2}}, \quad (i=1, 2, \cdots, n) \tag{6.39}$$

$n_i > 0$ $(0 < D_{mi} < 1)$ のとき i 次の自由振動解 $z_i = \exp(-n_i t)(A \cos q_i t + B \sin q_i t)$ は時間とともに減衰するが，$n_i < 0$ $(-1 < D_{mi} < 0)$ になった場合は，i 次の自由振動解は時間とともに発散し，不安定になる．

以上より，減衰系の固有値解析（複素固有値解析）の手順は次のように要約できる．

(1) 系全体の $[M]$, $[C]$, $[K]$ マトリクスを作成する.
(2) 式 (6.34) により $[A]$ マトリクスを計算し,$[A]$ に対する固有値問題をヤコビ法,ハウスホルダ法,逆反復法などの固有値解析法を用いて解く.
(3) 得られた複素固有値〔式 (6.38)〕の虚部から減衰固有角振動数 q_i [rad/s],式 (6.39) よりモード減衰比 D_{mi} を求める.

系に減衰力が作用する場合,固有値だけでなく固有モード(固有ベクトル)$\{z_0\}_i$ も複素数になり,軸の固有モード形状は一平面内に存在せず 3 次元的に変形した形となる.その結果,ある固有モードで系全体が振動する(ふれまわる)とき,水平あるいは鉛直方向からロータの各節点の振動を観測した場合,ある節点が最大変位に達した瞬間,他の節点はまだ最大変位に達していなかったり,すでに達した後だったりすることになる.なお,この時間のずれは一般にかなり小さい.減衰力が作用しない系では時間のずれはなく,すべての節点の変位が同時に最大値やゼロの値をとる.

6.5 回転軸系の曲げ振動解析

6.5.1 軸の曲げ変形の変位関数

曲げ変形している断面一様な軸要素と座標系を図 6.5 に示す.軸要素は,長さ l,断面積 A,密度 ρ,縦弾性係数 E とする.軸方向を z 軸,y-z 平面内での曲げ変位を v,たわみ角を ϕ とし,軸要素内の曲げ変位を次のように仮定する.

$$v(z) = a_0 + a_1 z + a_2 z^2 + a_3 z^3 \tag{6.40}$$

$z = 0, l$ における境界条件は,図 6.5 を参照すれば,次のように書ける.

$$\left.\begin{array}{l} v(0) = v_L, \quad v(l) = v_R \\ \dfrac{dv}{dz}\bigg|_{z=0} = \phi_L, \quad \dfrac{dv}{dz}\bigg|_{z=l} = \phi_R \end{array}\right\} \tag{6.41}$$

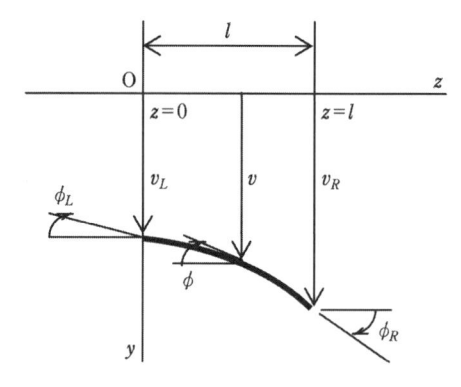

図 6.5 軸要素の曲げ変形

式 (6.40) を式 (6.41) に代入して計算すると,

$$\left.\begin{array}{l} a_0 = v_L, \quad a_1 = \phi_L \\ a_2 = \dfrac{3}{l^2}(v_R - v_L) - \dfrac{1}{l}(2\phi_L + \phi_R) \\ a_3 = -\dfrac{2}{l^3}(v_R - v_L) + \dfrac{1}{l^2}(\phi_L + \phi_R) \end{array}\right\} \tag{6.42}$$

上式を式 (6.40) に代入して整理すると,次式が得られる.

$$v(z) = \left[1 - \dfrac{3z^2}{l^2} + \dfrac{2z^3}{l^3} \quad z - \dfrac{2z^2}{l} + \dfrac{z^3}{l^2} \quad \dfrac{3z^2}{l^2} - \dfrac{2z^3}{l^3} \quad -\dfrac{z^2}{l} + \dfrac{z^3}{l^2}\right] \begin{Bmatrix} v_L \\ \phi_L \\ v_R \\ \phi_R \end{Bmatrix} = [N]\{\delta\}_e \tag{6.43}$$

上式において,$\{\delta\}_e = \{v_L \ \phi_L \ v_R \ \phi_R\}^T$ であり,$[N]$ に相当するマトリクス部分が,軸要素の曲げ変形の場合の変位関数になる.

6.5.2 変位とひずみ，変位と応力との関係

式 (6.43) を式 (6.4) に代入して計算すると，曲げの変位とひずみの関係は次のようになる．

$$\varepsilon = y\frac{\mathrm{d}^2 v}{\mathrm{d}z^2} = y\left[\frac{12z}{l^3} - \frac{6}{l^2} \quad \frac{6z}{l^2} - \frac{4}{l} \quad -\frac{12z}{l^3} + \frac{6}{l^2} \quad \frac{6z}{l^2} - \frac{2}{l}\right]\begin{Bmatrix} v_L \\ \phi_L \\ v_R \\ \phi_R \end{Bmatrix} = y[B_0]\{\delta\}_e = [B]\{\delta\}_e \tag{6.44}$$

ここで，$[B] = y[B_0]$ で，$[B_0]$ は上式の対応部分である．

同様にして，変位と応力の関係は次のように求まる．

$$\{\sigma\} = E\varepsilon = [D]y[B_0]\{\delta\}_e = [D][B]\{\delta\}_e \tag{6.45}$$

ここで，$[D]$ は単位マトリクスに E を乗じたものである．

6.5.3 軸要素の質量マトリクスとばねマトリクス[3]

式 (6.43) c の $[N]$ を式 (6.8) に代入すれば，$\mathrm{d}V = \rho A\,\mathrm{d}z$ として，軸要素の質量マトリクスは次のように計算される．

$$[M]_e = \int_e [N]^T[N]\,\mathrm{d}V$$

$$= \int_0^l \rho A \begin{bmatrix} 1 - \frac{3z^2}{l^2} + \frac{2z^3}{l^3} \\ z - \frac{2z^2}{l} + \frac{z^3}{l^2} \\ \frac{3z^2}{l^2} - \frac{2z^3}{l^3} \\ -\frac{z^2}{l} + \frac{z^3}{l^2} \end{bmatrix} \begin{bmatrix} 1 - \frac{3z^2}{l^2} + \frac{2z^3}{l^3} & z - \frac{2z^2}{l} + \frac{z^3}{l^2} & \frac{3z^2}{l^2} - \frac{2z^3}{l^3} & -\frac{z^2}{l} + \frac{z^3}{l^2} \end{bmatrix}\mathrm{d}z$$

$$= \rho A l \begin{bmatrix} 13/35 & & & \text{Sym.} \\ 11l/210 & l^2/105 & & \\ 9/70 & 13l/420 & 13/35 & \\ -13l/420 & -l^2/140 & -11l/210 & l^2/105 \end{bmatrix} = [M]_e \tag{6.46}$$

同様にして，式 (6.44) の $[B]$ を式 (6.9) に代入すると軸要素のばねマトリクスは次のようになる．

$$[K]_e = \int_e [B]^T[D][B]\,\mathrm{d}V = \int_e Ey[B_0]^T y[B_0]\,\mathrm{d}V = \int_0^l E\left(\int_A y^2\,\mathrm{d}x\,\mathrm{d}y\right)[B_0]^T[B_0]\,\mathrm{d}z$$

$$= \int_0^l EI_a \begin{bmatrix} \frac{12z}{l^3} - \frac{6}{l^2} \\ \frac{6z}{l^2} - \frac{4}{l} \\ -\frac{12z}{l^3} + \frac{6}{l^2} \\ \frac{6z}{l^2} - \frac{2}{l} \end{bmatrix} \begin{bmatrix} \frac{12z}{l^3} - \frac{6}{l^2} & \frac{6z}{l^2} - \frac{4}{l} & -\frac{12z}{l^3} + \frac{6}{l^2} & \frac{6z}{l^2} - \frac{2}{l} \end{bmatrix}\mathrm{d}z$$

$$= \frac{EI_a}{l}\begin{bmatrix} 12/l^2 & & & \text{Sym.} \\ 6/l & 4 & & \\ -12/l^2 & -6/l & 12/l^2 & \\ 6/l & 2 & -6/l & 4 \end{bmatrix} = [K]_e \tag{6.47}$$

ここで，$\int_A y^2 \mathrm{d}x\mathrm{d}y = I_a$ は軸要素の断面2次モーメントである．

以上，y-z 平面内の曲げ振動に関する軸要素の質量マトリクスとばねマトリクス $[M]_e$, $[K]_e$ (4×4) を導出したが，x-z 平面内の軸の曲げ振動に関しても，同じ要素マトリクスが得られる．

第2章で説明したように，回転軸のふれまわりは，y-z 平面，x-z 平面の曲げ振動の合成として得られるが，2平面での運動方程式が同じ形になる場合（軸の曲げ剛性の異方性やジャイロモーメントの影響がない場合）は，1平面内の運動方程式から回転軸系の固有振動数や固有モードを計算できる．ジャイロモーメントの影響を考慮する場合は，6.5.6項で述べるように2平面の変位を複素変位で表し，ジャイロ項を減衰マトリクス中に加えて扱えばよい．

6.5.4 軸系の質量マトリクス $[M]$ とばねマトリクス $[K]$ の作成

前項で求めた曲げ振動に関する軸要素の質量マトリクスとばねマトリクス $[M]_e$, $[K]_e$ を集めて，まず軸系のマトリクス $[M]=[M_{ij}]$, $[K]=[K_{ij}]$ を作成する．方法は6.3.4項（ねじり振動の場合）で説明したのと同じで，$[M]$ の要素の最初の2個の軸要素 $[M]_{e1}$, $[M]_{e2}$ 分の並びを**表6.3**に示す．ここで，軸系の変位ベクトルは $\{x\} = \{v_1 \ \phi_1 \ v_2 \ \phi_2 \ \cdots \ v_n \ \phi_n\}^T$ で表される．

$[K]$ の要素の並びも表6.3と同じで，表中の M を K に置き換えればよい．なお，ねじり振動の場合と同様，上記の $[K]$ はそのままの形で軸の両端自由の境界条件を満足している．

表6.3 軸系の質量マトリクス $[M]$ の作成（曲げ振動）

M_{11e1}	M_{12e1}	M_{13e1}	M_{14e1}	0	0	0
M_{21e1}	M_{22e1}	M_{23e1}	M_{24e1}	0	0	0
M_{31e1}	M_{32e1}	$M_{33e1}+M_{11e2}$	$M_{34e1}+M_{12e2}$	M_{13e2}	M_{14e2}	0
M_{41e1}	M_{42e1}	$M_{43e1}+M_{21e2}$	$M_{44e1}+M_{22e2}$	M_{23e2}	M_{24e2}	0
0	0	M_{31e2}	M_{32e2}	$M_{33e2}+M_{11e3}$	$M_{34e2}+M_{12e3}$	M_{13e3}
0	0	M_{41e2}	M_{42e2}	$M_{43e2}+M_{21e3}$	$M_{44e2}+M_{22e3}$	M_{23e3}
0	0	0	0	M_{31e3}	M_{32e3}	$M_{33e3}+M_{11e4}$
0	0	0	0	M_{41e3}	M_{42e3}	$M_{43e3}+M_{21e4}$

6.5.5 軸受要素や減衰要素の取扱い

軸系の q 番目の節点に軸受要素や減衰要素（静止側に固定点をもつ直線ばねやダッシュポット）が接続されている場合，そのばね定数や粘性減衰係数を先の軸系のばねマトリク $[K]$ または新たにつくる減衰マトリクス $[C]=[C_{ij}]$ の $K_{2q-1,2q-1}$ または $C_{2q-1,2q-1}$ の要素に加えればよい．また，回転ばねや角速度に対する減衰要素が節点 q に付加されているときは，そのばね定数や減衰係数を対応する $[K]$, $[C]$ の $K_{2q,2q}$ または $C_{2q,2q}$ の要素に加えればよい．

6.5.6 円板要素の取扱い

軸系の q 番目の節点に質量 m，直径まわりの慣性モーメント I_d，極慣性モーメント I_p をもつ円板（集中質量部分）が取りつけられている場合，円板のジャイロモーメントを無視してよいときは，表6.3の質量マトリクス $[M]$ の $M_{2q-1,2q-1}$ および $M_{2q,2q}$ の要素に m と I_d をそれぞれ加えればよい．

上記円板のジャイロモーメント（$I_p\omega$ 項，ω：軸の回転角速度）を考慮するときは，**図6.6**に示すように y-z 平面（変位 v_q, ϕ_q）だけでなく x-z 平面（変位 u_q, ψ_q）の運動も一緒に取り扱う必要がある．この場合，円板の並進運動および傾き運動の運動方程式の主要部分（加速度，速度，角加速度，角速度に関する部分）は，次のように表せる．

x-z 面内 $\begin{bmatrix} m & 0 \\ 0 & I_d \end{bmatrix} \begin{Bmatrix} \ddot{u}_q \\ \ddot{\psi}_q \end{Bmatrix} + \begin{bmatrix} 0 & 0 \\ 0 & I_p\omega \end{bmatrix} \begin{Bmatrix} \dot{v}_q \\ \dot{\phi}_q \end{Bmatrix}$ (6.48)

y-z 面内 $\begin{bmatrix} m & 0 \\ 0 & I_d \end{bmatrix} \begin{Bmatrix} \ddot{v}_q \\ \ddot{\phi}_q \end{Bmatrix} + \begin{bmatrix} 0 & 0 \\ 0 & -I_p\omega \end{bmatrix} \begin{Bmatrix} \dot{u}_q \\ \dot{\psi}_q \end{Bmatrix}$ (6.49)

ここで，式 (6.49) を j 倍（j：虚数単位）して式 (6.48) に加えた式を新たな複素変数

$$\begin{Bmatrix} w_q \\ \theta_q \end{Bmatrix} = \begin{Bmatrix} u_q \\ \psi_q \end{Bmatrix} + j \begin{Bmatrix} v_q \\ \phi_q \end{Bmatrix} \quad (6.50)$$

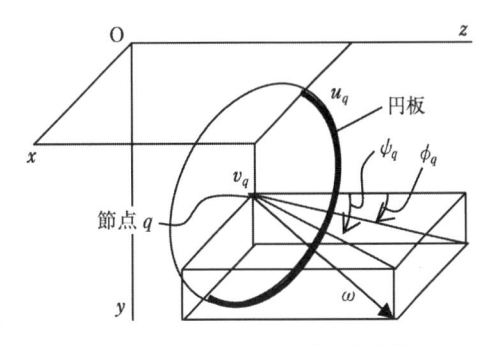

図 6.6 円板要素の変位・角変位

を導入して書き改めると，次式が得られる．

$$\begin{bmatrix} m & 0 \\ 0 & I_d \end{bmatrix} \begin{Bmatrix} \ddot{w}_q \\ \ddot{\theta}_q \end{Bmatrix} + \begin{bmatrix} 0 & 0 \\ 0 & -jI_p\omega \end{bmatrix} \begin{Bmatrix} \dot{w}_q \\ \dot{\theta}_q \end{Bmatrix} \quad (6.51)$$

したがって，円板のジャイロモーメントを考慮する場合には，複素変位〔式 (6.50)〕を用いた運動方程式で，その変位ベクトルを $\{x\} = \{w_1\ \theta_1\ w_2\ \theta_2\ \cdots\ w_n\ \theta_n\}^T$ とし，質量マトリクスは表 6.3 の $[M]$ の $M_{2q-1,2q-1}$ および $M_{2q,2q}$ の要素にそれぞれ m と I_d 加えるほか，減衰マトリクス $[C]$ の $C_{2q,2q}$ の要素に $-jI_p\omega$ を加えればよい．ばねマトリクスはそのままでよい．この場合の固有値解析は，軸の回転角速度 ω を与えて行う．

6.5.7 離散化したロータ・軸受系の曲げ振動の運動方程式

実際のロータ・軸受系をこれまで述べた方法で n 個の節点をもつ系に分割し，6.5.3～6.5.6 項に述べた方法で各要素のマトリクスを求めたのち，系全体の質量・減衰・ばねマトリクス $[M]$，$[C]$，$[K]$ を作成すれば，系全体の複素変位のベクトルを $\{x\} = \{w_1, \theta_1, w_2, \theta_2, \cdots, w_n, \theta_n\}^T$ として，自由振動の運動方程式は次のように書ける．なお，ジャイロモーメントは減衰マトリクスに含める．

$$[M]\{\ddot{x}\} + [C]\{\dot{x}\} + [K]\{x\} = 0 \quad (6.52)$$

式 (6.52) の複素固有値を求める方法については，6.4.2 項で説明した．

6.6 例 題

[A] 図 6.7 に示す長さ $l = 1$m，直径 $d = 18$mm の鋼製の回転軸が，その両端をばね定数 k のばねで支持されている．k の値を $0, 10^4, 10^5, 10^6, 5 \times 10^6, 10^7, \infty$ [N/m] と変えて，この系の固有振動数と固有モードを求めよ．

表 6.4 ばね支持された長さ 1m，直径 18 mm の鋼製回転軸の固有振動数

ばね定数	固有振動数 [Hz]			
k [N/m]	1 次	2 次	3 次	4 次
∞	36.17	144.7	325.7	579.7
10^7	36.09	143.5	319.5	559.4
5×10^6	36.02	142.3	313.2	538.2
10^6	35.43	132.9	266.0	406.5
10^5	30.04	77.91	132.9	249.6
10^4	14.8	27.25	88.10	228.3
0	0	0	82.06	226.1

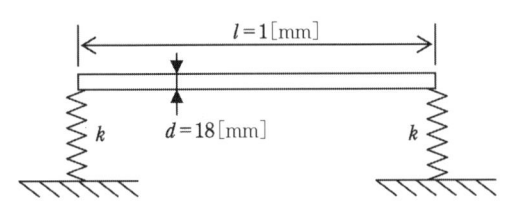

図 6.7 両端をばね支持された一様断面の軸

付録に示すロータ・軸受系の曲げ振動固有値解析プログラムによる計算の結果を**表6.4**(固有振動数)および**図6.8**(固有モード：$k=10^7\mathrm{N/m}$)に示す．軸は10分割されている．表6.4で$k=0$，$k=\infty$は，それぞれ両端自由および両端支持の場合に対応しており，両端支持の場合，表6.4の結果は，i次の固有振動数の厳密解 $f_i = (p_i/2\pi) = (1/2\pi)\sqrt{EI_a/\rho A}\,(i\pi/l)^2 = 2.03\,d\,(i/l)^2$ [Hz] と1%程度の誤差がある．また，表6.4の結果は5章で示した厳密解を数値計算した結果(表5.1)とよくあっている．なお，鋼の密度とヤング率は $\rho = 7.86\times10^3\,\mathrm{kg/m^3}$，$E = 205.8\times10^9\,\mathrm{Pa}$

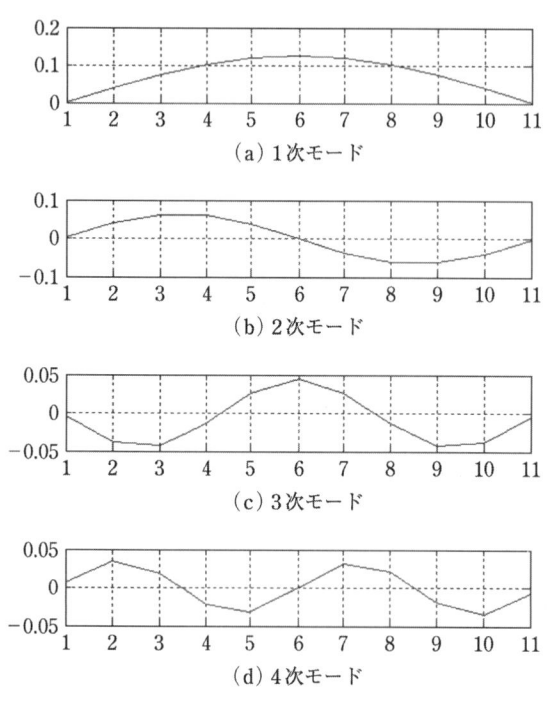

図6.8 固有モード(1次～4次) ($l=1\mathrm{m}$, $d=18\mathrm{mm}$, $k=10^7\mathrm{N/m}$)

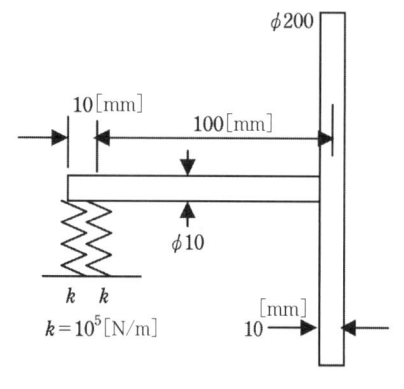

図6.9 オーバーハングロータ

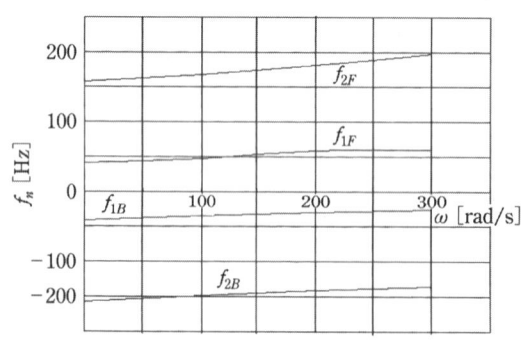

表6.5 オーバーハングロータの固有振動数 [Hz]

	$\omega=0$	100	200	300 [rad/s]
1次前向き	+41	+47	+58	+60
1次後向き	−41	−35	−30	−26
2次前向き	+157	+167	+181	+197
2次後向き	−157	−148	−141	−136
3次前向き	+4131	+4131	+4131	+4131
3次後向き	−4131	−4131	−4131	−4131

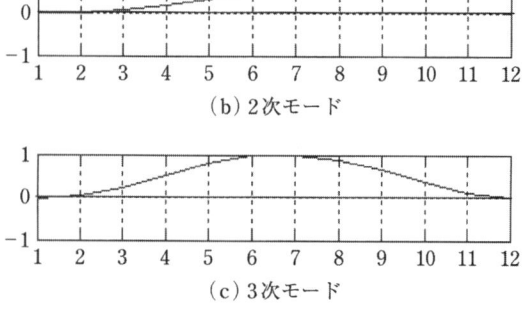

図6.10 オーバーハングロータの回転角速度に対する固有振動数の変化

図6.11 オーバーハングロータの前向き1次～3次の固有モード ($\omega=300\mathrm{rad/s}$)

とした．また，$I_a = \pi d^4/64$, $A = \pi d^2/4$ である．

[B] 図6.9に示す鋼製のオーバーハングロータの固有振動数を求めよ．ジャイロモーメントの影響を考慮するものとし，ロータの回転角速度ωを0, 100, 200, 300 rad/sとせよ．$\omega = 300$ rad/sのときの固有モードを図示せよ．

鋼の密度とヤング率を$\rho = 7.86 \times 10^3 \mathrm{kg/m^3}$, $E = 205.8 \times 10^9 \mathrm{Pa}$とし，軸全体を11分割（総節点数12）して計算した結果を**表6.5**および**図6.10**, **図6.11**に示す．表6.5および図6.10より，ジャイロモーメントの影響により，1, 2次の前向きの固有振動数はωに対して増加し，後向きのそれらの絶対値は減少していることがわかる．なお，3次以上では前向き・後向きの固有振動数の絶対値は同じでωに対して変化しない．これは，3次以上のモードでは軸の曲げ変形はあるが軸の先端変位はほぼゼロで軸の傾きも小さく（円板がほとんど傾かず），ジャイロモーメントの影響が小さいためと思われる．なお，後向きの固有モード（1-3次）の形は図示していないが，図6.11に示した前向きの固有モードの形とほぼ同じである．

6.7　ロータ・軸受系の不釣合い振動解析[3]

ロータの節点qのx-z平面，y-z平面内の変位u_q, v_qおよび角変位ϕ_q, ϕ_qを式(6.53)のように複素変位（jは虚数単位）で表し，系全体の複素変位ベクトルを式(6.54)で表せば，

$$w_q = u_q + jv_q, \quad \theta_q = \phi_q + j\phi_q \quad (q = 1, 2, \cdots n) \tag{6.53}$$

$$\{X\} = \{w_1 \ \theta_1 \ w_2 \ \theta_2 \cdots w_n \ \theta_n\}^T \tag{6.54}$$

粘性減衰力の作用を受けるn自由度系の不釣合い振動の運動方程式は，次のように書ける．

$$[M]\{\ddot{X}\} + [C]\{\dot{X}\} + [K]\{X\} = \{F\}_0 \exp(j\omega t) \tag{6.55}$$

ここで，$[M], [C], [K]$は式(6.52)に示したロータ・軸受系の質量・減衰・ばねマトリクスで，$\{F\}_0$はロータの不釣合い力の分布を示し，次式で表される．

$$\{F\}_0 = \{m_1\varepsilon_1\omega^2 \exp(j\beta_1) \ 0 \ m_2\varepsilon_2\omega^2 \exp(j\beta_2) \ 0 \ \cdots \ m_n\varepsilon_n\omega^2 \exp(j\beta_n) \ 0\}^T \tag{6.56}$$

上式中，$m_q, \varepsilon_q, \beta_q$は，節点$q$にある円板の質量，偏重心の大きさ，基準角位置から測った偏重心の角位置をそれぞれ表す．ωはロータの回転角速度で，不釣合い力$m_q\varepsilon_q\omega^2$は，実際には円板要素がある節点にのみ働く．

式(6.55)の強制振動解を

$$\{X\} = \{X\}_u \exp(j\omega t) \tag{6.57}$$

として式(6.55)に代入すれば，次式が得られる．

$$\{-\omega^2[M] + j\omega[C] + [K]\}\{X\}_u = \{F\}_0$$

よって，

$$\{X\}_u = \frac{1}{-\omega^2[M] + j\omega[C] + [K]}\{F\}_0 \tag{6.58}$$

$\{X\}_u$の節点qの複素変位w_qの振幅をX_{uq}とすれば，節点qの不釣合い振動の振幅r_{uq}および基準角位置からの振動の位相遅れ角γ_qは次のように表せる．

$$w_q = X_{uq}\exp(j\omega t) = \{\mathcal{R}(X_{uq}) + j\mathcal{I}(X_{uq})\}\exp(j\omega t) = r_{uq}\exp\{j(\omega t - \gamma_q)\} \tag{6.59}$$

$$r_{uq} = \sqrt{\{\mathcal{R}(X_{uq})\}^2 + \{\mathcal{I}(X_{uq})\}^2} \tag{6.60}$$

$$\tan\gamma_q = -\frac{\mathcal{I}(X_{uq})}{\mathcal{R}(X_{uq})} \tag{6.61}$$

ここで，$\mathcal{R}(Z), \mathcal{I}(Z)$はそれぞれ$Z$の実部，虚部を表す．

第6章 有限要素法を用いたロータ・軸受系の振動解析

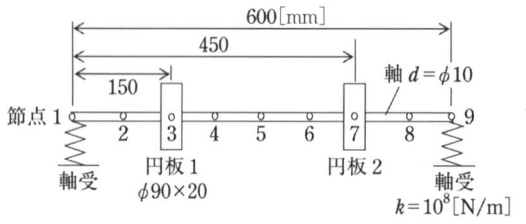

図6.12 2円板弾性ロータモデル

式 (6.58), (6.60), (6.61) などの複素計算は, 現在, 市販の計算ソフトで簡単に行えるようになっている.

[例題] 図6.12に示す2円板弾性ロータの

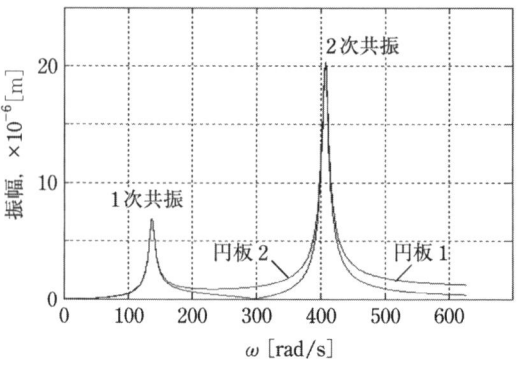

図6.13 2円板弾性ロータの不釣合い応答(円板1に 10^{-6} [kg·m] の不釣合い)

不釣合い振動応答を求めよ. 回転軸は鋼製で直径10mm, スパン(軸受間距離)600mm, 両端をばね定数 $k=10^8$N/m のばねで支持されていて, 両軸受から150mmの位置に2個の円板(鋼製, 直径90mm, 厚さ20mm, 質量1kg)をもっている. 円板の軸中心の速度に比例する粘性減衰力(減衰係数10N·s/m)が各円板軸中心に作用し, 円板1に不釣合い 10^{-6}kg·m が角位置0度にあるとする. ジャイロモーメントの影響を無視して, 円板1, 2の不釣合い応答を調べよ.

有限要素法を用いたロータ・軸受系の固有値解析プログラムに, 本節で説明した不釣合い振動計算プログラムを付加し, 図6.12の系を軸方向に8分割したデータを用いて計算を行った. 図6.13に不釣合い応答の振幅特性(共振曲線), 図6.14に不釣合い応答の極座標表示(ポーラ線図と呼ぶ, 表示方法については2.5節の図2.6参照), 図6.15に2次危険速度付近でのロータのふれまわり形状(曲げ変形形状)を示す. 固有値解析から, 1次, 2次の固有角振動数は137.7, 408.1rad/s, モード減衰比は0.031, 0.011が得られた. これらの値は図6.13の結果とよく合っている.

図6.14のポーラ線図から, 不釣合いをもつ円板1の位相遅れ角は0°から $-180°$ の間を2回変化するのに対して, 不釣合いをもたない円板2のそれは0°から $-360°$ 変化していることがわかる. このことは, 振動測定結果のポーラ線図から, 不釣合いがどの円板にあるか推定する際に役立

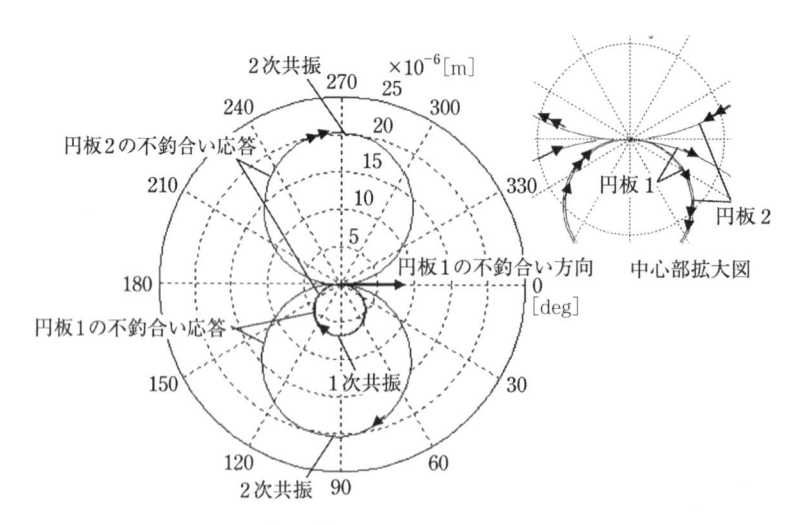

図6.14 2円板弾性ロータの不釣合い応答ポーラ線図

つ．また，図 6.15 から，軸の各節点は円軌跡を描いてふれまわり，図中の折れ線を y-z 平面で見ると 2 次の固有モードの形をしていることがわかる．この折れ線は，ふれまわり中のある瞬間における各節点の変位（軸中心）を結んだものである．

以上，有限要素法により実機ロータを多自由度系に離散化して質量マトリクス，ばねマトリクスを求め，全体系の運動方程式を作成

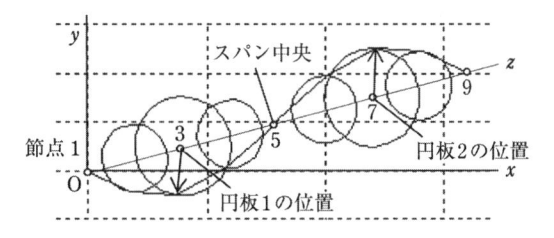

図 6.15 2 次危険速度付近における 2 円板弾性ロータの変形形状

したのち，その固有値解析，不釣合い振動を解析する方法について説明した．現在では，多くの回転機械において，こうした振動解析が開発・設計段階で行われるようになっている．

参考文献

1) 谷口 修ほか編：振動工学ハンドブック「6.3 有限要素法」, 養賢堂 (1976) pp.239-244.
2) 長松昭男ほか編：ダイナミクスハンドブック「3.4 有限要素法」, 朝倉書店 (1993) pp.121-123.
3) M. L. Adams, Jr.：Rotating Machinery Vibration 2.3 Formulations for RDA Software, Marcel Dekker, Inc. (2001) pp.46-61.
4) 山本敏男・石田幸男：回転機械の力学「10. 有限要素法」, コロナ社 (2001) pp.258-289.
5) 日本機械学会編：機械工学便覧 基礎編 機械力学「22.3 有限要素法, 22.4 モード解析」, 日本機械学会 (2004) pp.212-215.
6) 田中敏幸：数値計算法基礎, コロナ社 (2006).

第7章 すべり軸受で支持した ロータの振動特性

薄い潤滑膜を介してロータを支持するすべり軸受では，潤滑膜のもつばね作用や減衰作用がロータの振動に極めて大きな影響を及ぼす．ここでは，蒸気タービン，発電機，圧縮機などの大型回転機械に用いられる油潤滑された動圧ジャーナル軸受について，その基本構造，油膜圧力分布や油膜の動特性（弾性係数や減衰係数）の導出法，ロータ・軸受系の危険速度や不安定振動（オイルホイップ）などについて説明する．

7.1 すべり軸受の種類と構造

7.1.1 すべり軸受の種類

すべり軸受は，軸の回転などにより軸と軸受間のわずかなすきまに形成される流体の膜（潤滑膜）に圧力を発生させ，ロータを支持する．すべり軸受は，ロータの支持方向，潤滑膜における圧力の発生機構，潤滑流体の種類により，次のように分類される．

ロータの支持方向については，ロータを軸方向に支持するものをスラスト軸受，半径方向に支持するものをジャーナル軸受と呼ぶ．なお，ジャーナルとは，軸受内で回転する軸の部分の名称である．軸方向，半径方向の両方向にロータを支持できる球面軸受などもある．

潤滑膜における圧力の発生機構については，ポンプにより潤滑流体を外部から軸受すき間内へ強制的に注入することで潤滑膜に圧力を発生させる静圧軸受と，軸の回転により軸受すき間内に潤滑流体が流入することで圧力を発生させる動圧軸受に分類される．

潤滑流体としては，液体を用いるものと，気体を用いるものがあり，特に，油を用いるものを油軸受，空気を用いるものを空気軸受と呼ぶ．油は非圧縮性流体，空気は圧縮性流体として取り扱われ，圧縮性の有無により軸受の動特性が異なることが知られている．

7.1.2 ジャーナル軸受の種類と真円ジャーナル軸受の基本構造

産業用のタービンやコンプレッサでは，油潤滑された動圧ジャーナル軸受が広く用いられている．この軸受の断面形状は，図7.1(a)に示すように真円の場合が多いが，真円以外のものも使用されている．例えば，図(b)は真円軸受の下半分のみを軸受面にした部分円弧軸受で，真円軸受に比べて摩擦損失を抑えることができる．図(c)は軸受断面が上下二つの円弧からなる二円弧軸受，図(d)は三つの円弧からなる三円弧軸受で，ともにロータの不安定振動を抑制する目的で使用される．図(e)は軸受とジャーナルの間に薄肉円筒（ブッシュ）を挿入した浮動ブッシュ軸受で，小型の高速回転機械に用いられる．図(f)は支点を中心に傾斜可能な複数のパッドをもつティルティングパッド軸受で，ロータの不安定振動を抑制する効果が非常に高く，高速の回転機械で多用されている．

真円ジャーナル軸受の基本構造を図7.2に示す．同軸受は，ジャーナルの外径よりもわずかに大きな内径をもつ円筒形状をしており，外部より潤滑油を供給する穴や溝が加工されている．なお，図では軸受とジャーナルの間の軸受すきまを強調して大きく描いている．

(a) 真円軸受　(b) 部分円弧軸受　(c) 二円弧軸受
(d) 三円弧軸受　(e) 浮動ブッシュ軸受　(f) ティルティングパッド軸受

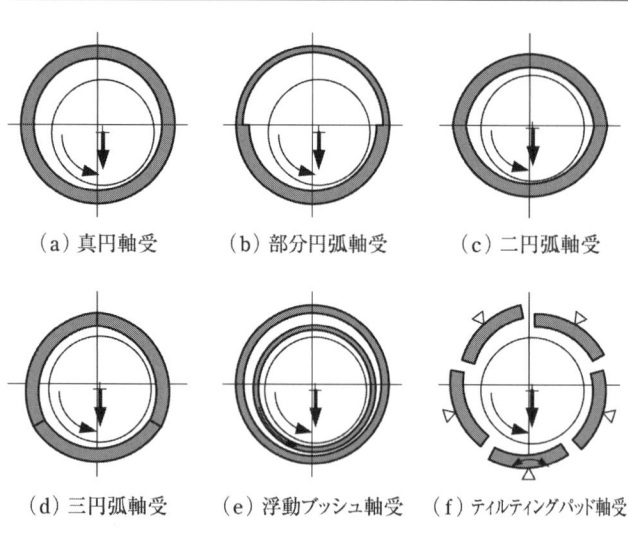

図7.1 動圧ジャーナル軸受の種類

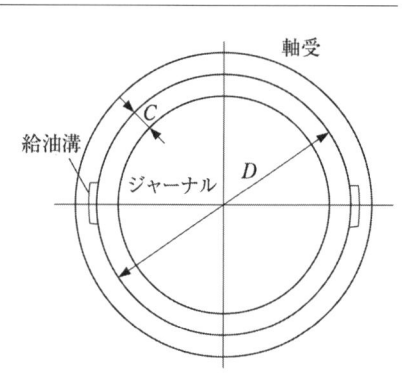

図7.2 真円ジャーナル軸受

同軸受の主要なパラメータは，軸受直径 D（$=2R$，R は軸受内半径），軸受幅 L と軸受すきま C（軸受内半径とジャーナル外半径との差）である．D に対する L の比 L/D を軸受幅径比と呼び，通常この値は 0.5～1 の範囲で設計される．また，R に対する C の比 C/R をすきま比 ψ と呼び，1/1000 程度の値に設定される．

図7.3 に，荷重 W，角速度 ω で軸が回転している場合のジャーナルと軸受との位置関係を示す．回転中，ジャーナル中心 O_j は，軸受中心 O からわずかに偏心している．$\overline{OO_j}$ を偏心量 ε_j，$\overline{OO_j}$ と荷重方向とのなす角 ϕ を偏心角と呼ぶ．また，$\kappa = \varepsilon_j / C$ で表される量 κ を偏心率という．

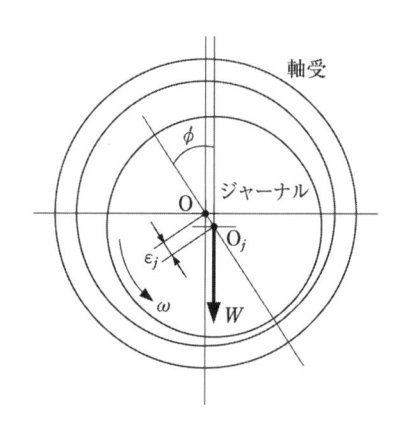

図7.3 偏心量と偏心角

7.2 油膜の弾性係数と減衰係数

すべり軸受で支持したロータの振動解析では，軸受すきま内に形成される油膜の影響を考慮した解析が必要で，油膜は通常 ばねとダッシュポットの特性をもつとしてモデル化する．油膜の弾性係数や減衰係数は，油膜で発生する油膜圧力・油膜反力より求められる．ここでは，これらの算出方法およびその特徴について説明する．

7.2.1 レイノルズ方程式

軸受すきまに潤滑油を満たした状態で軸を回転させると，油膜に圧力が発生する．この圧力は，連続の式およびナビエ-ストークス方程式を連立させて解けば得られるが，一般的には，いくつかの仮定を用いて，これらの式より導出されるレイノルズ方程式を解いて求める．使用される仮定を以下に示す．

- 流体の流れは層流である．
- 流体に作用する慣性力は粘性力に比べて無視できる．
- 流体は非圧縮性である．
- 流体はニュートン流体であり，粘性係数は一定である．

- 流体の圧力は油膜の厚さ方向には一定である．
- 流速のすべり方向の変化率は油膜の厚さ方向の変化率に比べて無視できる．
- 固体表面において流体のすべりは生じない．

油潤滑された動圧ジャーナル軸受では，これらの仮定すべてが満足される場合が多い．ただし，軸が非常に高速で回転する場合などでは，流れが乱流になることや粘性係数の変化などを考慮しなくてはならない．

図 7.4 に示すように，二つの固体表面間のすきま h が粘性係数 μ の潤滑油で満たされていて，一方の面が速度 U で移動している場合を考える．面の移動方向に x 軸，すきまの厚さ方向（x 軸と直角方向）に y 軸，両軸に直交する方向に z 軸を定義すると，非圧縮，等粘度のレイノルズ方程式は，次式で表される．

$$\frac{\partial}{\partial x}\left(h^3 \frac{\partial p}{\partial x}\right) + \frac{\partial}{\partial z}\left(h^3 \frac{\partial p}{\partial z}\right) = 6\mu U \frac{\partial h}{\partial x} + 12\mu \frac{\partial h}{\partial t} \quad (7.1)$$

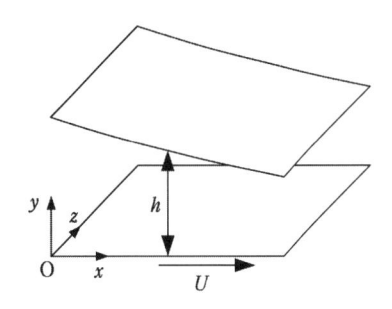

ここで，p は油膜の圧力である．式 (7.1) の右辺の二つの項は 2 種類の圧力発生機構があることを示しており，右辺第 1 項によるものをくさび効果，右辺第 2 項によるものをスクイーズ効果と呼ぶ．これらの圧力発生機構の概念図を図 7.5 に示す．

図 7.4 直交座標系

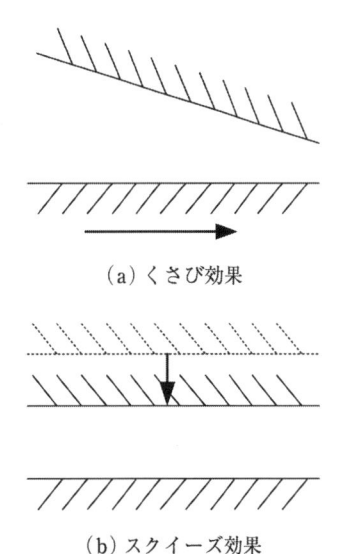

くさび効果とは，図 7.5 (a) のように面の移動によりくさび状に狭くなるすきまに潤滑油を押し込むことによって油膜に圧力が発生する機構をいう．ジャーナル軸受では，ジャーナル中心が軸受中心から偏心するとジャーナルの回転方向へ向かって油膜厚さが減少する部分が生じ（図 7.3 参照），そこでくさび効果により油膜圧力が発生する．

一方，スクイーズ効果とは，短時間に油膜厚さが減少する際，すきま内の潤滑油が粘性のため即座に外に漏れ出せないことで油膜に圧力が発生する機構をいう．スクイーズ効果は油膜厚さが時間的に変動する場合に重要であり，油膜の減衰係数に大きな影響を及ぼす．

式 (7.1) のレイノルズ方程式からジャーナル軸受の軸受すきま内の油膜の圧力分布を求める場合，図 7.6 のように軸受すきまを展開して考える．軸受すきまが最大となる角位置を周方向座標 θ の原点とし，θ を用いて展開後の x 軸方向の位置を表すと次式と

(a) くさび効果

(b) スクイーズ効果

図 7.5 油膜の圧力の発生機構の模式図

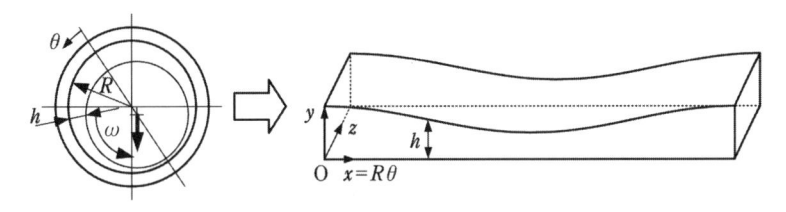

図 7.6 ジャーナル軸受の軸受すきま

なる.
$$x = R\theta \tag{7.2}$$
式 (7.2) を式 (7.1) に代入すると, 次のようなレイノルズ方程式が得られる.
$$\frac{1}{R^2}\frac{\partial}{\partial \theta}\left(h^3 \frac{\partial p}{\partial \theta}\right) + \frac{\partial}{\partial z}\left(h^3 \frac{\partial p}{\partial z}\right) = 6\mu\omega \frac{\partial h}{\partial \theta} + 12\mu \frac{\partial h}{\partial t} \tag{7.3}$$
ここで, $U \approx R\omega$ である. 式 (7.3) 中の油膜厚さ h は, θ および偏心率 κ を用いて近似的に次のように表される.
$$h \approx C(1 + \kappa \cos\theta) \tag{7.4}$$

7.2.2 油膜の圧力分布

式 (7.3) で与えられるレイノルズ方程式の解は, 現在では数値的に求められることが一般的であるが, 計算機の発達以前は式 (7.3) の左辺の第 1 項, 第 2 項のいずれか一方を省略することで, 解析的に油膜の圧力分布が求められてきた. 例えば, 左辺第 2 項を無視する場合には, 軸方向の流れの影響を無視できる軸方向に無限に長い軸受を考えることになる. この近似は, 無限幅軸受近似と呼ばれる. 一方, 左辺第 1 項を省略する場合には, 周 (θ) 方向の流れを無視しているので, 無限に短い軸受を考えればよく (相対的に軸方向の流れが周方向の流れよりも支配的になる), この近似は無限小幅近似と呼ばれる. 無限幅近似は軸受幅径比 L/D が 4 以上, 無限小幅近似は L/D が 1/4 以下で比較的よく実験結果にあうが, 実機で使用される軸受の L/D は 0.5 から 1.0 程度であることから, 両方の項を考慮した解析 (有限幅の解析と呼ばれる) を行う必要がある. しかしながら, これらの近似は圧力分布の定性的な傾向を調べるのに有効であるため, ここでは無限小幅近似を用いて定常状態における圧力分布の導出を行う.

式 (7.3) で, 左辺第 1 項を省略し, あわせて右辺第 2 項のスクイーズ項を無視すれば, h が z の関数でないことを考慮して, 次式が得られる.
$$\frac{\partial^2 p}{\partial z^2} = \frac{6\mu\omega}{h^3}\frac{\partial h}{\partial \theta} \tag{7.5}$$
式 (7.5) の右辺は z に無関係なので, 軸受両端 ($z = 0, L$) で大気圧 ($p = 0$) とする境界条件のもとで, 式全体を z で二度積分すると, 次式が得られる.
$$p = \frac{3\mu\omega}{h^3}\frac{\partial h}{\partial \theta}(z^2 - zL) \tag{7.6}$$
上式に油膜厚さ式 (7.4) を代入すると, 油膜圧力分布が次のように求まる.

$$p = -\frac{3\mu\omega}{C^2}\frac{\kappa \sin\theta}{(1 + \kappa \cos\theta)^3}(z^2 - zL) \tag{7.7}$$

図 7.7 に, 偏心率 κ を変えて式 (7.7) の圧力分布 $p(\theta, z = L/2)$ を計算した結果を示す. p は $0 < \theta < 180°$ で正圧, $180° < \theta < 360°$ で負圧になっていること, 圧力分布の形状は $\theta = 180°$ を中心に点対称であること, また, 圧力の絶対値は κ の増加につれて大きくなっていることがわかる.

図 7.8 に, 油膜の圧力分布を実測した結果を示す. 実測結果は, 180° までは図 7.7 と

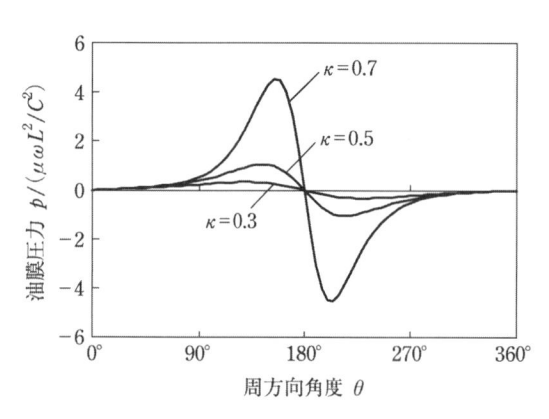

図 7.7 周方向油膜圧力分布 (無限小幅近似, 計算値)

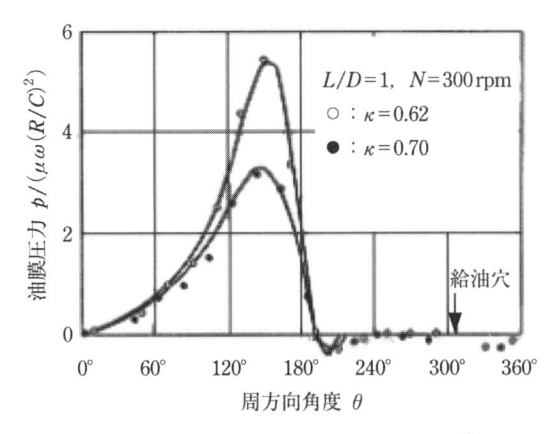

図7.8 周方向油膜圧力分布（実測値）[1]

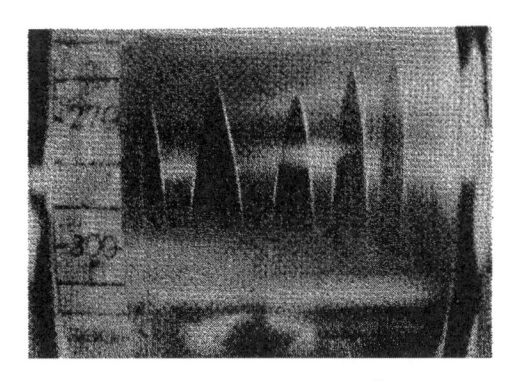

図7.9 油膜破断の様相[1]

ほぼ同様の分布形状を示しているのに対し，180°以降では負圧はほとんど発生せずほぼ大気圧となり，図7.7と異なっている．このような相違が現れるのは，計算結果において負圧が生じた部分には，実際には外部から空気が侵入し油膜圧力がゼロになる，いわゆる"油膜破断"が生じたためと考えられる．

図7.9に，油膜破断の観察結果を示す．両端を転がり軸受で支持した軸にアクリル製の軸受を浮動させて外部から油膜の状態を観察したものである．図では，軸は上から下に回転している．くさび状に見える黒い部分が油膜破断した部分である．

計算で油膜破断を考慮するには，油膜の周（θ）方向に境界条件を付与する必要があり，これにはゾンマーフェルトの条件，ギュンベルの条件，レイノルズの条件などがある．

ゾンマーフェルトの条件は，最大すきま位置（$\theta=0, 2\pi$）で油膜圧力 p が大気圧に等しい（$p=0$）とするものである．負圧領域の発生を許容するものであり，図7.7はこのゾンマーフェルトの境界条件によるものである．

ギュンベルの条件は，ゾンマーフェルトの条件で負圧となる領域（$\pi<\theta<2\pi$）の圧力を強制的に0と置くものである．正圧となる領域（$0<\theta<\pi$）の圧力分布は，ゾンマーフェルトの条件の場合とまったく同じである．取扱いが容易であるが，$\theta=\pi$ では流量の連続性を満足していないことなどの欠点がある．

レイノルズの条件は，ギュンベルの条件で問題となった流量の連続性を満足させるため，周方向の油膜の終端位置を θ^* として，θ^* における圧力とその勾配を0とするもので，次式で与えられる．

$$\theta=\theta^*: p=\frac{\partial p}{\partial \theta}=0 \tag{7.8}$$

以上の三つの境界条件を用いた場合の油膜圧力分布の模式図を**図7.10**に示す．図より，レイノルズの条件を用いて計算した圧力分布（図中の一点鎖線）は，$\theta=\theta^*$ でなだらかに0に漸近していることがわかる．また，正圧の発生領域がゾンマーフェルト，ギュンベルの条件よりも下流側まで拡大する傾向も見られる．しかしながら図7.8

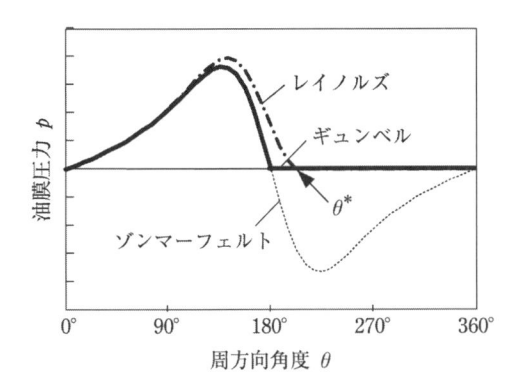

図7.10 周方向の境界条件による圧力分布の変化（真円ジャーナル軸受）

の実測例とは θ^* 近傍で若干の違いが存在する.

7.2.3 油膜反力とゾンマーフェルト数

油膜圧力分布が得られた後は，それをジャーナル表面全体で積分することで，ジャーナルに作用する油膜反力が求められる．油膜反力 f の偏心方向成分 f_κ およびそれと直角方向成分 f_ϕ を図7.11 に示すようにとると，両者はそれぞれ，次式で計算される.

$$f_\kappa = -\int_0^L \int_0^{2\pi} p\cos\theta \cdot R\,d\theta\,dz \tag{7.9}$$

$$f_\phi = \int_0^L \int_0^{2\pi} p\sin\theta \cdot R\,d\theta\,dz \tag{7.10}$$

ジャーナルが振動していない，いわゆるジャーナルの静的平衡状態では，f_κ および f_ϕ の合力 f は荷重 W と釣り合うので，W および偏心角 ϕ は次のように求まる.

$$W = \sqrt{f_\kappa^2 + f_\phi^2} \tag{7.11}$$

$$\tan\phi = \frac{f_\phi}{f_\kappa} \tag{7.12}$$

ギュンベルの条件で得られた圧力分布〔式 (7.7) で $\theta > 180°$ で $p = 0$ としたもの〕を式 (7.9)〜(7.12) に代入し，若干の計算を行い整理すると，以下の式が得られる.

$$f_\kappa = \mu\omega R^2 \left(\frac{R}{C}\right)^2 \left(\frac{L}{D}\right)^3 \frac{8\kappa^2}{(1-\kappa^2)^2} \tag{7.13}$$

$$f_\phi = \mu\omega R^2 \left(\frac{R}{C}\right)^2 \left(\frac{L}{D}\right)^3 \frac{2\pi\kappa}{(1-\kappa^2)^{3/2}} \tag{7.14}$$

$$W = \mu\omega R^2 \left(\frac{R}{C}\right)^2 \left(\frac{L}{D}\right)^3 \frac{2\kappa\sqrt{\pi^2 + (16-\pi^2)\kappa^2}}{(1-\kappa^2)^2} \tag{7.15}$$

$$\tan\phi = \frac{\pi\sqrt{1-\kappa^2}}{4\kappa} \tag{7.16}$$

さらに，式 (7.15) は式 (7.17) で定義される無次元量であるゾンマーフェルト数 S を用いると，式 (7.18) のように変形することができる.

$$S = \frac{\mu N D L}{W}\left(\frac{R}{C}\right)^2 \tag{7.17}$$

$$S\left(\frac{L}{D}\right)^2 = \frac{(1-\kappa^2)^2}{\pi\kappa\sqrt{\pi^2+(16-\pi^2)\kappa^2}} \tag{7.18}$$

ただし，$N(=\omega/2\pi)$ は軸の回転速度 (1/s) である．式 (7.18) を見ると，L/D が与えられた場合，S は偏心率 κ のみの関数になっている．これより S を構成する運転条件 (μ, N, W) や軸受形状 (D, L, R, C) が決まれば，式 (7.18) より κ，式 (7.16) より ϕ が求まることがわかる．さらに S が同じ値であれば，求められる κ, ϕ の値も同じになるため，運転条件や軸受形状の間の関係が容易に推測できる．このため，軸受の運転状態は S を使って示される場合が多い．

図 7.12 は，運転条件を変化させ静的平衡状態にあるジャーナルの中心位置 (静的平衡点) (κ, ϕ) の軌跡

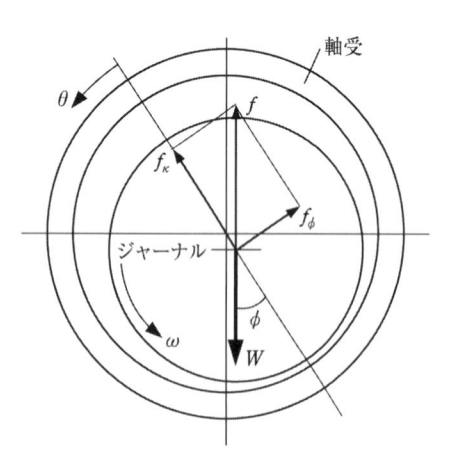

図 7.11 油膜反力の方向

を計算した結果である．同図中の4分の1の円はジャーナル中心が移動可能な範囲，つまり軸受すきまの大きさに対応している．図中の ω はジャーナルの回転方向を示している．図中に示した2本の曲線は，ギュンベルの条件のもとで計算された無限小幅近似の計算結果（実線）およびレイノルズの条件のもとで有限幅での計算結果（数値解析結果，破線）であり，定性的には同じ傾向を示していることがわかる．

S が極めて小さい（N が小さい，W が大きい）場合，ジャーナルは（鉛直下方）に"沈んだ"状態であり，κ はほぼ1，ϕ はほぼ0である．S が増加（N が増加，W が低下）すると，図中の矢印に示すようにジャーナル中心は軸の回転方向に向かって"浮き上がり"，κ は減少，

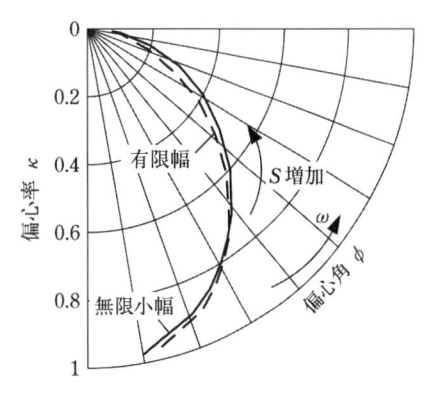

図7.12 静的平衡状態におけるジャーナル中心位置の軌跡（真円ジャーナル軸受）

ϕ は増加し，S が無限大ではジャーナルは軸受と同心状態（$\kappa=0$）になる．このように，真円軸受では運転条件により κ は0～1の範囲を変化することになる．

7.2.4 油膜の弾性係数・減衰係数

前項では，ジャーナル中心が静的平衡点にある場合の油膜反力を求めた．これに対し，ロータの振動解析では，ジャーナル中心が静的平衡点まわりに振動する場合の油膜反力を考える必要がある．この油膜反力は，ジャーナル中心の静的平衡点からの変位およびジャーナル中心の速度の非線形な関数であるため，静的平衡点の近傍においてジャーナル中心の微小振動を仮定し，線形化した油膜反力を使用する．

図7.13に示すように，ある回転速度におけるジャーナルの静的平衡点 O_j を原点として鉛直下向きを ξ 軸，水平方向を η 軸とする座標系を考える．ξ, η 軸方向の油膜反力の成分を f_ξ, f_η とし，各軸の負の方向を正とする．f_ξ, f_η は f_κ, f_ϕ を座標変換して求められる．O_j からのジャーナル中心の変位を ξ, η，ジャーナル中心の速度を $\dot{\xi}, \dot{\eta}$ とすると，線形化された f_ξ, f_η は，形式的に次式のように表される．

$$\left. \begin{array}{l} f_\xi = f_{\xi 0} + k_{\xi\xi}\xi + k_{\xi\eta}\eta + c_{\xi\xi}\dot{\xi} + c_{\xi\eta}\dot{\eta} \\ f_\eta = f_{\eta 0} + k_{\eta\xi}\xi + k_{\eta\eta}\eta + c_{\eta\xi}\dot{\xi} + c_{\eta\eta}\dot{\eta} \end{array} \right\} \quad (7.19)$$

式(7.19)の右辺第1項の $f_{\xi 0}, f_{\eta 0}$ は静的な油膜反力である．第2項目以降は各変数に関して線形化された油膜の弾性力や減衰力であり，ξ, η の係数が弾性係数，$\dot{\xi}, \dot{\eta}$ の係数が減衰係数になる．これらは，次のように定義される．

$$\left. \begin{array}{ll} k_{\xi\xi} = \dfrac{\partial f_\xi}{\partial \xi}, & k_{\xi\eta} = \dfrac{\partial f_\xi}{\partial \eta} \\ k_{\eta\xi} = \dfrac{\partial f_\eta}{\partial \xi}, & k_{\eta\eta} = \dfrac{\partial f_\eta}{\partial \eta} \end{array} \right\} \quad (7.20)$$

$$\left. \begin{array}{ll} c_{\xi\xi} = \dfrac{\partial f_\xi}{\partial \dot{\xi}}, & c_{\xi\eta} = \dfrac{\partial f_\xi}{\partial \dot{\eta}} \\ c_{\eta\xi} = \dfrac{\partial f_\eta}{\partial \dot{\xi}}, & c_{\eta\eta} = \dfrac{\partial f_\eta}{\partial \dot{\eta}} \end{array} \right\} \quad (7.21)$$

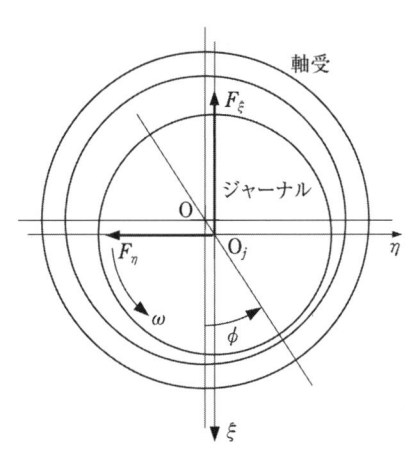

図7.13 軸受座標系

弾性係数，減衰係数の第1の添え字は力の方向，第2の添

え字はジャーナル中心の変位もしくは速度の方向を表す．両者を併せて油膜係数と呼ぶ．また，二つの添え字が同じものを主対角項，異なるものを連成項と呼ぶ．

これらの弾性係数・減衰係数は，一般に次のように無次元化して表示される．

$$K_{ij} = \frac{C}{W}k_{ij}, \quad C_{ij} = \frac{\omega C}{W}c_{ij} \quad (i, j = \xi \text{ or } \eta) \tag{7.22}$$

無次元弾性係数 K_{ij} および無次元減衰係数 C_{ij} は，ともにゾンマーフェルト数 S の関数である．図7.14に，K_{ij} および C_{ij} の S に対する変化を示す．この図から，ジャーナル軸受の油膜の弾性係数，減衰係数は，ほかの軸受に見られない三つの特徴を有していることがわかる．

(1) 弾性係数，減衰係数は運転条件によってその値が大きく変化する．このため，各運転条件における弾性係数，減衰係数の値を知ることが必要となる．

(2) 弾性係数の連成項は，一般に無視できない大きさで，かつ値が異なる．特に S が大きな場合には，$K_{\xi\eta}, K_{\eta\xi}$ は異符号かつ主対角項 $K_{\xi\xi}, K_{\eta\eta}$ に卓越する．これらはロータを不安定化し，後で解説するオイルホイップ，オイルホワールと呼ばれる自励振動を引き起こす原因となる．

(3) 弾性係数および減衰係数の主対角項同士の値が大きく異なる場合がある．S が小さいほど $K_{\xi\xi}$ と $K_{\eta\eta}$ の差が大きくなる．主対角項の値が異なる "異方性" は，自励振動を抑制する効果がある．

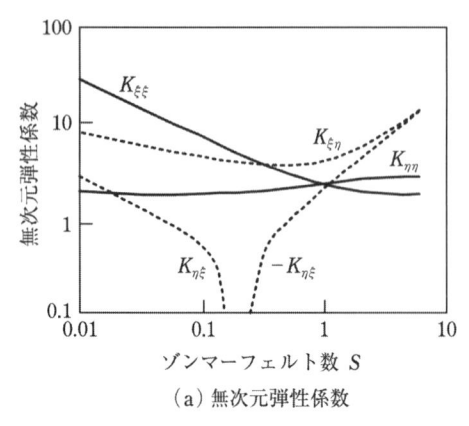

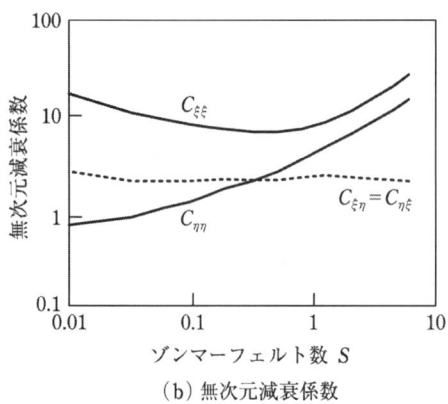

図7.14 油膜係数（二溝付き真円ジャーナル軸受，$L/D = 1.0$）[2]

(a) 無次元弾性係数
(b) 無次元減衰係数

7.3 すべり軸受で支持したロータの危険速度における振動特性

危険速度以上で運転される回転機械では，危険速度時の振動振幅の大きさに加えて共振の鋭さを小さくすることが求められる．共振の鋭さは第2章で述べた Q 値により評価される．

$$Q = \frac{1}{2D} \tag{再掲式 (2.39)}$$

ここで，D は減衰比であり，すべり軸受で支持したロータでは油膜の弾性係数，減衰係数に大きく影響される．

すべり軸受で支持したロータの Q 値は，一般的には複素固有値解析で得られた D より求められる．ただし，図7.15に示すようなごく単純な基本ロータに近似できる場合には，複素固有値解析を行わずに，図7.16に示すバルダチャート（Balda chart）[3]と呼ばれる図を用いて簡易的に求めることもできる．図7.16は，横軸がロータを軸受で支持した場合の危険速度 ω_{cr} とロータを単純支

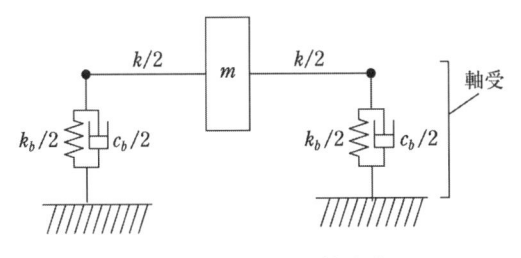

図 7.15 ロータ・軸受系

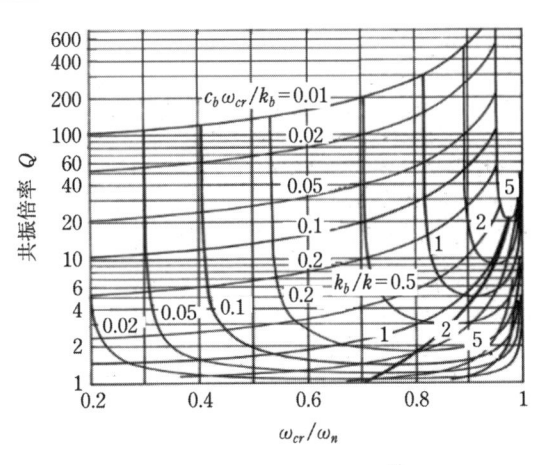

図 7.16 バルダチャート[3]

持した場合の危険速度 $\omega_n(=\sqrt{k/m})$ の比 ω_{cr}/ω_n, 縦軸が Q 値であり, 図中には k_b/k が一定となる曲線群と $c_b\omega_{cr}/k_b$ が一定の場合の曲線群が描かれている. 油膜の弾性係数, 減衰係数の連成項がともに無視できる場合 (例えば, ティルティングパッド軸受), x 方向, y 方向の振動は独立に取り扱うことができるため, k_b および c_b はそれぞれ考える方向の主対角弾性係数, 主対角減衰係数を用いればよい. 対応する k_b/k, $c_b\omega_{cr}/k_b$ の値の線の交点を求め, 交点の縦軸, 横軸の値を読み取ることで Q 値および ω_{cr} が求まる. また, 油膜の弾性係数, 減衰係数の連成項が無視できない一般的なすべり軸受の場合には, 次式[4] に示す等価複素ばねより k_b および c_b を求める.

$$k_b \pm i\omega_{cr}c_b = \frac{1}{2}\{(k_{\xi\xi}+k_{\eta\eta})+i\omega_{cr}(c_{\xi\xi}+c_{\eta\eta})\}$$
$$\pm \frac{1}{2}\sqrt{\{(k_{\xi\xi}+k_{\eta\eta})+i\omega_{cr}(c_{\xi\xi}+c_{\eta\eta})\}^2+4(k_{\xi\eta}+i\omega_{cr}c_{\xi\eta})(k_{\eta\xi}+i\omega_{cr}c_{\eta\xi})}$$
(7.23)

なお, k_b, c_b を計算に用いる弾性係数, 減衰係数は回転速度が ω_{cr} での値を使用すべきであるが, ω_{cr} は読み取る値であるため, 事前に ω_{cr} を知ることができない. このため, ω_{cr} を軸の両端を単純支持した場合の危険速度 ω_n に等しいと仮定し, ω_n おける弾性係数, 減衰係数より ω_{cr} を求め, ω_n が ω_{cr} と大きく異なるようであれば, 得られた ω_{cr} における弾性係数, 減衰係数を用いて再度計算する方法などが用いられる.

バルダチャートを見ると, 同じ $c_b\omega_{cr}/k_b$ であれば k_b/k が小さい, つまり油膜のばねが柔らかいほど Q 値が小さくなることがわかる. これは, 柔らかいばねで軸を支持することで, 軸受内部での運動を増加させて軸受油膜の減衰作用を引き出すことが Q 値低下に有効であることを示している.

7.4 オイルホイップ

すべり軸受で支持したロータは, 高速で回転させると軸受油膜に起因した自励振動が発生する. この自励振動をオイルホイップと呼ぶ. 以下では, オイルホイップの特徴, 安定限界速度の求め方, 防止法などについて説明する.

7.4.1 オイルホイップの特徴

すべり軸受で支持したロータの振幅特性が, 回転速度によってどのように変化するかを図 7.17 (a)～(c) に模式的に示す.

図 (a) の場合，回転速度を増加させると，曲げ一次の危険速度 ω_{cr} 付近で不釣合いによる共振が生じ，その後，危険速度の約 2 倍 ($2\omega_{cr}$) の回転速度で振幅が急増する．この振動は，回転速度を増加させても大きな振幅を持続し，オイルホイップと呼ばれる．オイルホイップは，油膜に起因する自励振動であり，次のような特徴を持つ．

（1）曲げ一次の危険速度の約 2 倍の回転速度で発生し，いったん発生すると回転速度を増加させても持続する．
（2）振幅が大きく，軸受や軸の破損を引き起こすことがある．
（3）振動数は，曲げ一次の固有振動数に一致する．
（4）旋回方向は，回転方向に一致する．
（5）ゾンマーフェルト数が大きな場合に発生する．

図 (b) の場合，オイルホイップは，増速時には $2\omega_{cr}$ よりも高い回転速度で発生するが，減速時には点線のように $2\omega_{cr}$ まで消滅しない．この現象をオイルホイップのイナーシャ効果と呼ぶ．

図 (c) の場合，増速時，$\omega_{cr} < \omega < 2\omega_{cr}$ の回転速度範囲で，振幅が小さく振動数が $\omega/2$ の振動が発生し，その後，オイルホイップが発生する．この小さい振幅の振動を大振幅のオイルホイップと区別して，オイルホワールと呼ぶ．

7.4.2 安定限界速度

オイルホイップは，いったん発生すると回転速度を増加させても振動は小さくならないため，実機のロータは，この振動が発生する下限の回転速度（安定限界速度 ω_c）以下で運転することが求められる．以下に，すべり軸受で支持したロータの安定限界速度を求める方法を説明する．

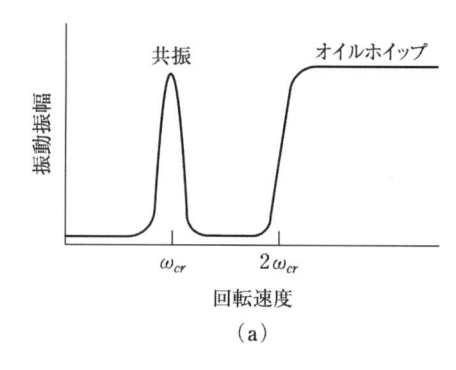

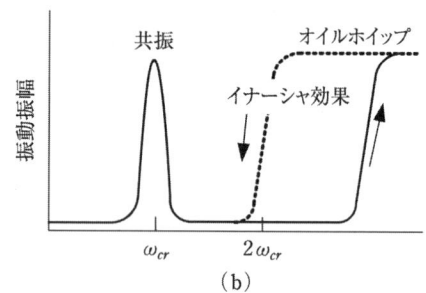

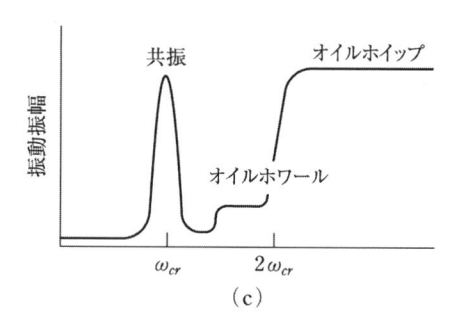

図 7.17 オイルホイップ発生時の振動振幅の変化

図 7.18 に示すような回転軸の両端を同じすべり軸受の油膜のばね（弾性係数 k_{ij}）とダンパ（減衰係数 c_{ij}）で支持したロータ（円板質量 m，軸の弾性定数 k）を考える．系は左右対称で，軸両端のジャーナルは同相で振動すると仮定する．円板の重心座標を (x, y)，静的平衡点からのジャーナル中心の座標を (ξ, η) として，円板の運動方程式およびジャーナルでの力の釣合い式は，それぞれ式 (7.24)，(7.25) のように表される．

$$\left. \begin{array}{l} m\ddot{x} + k(x - \xi) = 0 \\ m\ddot{y} + k(y - \eta) = 0 \end{array} \right\} \quad (7.24)$$

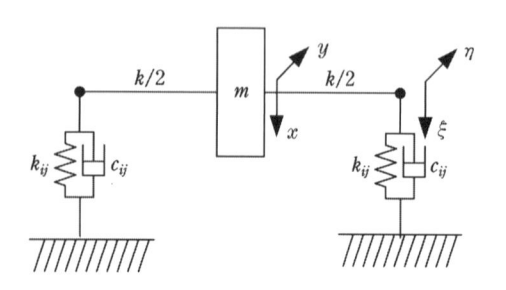

図 7.18 モデルロータ

$$\left.\begin{array}{l}\dfrac{k}{2}(x-\xi)=k_{\xi\xi}\xi+k_{\xi\eta}\eta+c_{\xi\xi}\dot{\xi}+c_{\xi\eta}\dot{\eta}\\[4pt]\dfrac{k}{2}(y-\eta)=k_{\eta\xi}\xi+k_{\eta\eta}\eta+c_{\eta\xi}\dot{\xi}+c_{\eta\eta}\dot{\eta}\end{array}\right\} \quad (7.25)$$

安定限界速度を調べる際には，自由振動の振動振幅が時間とともに増加するのか（不安定），減少するのか（安定）が重要であり，運動方程式の解は必ずしも必要でない．そのため，式(7.24)，(7.25)の特性方程式の係数を利用して解の安定性を判定する方法がしばしば利用される．この安定判別法は，微小振動が成長するか否かを調べるものである．

式(7.24)，(7.25)の自由振動解を $x=x_0 e^{st}$, $y=y_0 e^{st}$, $\xi=\xi_0 e^{st}$, $\eta=\eta_0 e^{st}$ のように仮定して式(7.24)，(7.25)に代入し，整理すると次式が得られる．

$$\begin{bmatrix} ms^2+k & 0 & -k & 0 \\ 0 & ms^2+k & 0 & -k \\ -\dfrac{k}{2} & 0 & c_{\xi\xi}s+k_{\xi\xi}+\dfrac{k}{2} & c_{\xi\eta}s+k_{\xi\eta} \\ 0 & -\dfrac{k}{2} & c_{\eta\xi}s+k_{\eta\xi} & c_{\eta\eta}s+k_{\eta\eta}+\dfrac{k}{2} \end{bmatrix}\begin{Bmatrix} x_0 \\ y_0 \\ \xi_0 \\ \eta_0 \end{Bmatrix}=0 \quad (7.26)$$

上式の係数行列式の値をゼロと置いて計算すると，最終的に次のような s に関する 6 次の特性方程式が得られる．

$$C_6 s^6 + C_5 s^5 + C_4 s^4 + C_3 s^3 + C_2 s^2 + C_1 s + C_0 = 0 \quad (7.27)$$

ここで，

$$C_6 = A_3 \frac{\alpha^2}{\omega^2}, \quad C_5 = A_1 \frac{\alpha^2}{\omega} + A_5 \frac{\alpha}{\omega},$$

$$C_4 = 2 A_3 \frac{\alpha^2 \omega_n^2}{\omega} + A_2 \alpha^2 + A_4 \alpha + 1,$$

$$C_3 = 2 A_1 \frac{\alpha^2 \omega_n^2}{\omega} + A_5 \frac{\alpha \omega_n^2}{\omega},$$

$$C_2 = A_3 \frac{\alpha^2 \omega_n^4}{\omega^2} + A_4 \alpha \omega_n^2 + 2 A_2 \alpha^2 \omega_n^2,$$

$$C_1 = A_1 \frac{\alpha^2 \omega_n^4}{\omega}$$

$$A_1 = K_{\xi\xi} C_{\eta\eta} - K_{\xi\eta} C_{\eta\xi} - K_{\eta\xi} C_{\xi\eta} + K_{\eta\eta} C_{\xi\xi},$$

$$A_2 = K_{\xi\xi} K_{\eta\eta} - K_{\xi\eta} K_{\eta\xi},$$

$$A_3 = C_{\xi\xi} C_{\eta\eta} - C_{\xi\eta} C_{\eta\xi}$$

$$A_4 = K_{\xi\xi} + K_{\eta\eta}, \quad A_5 = C_{\xi\xi} + C_{\eta\eta},$$

$$\omega_n = \sqrt{\frac{k}{m}}, \quad \alpha = \frac{W}{kC}, \quad W = mg \quad (7.28)$$

g は重力加速度，α は軸の弾性定数 k の逆数に比例する量で，α が小さいほど軸の弾性定数が大きく，$\alpha=0$ は剛性ロータに相当する．特性方程式(7.27)にラウス-フルビッツの安定判別法を適用すると，$C_0 \sim C_6$ を用いて表された複数の条件をすべて満足する場合に自由振動解が安定になるが，いくつかの条件は関連しており，最終的に下記の不等式を満足すれば安定であることが示されている[5]．

$$\frac{\alpha \omega_n^2}{\omega^2} > \frac{A_1^2 - A_1 A_4 A_5 + A_2 A_5^2}{A_3 A_5^2}\left(\frac{A_5}{A_1}+\alpha\right) \quad (7.29)$$

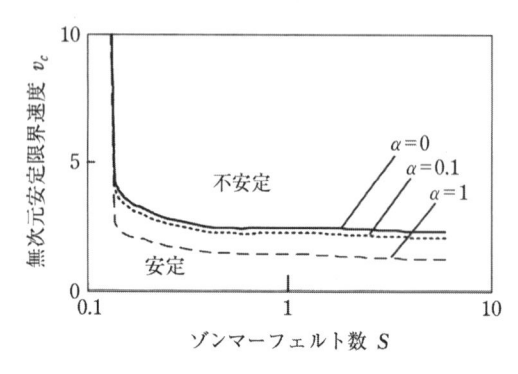

図 7.19 安定限界線図（二溝付真円軸受）

式 (7.29) を満足する最低の ω が安定限界速度 ω_c であり，式 (7.28) を考慮すれば，ω_c は最終的に次式のように表される．

$$\frac{\omega_c}{\sqrt{g/C}} = \sqrt{\frac{A_3 A_5^2}{A_1^2 - A_1 A_4 A_5 + A_2 A_5^2} \frac{A_1}{A_5 + \alpha A_1}} \quad (7.30)$$

式 (7.30) より計算される安定限界速度をまとめた安定限界線図を**図 7.19**に示す．横軸はゾンマーフェルト数 S，縦軸は無次元安定限界速度 $v_c (= \omega_c / \sqrt{g/C})$ である．図中には異なる α に対する結果が示されており，各線よりも上側が不安定，下側が安定な領域である．S がある値以下であれば v_c は無限大となり，S の増加により v_c が低下してより低い回転速度で不安定になることがわかる．したがって，S が大きな運転条件，つまり式 (7.17) より，荷重が小さく，回転速度が速い場合に不安定になりやすいといえる．また，偏心率 κ は S の関数であり〔式 (7.18)〕，S が増加すると減少するため，κ が小さい場合に不安定になりやすいこともわかる．一方，図中に示した異なる α の結果では，α が小さい，つまり軸の曲げ剛性が高いほど v_c が大きいこともわかる．

7.4.3 オイルホイップのイナーシャ効果

前項で求めた微小振動の安定限界速度は，大きな振幅をもつオイルホイップの発生回転速度と異なる場合がある．これは不安定な微小振動が比較的小さな振幅のオイルホワールにとどまるのか，大振幅のオイルホイップになるのかわからないためである．Hori[5] は，前項の微小振動（小さな振動）に対する安定限界速度 ω_c とは別に，オイルホイップ発生時に現れる振幅の大きな振動（大きな振動）の安定限界速度 ω_{c2} をジャーナル中心が軸受中心回りを大きな振幅で旋回するときの旋回半径の発散・収束より次式のように求めた．

$$\omega_{c2} = 2\omega_{cr} \quad (7.31)$$

式 (7.31) は，大きな振動（オイルホイップ）が持続可能な最低の回転速度を表している．持続可能としているのは，大きな振動が発生していることを前提にそれが続くための条件として式 (7.31) を求めているためである．このため，大きな振動は同条件を満たせば直ちに発生するのではなく，何らかの"きっかけ"を必要とし，前項で考えた小さな振動はその"きっかけ"になるものである．

二つの安定限界速度 ω_c, ω_{c2} とロータ危険速度 ω の組合せにより，オイルホイップ，オイルホワールがどのように発生するかを**表 7.1**に示す．回転速度 ω が，両方の安定限界速度よりも低い場合（$\omega < \omega_c, \omega_{c2}$）はロータは安定であり，両方の安定限界速度よりも高い場合（$\omega > \omega_c, \omega_{c2}$）はオイルホイップが発生する．一方，$\omega_c < \omega < \omega_{c2}$ の場合は，小さな振動は発生するものの大きな振動に成長しないため，発生する振動は図7.17 (c) の $\omega/2\omega_{cr}$ のようにオイルホワールにとどまることになる．残りの $\omega_{c2} < \omega < \omega_c$ の場合は，何かのきっかけがあればオイルホイップが直ちに発生することを意味する．

$\omega_{c2} < \omega_c$ の場合を考えると，オイルホイップは増速時には ω_c までは"きっかけ"がないため発生せず，ω_c に到達したところで発生する．一方，減速時にはすでにオイルホイップは発生しているため，ω_{c2} を下回るまで

表 7.1 オイルホイップ，オイルホワールの発生条件

	$\omega < \omega_{c2}$	$\omega_{c2} < \omega$
$\omega < \omega_c$	安定	きっかけがあればオイルホイップ
$\omega_c < \omega$	オイルホワール	オイルホイップ

持続することになり，図 7.17 (b) で示したイナーシャ効果が説明可能となる．

7.4.4 オイルホイップの防止法

図 7.19 の結果などから，オイルホイップの防止策は次のようにまとめられる．
（1）α を小さくする．
（2）S を小さくする．
（3）二円弧軸受，三円弧軸受，オフセット軸受などを利用する．
（4）ティルティングパッド軸受を使用する．

以下，これらについて順に説明する．

（1）$\alpha = W/(kC)$ を小さくすることは軸剛性の増加を意味し，ω_c, ω_{c2} の両方を高くして運転可能な回転速度域を広げることができる．

（2）ゾンマーフェルト数 S（式 (7.17)）を低下させることは，偏心率 κ を増加させ，軸を浮き上がりにくくすることに対応しており，具体的には次のような方策をとればよい．

① 軸受幅 L を狭くする
② 軸受半径すき間 C を大きくする
③ 潤滑油の粘度 η を低下させる

S の低下（κ の増加）は最小油膜厚さの減少を意味するので，焼付きに対する余裕度を十分検討する必要がある．

（3）7.1 節で述べたようにジャーナル軸受には様々な種類があり，これらの軸受の安定性の優劣などを示したのが**表 7.2** である．安定性に関しては，真円軸受が最も劣り，多円弧軸受，オフセット軸受，ティルティングパッド軸受の順に安定性がよくなる．ただし，各軸受の安定性は設計パラメータの調整によりある程度の幅があり，調整次第では逆転することもありうるため，表の内容は目安として考えることが適当である．

表 7.2 の軸受のうち，二円弧軸受を例にとり，安定性が向上する機構を説明する．**図 7.20** に，二円弧軸受の模式図を示す．同軸受は，上下 2 枚の円弧面を持つパッドからなり，軸受断面はレモン型になっている．軸受中心を O，下側のパッドの曲率中心を O_L，

表 7.2 ジャーナル軸受タイプの特性比較[6]

軸受タイプ	負荷容量	回転方向	安定性	剛性と減衰
真円	良		劣	可
ダム付真円	良		↓	可
二円弧	良			可
三円弧	可		良	良
オフセット	良		↓	優
ティルティングパッド	良		優	優

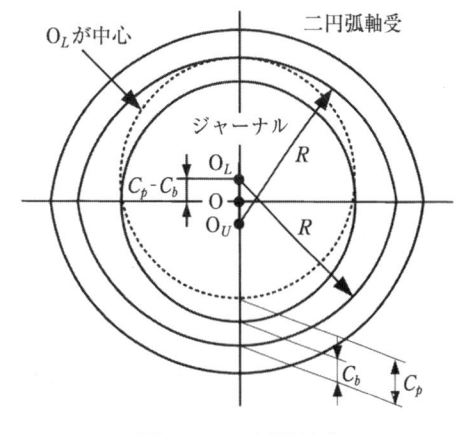

図 7.20 二円弧軸受

上側のパッドの曲率中心をO_Uとすると，それら三つの点はO_LがOよりも上，O_UはOよりも下側に位置する．このため，ジャーナル中心がOと一致していても，下側パッドから見れば，ジャーナル中心はO_Lよりも下にあるため，下側パッドを基準とした見かけの偏心率は高くなり，真円軸受に比べて高い安定性を持つことになる．

以上の説明から，二円弧軸受の安定性は上下2枚のパッドの曲率中心間距離（$\overline{O_L O_U}$）に影響されることがわかる．この量は二円弧軸受の設計上のパラメータであり，次式で定義される予圧係数m_pにより評価される．

$$m_p = 1 - \frac{C_b}{C_p} \tag{7.32}$$

ここで，C_pはパッドの曲率中心とジャーナル中心が一致した場合の半径すき間であり，加工半径すき間と呼ばれる．一方，C_bは軸受中心とジャーナル中心が一致した場合の半径すき間で，組立半径すき間と呼ばれる．真円軸受の場合，$C_b = C_p$であり，m_pは0である．$\overline{O_L O_U}$が増加し，二円弧軸受がより偏平になるとC_bがC_pに比べて減少するため，m_pが増加し，安定性が増す．

図 7.21 (a), (b)に，二円弧軸受の弾性係数，減衰係数を示す．真円軸受の場合の結果である図7.14と比較すると，Sが小さな領域では両者の違いは小さいものの，Sが大きな領域では違いが大きい．特に，二円弧軸受では，荷重方向の主対角の弾性係数$K_{\xi\xi}$，減衰係数$C_{\xi\xi}$の増加が顕著に見られる．これは，Sが大きい（κが小さい）場合ほど，予圧の効果が大きいためである．

図 7.22 に二円弧軸受の安定限界線図を示す．真円軸受に比べて安定限界速度が高く，また，m_pの増加により安定性が向上していることが分かる．ただし，m_pが高くなると不釣合い振動特性が悪化するため[2]，両者のバランスを取った設計が必要になる．

（4）ティルティングパッド軸受は，傾斜可能な複数のパッドでジャーナルを支持する軸受である．この軸受の最も重要な特徴は，油膜係数の連成項が0となることである．連成項がなければ不安定力が発生しないため，本質的に安定な軸受と考えられている．オイルホイップの防止策の（1）から（3）が，

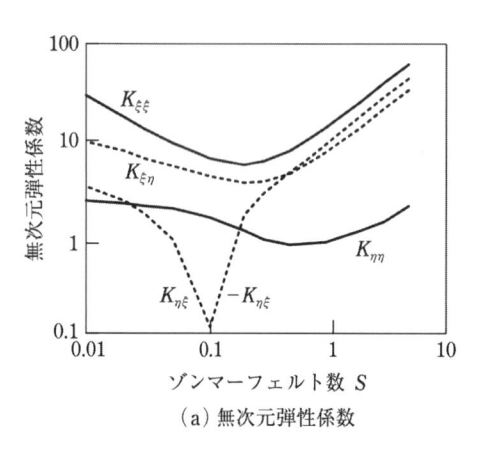

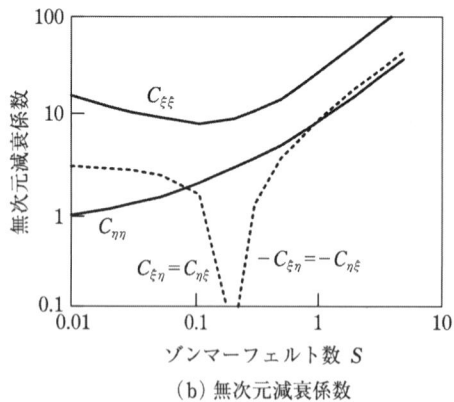

図 7.21 油膜係数（二円弧軸受，$L/D = 1.0$，$m_p = 0.5$）[2]

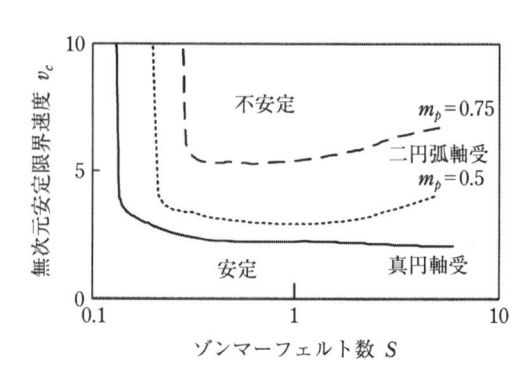

図 7.22 安定限界線図（二円弧軸受，$L/D = 0.5$，$\alpha = 0.1$）

オイルホイップを発生しにくくするものであったのに対し，防止策（4）のティルティングパッド軸受の使用は，完全にオイルホイップの発生防止を目指したものといえる．ティルティングパッド軸受は，他の軸受に比べると高価なこと，負荷容量が小さいため，通常対策（1）から（3）では不十分となるような軽荷重，高速回転機械に対して用いられる．

参考文献

1) 和田稲苗・林　洋次・広瀬和行：「ジャーナル軸受におけるエアレーション」，潤滑，**16**, 1 (1971) pp.50-58.
2) 日本機械学会 編：すべり軸受の静特性および動特性資料集，日本工業出版 (1984) p.30, p.150.
3) M. Balda："Dynamic Properties of Turboset Rotors", IUTAM, Dynamic of Rotors, Springer-Verlag (1974) p.30.
4) 黒橋道也・岩壺卓三・川井良次・藤川　猛：「すべり軸受で支持された回転軸系の安定性の研究（第2報，軸受に連成項が存在する場合）」，日本機械学会論文集 (C編)，**47**, 422 (1981) pp.1277-1285.
5) Y. Hori："A Theory of Oil Whip", J. of Applied Mechanics, **26**, 2 (1959) pp.189-198.
6) 田中　正：「ジャーナルすべり軸受の流体潤滑」，トライボロジスト，**26**, 3 (1981) pp.153-160.

第8章 転がり軸受の振動

転がり軸受は，安価かつ保守性に優れているという理由から，自動車，家電製品，情報関連機器などで多用されている．転がり軸受は，主として次の3点においてロータの振動に大きな影響を及ぼす．

第1は，荷重を受けると，転がり軸受の軌道輪（内輪，外輪）と転動体（玉またはころ）の接触点が弾性変形してばねの性質をもち，このばね定数の値によってロータ・軸受系の固有振動数が変化する．第2は，軸受の幾何形状の不完全性（軌道および転動面のうねり，転動体の直径不同や不等間隔配置など）により転がり軸受自体が加振力を発生する．第3は，転がり軸受単独の振動が発生する場合がある．

そこで，本章では，転がり軸受のばねおよび減衰特性に言及した上で，転がり軸受の振動について述べることにする．

8.1 転がり軸受のばね特性

転がり軸受は，ラジアル荷重，アキシアル荷重，およびそれらの合成荷重などのいわゆる外部荷重を受けながら，回転するロータを支える．水平ロータではロータの自重がラジアル荷重，一方，縦型ロータではロータの自重がアキシアル荷重として転がり軸受に基本的に作用する．転がり軸受に外部荷重が作用すると，転動体と軌道輪の各接触部が弾性変形し，内輪と外輪の間の相対的な位置が変化する．このことは，転がり軸受がばねとしての性質をもつことを意味している．なお，簡単化のために，8.1節における議論では，転動体や軌道輪の形状誤差，自重および摩擦力は無視することとする．

8.1.1 転動体と軌道輪の接触点における垂直力と変形量との関係
（1）点接触

深溝玉軸受やアンギュラ玉軸受などでは，荷重がゼロで玉と内・外輪が接触すると，その接触部は点であり，荷重の増加とともに接触部は弾性変形して楕円の接触面を形成する．このような接触形態を点接触という．玉および内・外輪の材質が同一の場合，玉と内・外輪の間の一つの接触部における弾性接近量 $\delta_{i,o}$ [mm] と接触面に垂直な方向の力（垂直力）Q [N] との関係は，次に示すHertzの式で表される[1]．

$$\delta_{i,o} = C_{pi,o} Q^{2/3} \tag{8.1}$$

$$C_{pi,o} = \left(\frac{2K}{\pi\mu}\right)_{i,o} \sqrt[3]{\frac{1}{8}\left\{\frac{3}{E}(1-\nu^2)\right\}^2 \Sigma\rho_{i,o}} \tag{8.2}$$

ここで，ν はポアソン比，E はヤング率であり，添字の i,o はそれぞれ内・外輪に関する量であることを表す．$\Sigma\rho_{i,o}$ は次式で与えられる（**図8.1**参照）．

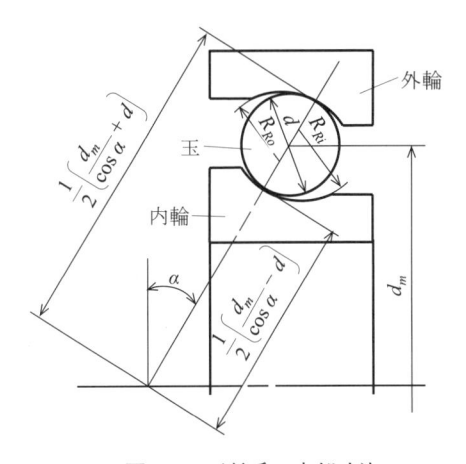

図8.1 玉軸受の内部寸法

$$\Sigma \rho_{i,o} = \frac{4}{d} \pm \frac{1}{\frac{1}{2}\left(\frac{d_m}{\cos\alpha} \mp d\right)} - \frac{1}{R_{Ri,o}} \tag{8.3}$$

ここで，d は玉の直径，d_m は玉セットのピッチ径，α は接触角，R_R は軌道溝半径である．式 (8.3) 中の複号は，内輪側接触部に対して上側，外輪側接触部に対して下側の符号をとる．また，$[2K/(\pi\mu)]_{i,o}$ は該当接触条件に対して次の補助変数 $\cos\tau_{i,o}$ により定まる値である．なお，$\cos\tau_{i,o}$ の式中の複号の意味は，式 (8.3) の場合と同じである．

$$\cos\tau_{i,o} = \left\{\pm\frac{1}{\frac{1}{2}\left(\frac{d_m}{\cos\alpha}\mp d\right)} + \frac{1}{R_{Ri,o}}\right\} \Big/ \Sigma\rho_{i,o} \tag{8.4}$$

青木は，$[2K/(\pi\mu)]_{i,o}$ の近似式として，次式を提案している[2]．

$$\left(\frac{2K}{\pi\mu}\right)_{i,o} \cong 1.343(\sin\tau_{i,o})^{0.58} - 0.3432\sin\tau_{i,o} \tag{8.5}$$

なお，式 (8.5) より計算される $[2K/(\pi\mu)]_{i,o}$ は，$\cos\tau_{i,o} = 0 \sim 0.9995$ に対して有効である．

（2）線接触

円筒ころ軸受や円すいころ軸受の場合，荷重がゼロでころと軌道輪が接触すると，その接触部は線であり，荷重の増加とともに接触部が長方形となる．このような接触形態を線接触という[*1]．鋼製のころ軸受では，ころと内・外輪の間の一つの接触部における弾性接近量 $\delta_{i,o}$ [mm] と垂直力 Q [N] との関係は，次に示す Palmgren の式で与えられる[3]．

$$\delta_{i,o} = C_{li,o} Q^{0.9} \tag{8.6}$$

$$C_{li,o} = 3.84 \times 10^{-5} l_{wi,o}^{-0.8} \tag{8.7}$$

ここで，l_w は有効接触長さ（ころと内輪あるいはころと外輪が荷重ゼロで接触した場合の接触長さ）[mm] であり，添字の i, o の意味は式 (8.1) の場合と同じである．

8.1.2 ラジアル荷重を受ける深溝玉軸受の半径方向ばね定数[4]

ラジアル荷重 F_r を受ける深溝玉軸受の半径方向ばね定数の計算方法を **図 8.2** に基づいて考えよう．図 8.2 (a) はラジアルすきま e を持つ深溝玉軸受の内輪，外輪および玉セットが同心に配置された状態を示している．なお，図中の φ は隣接する玉の円周方向の間隔である．

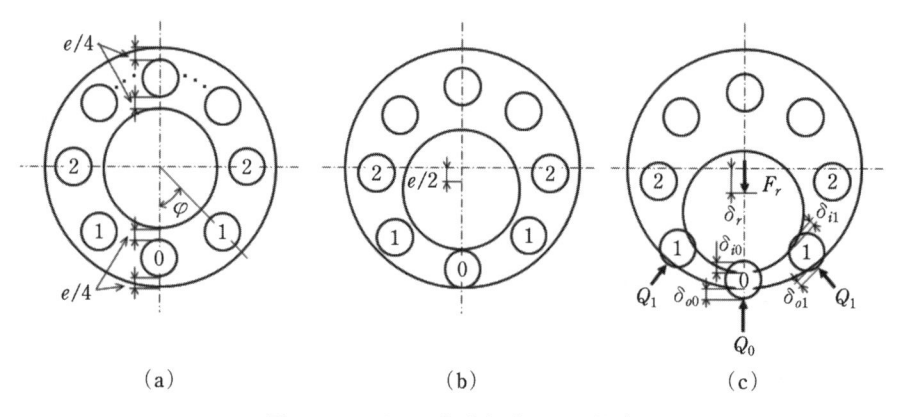

図 8.2 ラジアル荷重を受ける玉軸受

[*1] 自動調心ころ軸受では，凸形ころ（「球面ころ」ともいう）が使用されているので，ころ軸受であっても，点接触になることに注意されたい．

図8.2 (b) は，外輪固定状態で，内輪が外輪に対して半径方向に $e/2$ 変位して最下点の玉が荷重ゼロで内・外輪と接触した状態を表している．図8.2 (c) は，図8.2 (b) の状態からラジアル荷重 F_r が内輪に作用して内輪が外輪に対して半径方向に δ_r だけ変位した状態を表している．いま，図に示すように，最下点の玉を0とし，それから左右それぞれの玉に1, 2, … と番号を付ける．j 番目の玉と内輪の接触方向の弾性接近量を δ_{ij}，j 番目の玉と外輪の弾性接近量を δ_{oj} とすれば，j 番目の玉の位置における内輪と外輪の弾性接近量 δ_j は，$e/2, \delta_r, \varphi$ を用いて次式で表される．

$$\delta_j = \delta_{ij} + \delta_{oj} = \delta_r \cos j\varphi - \frac{e}{2} \quad (j = 0, 1, 2, \cdots) \tag{8.8}$$

ただし，

$$\delta_r \cos j\varphi > \frac{e}{2} \tag{8.9}$$

である．一方，j 番目の玉に作用する垂直力を Q_j とすれば式 (8.8) の $\delta_{ij} + \delta_{oj}$ は式 (8.1) より $\delta_{ij} + \delta_{oj} = (C_{pi} + C_{po}) Q_j^{2/3}$ と書けるので，Q_j は，

$$Q_j = (C_{pi} + C_{po})^{-1.5} \delta_j^{1.5} = C_p^{-1.5} \delta_j^{1.5} \quad (j = 0, 1, 2, \cdots) \tag{8.10}$$

ここで，$C_p = C_{pi} + C_{po}$ と置いた．

一方，力の釣合いより，

$$F_r = Q_0 + 2Q_1 \cos\varphi + 2Q_2 \cos 2\varphi \cdots \tag{8.11}$$

式 (8.11) で F_r を求める場合，式 (8.9) の条件を満たすかどうかをすべての玉に対して確認し，それが満たされる玉に対して式 (8.11) の右辺の計算がなされる．そこで，このような計算上の煩雑さを避けるために，ラジアルすきま $e > 0$ のときの F_r の近似式として次式が広く用いられる[4]．

$$F_r = \frac{Z Q_{\max}}{5} \tag{8.12}$$

ここで，Z は玉数，$Q_{\max}$ は最大転動体荷重である．図8.2に示す玉の配置の場合，$Q_{\max} = Q_0$ であり，式 (8.10) より $Q_0 = C_p^{-1.5} \delta_0^{1.5}$ となる．また，$\delta_0 = \{\delta_r - (e/2)\}$ なので，式 (8.12) は以下のように書き表すことができる．

$$F_r = \frac{Z Q_0}{5} = \frac{Z}{5} C_p^{-1.5} \delta_0^{1.5} = \frac{Z}{5} C_p^{-1.5} \left(\delta_r - \frac{e}{2}\right)^{1.5} \tag{8.13}$$

一般に，荷重─変位曲線が $F_r = f(\delta_r)$ で表されるとき，そのばね定数 K_r は次式で定義される．

$$K_r = \frac{dF_r}{d\delta_r} \tag{8.14}$$

したがって，式 (8.13) を式 (8.14) に代入すれば，ラジアル荷重を受ける深溝玉軸受の半径方向ばね定数 K_r は次のように表される．

$$K_r = \frac{1.5Z}{5} C_p^{-1.5} \left(\delta_r - \frac{e}{2}\right)^{0.5} \tag{8.15}$$

なお，軸受が回転して玉の配置が図8.2の状態から変化すると，深溝玉軸受の半径方向ばね定数 K_r もわずかに変化する．

8.1.3 アキシアル荷重を受ける深溝玉軸受の軸方向ばね定数[1],[5]

次に，図8.3を用いて，アキシアル荷重 F_a を受ける深溝玉軸受の軸方向ばね定数を求めよう．図8.3 (a) は，ラジアルすきま e をもつ玉軸受において，内輪溝半径 R_{Ri} の中心 O_i と外輪溝半径 R_{Ro} の中心 O_o が同一断面上にある状態を示す．なお，内輪および外輪の溝は円弧形状をしている．図中の d は玉の直径である．図8.3 (b) は内輪固定状態で，外輪が内輪に対して軸方向に変位して，軸受内の各玉が荷重ゼロで内・外輪と接触した状態を表している．図中の m_0 は，各玉が荷

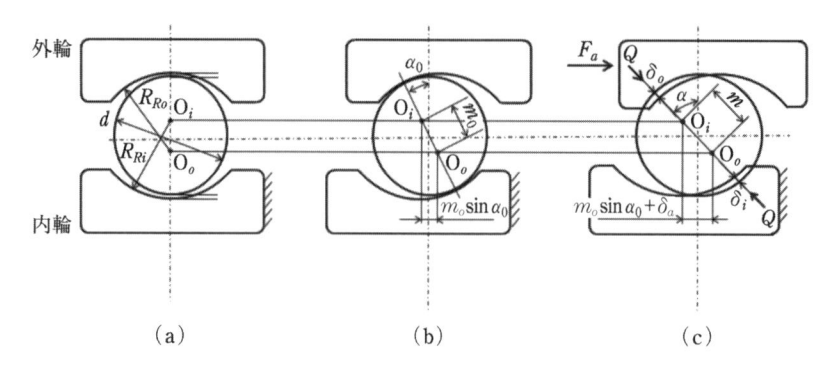

図8.3 アキシアル荷重を受ける深溝玉軸受の断面図

重ゼロで内・外輪と接触した状態での内・外輪溝半径中心間の距離，α_0 は初期接触角を表し，それぞれ以下の式で計算できる．

$$m_0 = R_{Ri} + R_{Ro} - d \tag{8.16}$$

$$\cos \alpha_0 = \frac{m_0 - e/2}{m_0} \tag{8.17}$$

図8.3(b)の状態でアキシアル荷重 F_a が外輪に作用して，さらに外輪が内輪に対して軸方向に δ_a だけ変位した状態を図8.3(c)に示す．図中の Q は，軌道から玉に作用する垂直力（垂直玉荷重），α は接触角，δ_i および δ_o はそれぞれ玉と外輪および玉と内輪の垂直方向弾性接近量である．m は，F_a が作用したときの内・外輪溝半径中心間の距離であり，次式で与えられる．

$$m = m_0 + \delta_i + \delta_o \tag{8.18}$$

幾何学的な関係から，m は次式のようにも表すことができる．

$$m = \sqrt{(m_0 \cos \alpha_0)^2 + (m_0 \sin \alpha_0 + \delta_a)^2} \tag{8.19}$$

式(8.18)および式(8.19)より次式が得られる．

$$\delta_i + \delta_o = m - m_0 = \sqrt{(m_0 \cos \alpha_0)^2 + (m_0 \sin \alpha_0 + \delta_a)^2} - m_0 \tag{8.20}$$

式(8.1)より，

$$\delta_i + \delta_o = C_{pi} Q^{2/3} + C_{po} Q^{2/3} = (C_{pi} + C_{po}) Q^{2/3} = C_p Q^{2/3} \tag{8.21}$$

また，力の釣合いより，次式が成り立つ．

$$Q = \frac{F_a}{Z \sin \alpha} \tag{8.22}$$

ここで，Z は玉数である．

以上の式(8.20)〜(8.22)より，次式が得られる．

$$F_a = C_p^{-1.5} Z \sin \alpha \left[\sqrt{(m_0 \cos \alpha_0)^2 + (m_0 \sin \alpha_0 + \delta_a)^2} - m_0 \right]^{1.5} \tag{8.23}$$

したがって，アキシアル荷重を受ける深溝玉軸受の軸方向ばね定数 K_a は次のように計算できる．

$$K_a = \frac{dF_a}{d\delta_a} = 1.5 C_p^{-1.5} Z \sin \alpha (m_0 \sin \alpha_0 + \delta_a)$$

$$\times \left[\frac{\sqrt{(m_0 \cos \alpha_0)^2 + (m_0 \sin \alpha_0 + \delta_a)^2} - m_0}{(m_0 \cos \alpha_0)^2 + (m_0 \sin \alpha_0 + \delta_a)^2} \right]^{0.5} \tag{8.24}$$

与えられたアキシアル荷重 F_a に対する K_a の計算手順は，以下のとおりである．まず，式(8.2), (8.16)および式(8.17)より，C_p, m_0 および α_0 を求め，Z および F_a とともに，式(8.23)

に代入する．このようにして得た δ_a を C_p, m_0, α_0, Z とともに式 (8.24) に代入することで，F_a に対応する K_a を求めることができる．なお，図 8.3 (c) 中に示される接触角 α は次式で与えられる．

$$\cos\alpha = \frac{m_0}{m}\cos\alpha_0 \qquad (8.25)$$

8.1.4 種々の転がり軸受のばね定数

8.1.2 項ではラジアル荷重が加わる場合の深溝玉軸受の半径方向ばね定数，8.1.3 項ではアキシアル荷重が加わる場合の深溝玉軸受の軸方向ばね定数の計算式を示した．ここでは，種々の転がり軸受に対して，ラジアル荷重が加わる場合の半径方向ばね定数およびアキシアル荷重が加わる場合の軸方向ばね定数の計算について述べる．まず，各種の軸受鋼製転がり軸受の荷重と変位の関係を表 8.1 に示す[6]．なお，表 8.1 中の玉軸受の変位の計算式は，Palmgren によって示されたものであり[3]，内輪溝半径 R_{Ri} および外輪溝半径 R_{Ro} は，玉の直径 d の 51.75 % のときの式である[*2 6]．各種転がり軸受におけるラジアル荷重が加わる場合の軸の半径方向ばね定数 K_r は，この表に示されるラジアル荷重 F_r の式を半径方向変位 δ_r で微分することで得られる．同様に，アキシアル荷

表 8.1 荷重を受けた転がり軸受の変位[6]

軸受の形式	ラジアル荷重による半径方向変位 δ_r [mm]	アキシアル荷重による軸方向変位 δ_a [mm]
深溝玉軸受	$\delta_r = 4.4\times 10^{-4}\left(\dfrac{Q_{\max}^2}{d}\right)^{1/3}$	$\delta_a = \dfrac{4.4\times 10^{-4}\sin(\alpha-\alpha_0)}{\cos\alpha_0 - \cos\alpha}\left(\dfrac{Q^2}{d}\right)^{1/3}$
アンギュラ玉軸受	$\delta_r = \dfrac{4.4\times 10^{-4}}{\cos\alpha}\left(\dfrac{Q_{\max}^2}{d}\right)^{1/3}$	
自動調心玉軸受	$\delta_r = \dfrac{6.9\times 10^{-4}}{\cos\alpha_0}\left(\dfrac{Q_{\max}^2}{d}\right)^{1/3}$	$\delta_a = \dfrac{6.9\times 10^{-4}}{\sin\alpha_0}\left(\dfrac{Q^2}{d}\right)^{1/3}$
スラスト玉軸受	—	$\delta_a = \dfrac{5.3\times 10^{-4}}{\sin\alpha_0}\left(\dfrac{Q^2}{d}\right)^{1/3}$
円筒ころ軸受	$\delta_r = 7.7\times 10^{-5}\dfrac{Q_{\max}^{0.9}}{l_w^{0.8}}$	—
円すいころ軸受	$\delta_r = \dfrac{7.7\times 10^{-5}}{\cos\alpha_0}\dfrac{Q_{\max}^{0.9}}{l_w^{0.8}}$	$\delta_a = \dfrac{7.7\times 10^{-5}}{\sin\alpha_0}\dfrac{Q^{0.9}}{l_w^{0.8}}$
自動調心ころ軸受	$\delta_r = \dfrac{2.2\times 10^{-4}}{\cos\alpha_0}\dfrac{(Q_{\max}^3)^{1/4}}{\sqrt{l_w}}$	$\delta_a = \dfrac{2.2\times 10^{-4}}{\sin\alpha_0}\dfrac{(Q^3)^{1/4}}{\sqrt{l_w}}$
最大転動体荷重	ラジアル荷重 $Q_{\max} = \dfrac{5F_r}{Z\cos\alpha_0}$ （玉軸受）* $Q_{\max} = \dfrac{4.6F_r}{Z\cos\alpha_0}$ （ころ軸受）*	アキシアル荷重 $Q = \dfrac{F_a}{Z\sin\alpha}$ または $Q = \dfrac{F_a}{Z\sin\alpha_0}$
記号	d：転動体の直径 [mm] l_w：ころの有効接触長さ [mm] Z：転動体個数 α_0：無負荷時の接触角 [deg] α：負荷時の接触角 [deg] F_r：軸受に加わるラジアル荷重 [N] F_a：軸受に加わるアキシアル荷重 [N]	

* 純ラジアル荷重下の深溝玉軸受および円筒ころ軸受では $\alpha_0 = 0$ である

---

*2 市販の玉軸受では，内輪溝半径 R_{Ri} および外輪溝半径 R_{Ro} は，玉の直径 d の 50.5%～57.5% 程度になっている．

重が加わる場合の軸受の軸方向ばね定数 K_a は，アキシアル荷重 F_a を軸方向変位 δ_a で微分することで得られる．

ところで，上記の軸受のばね定数の計算では，内輪，外輪および転動体は，ヘルツ接触部を除いて剛体として扱った．しかし，荷重を受けた転がり軸受では，外輪および内輪自体も変形する．例えば，一定のアキシアル荷重が加わる玉軸受では，各玉の位置で外輪は半径方向に膨張し，内輪は半径方向に収縮する．このように内輪および外輪自体の変形が生じた場合，軸受のばね定数は，ヘルツ接触部以外を剛体と仮定して求めたそれよりも低下する．外輪および内輪自体の変形を考慮した場合の軸受のばね定数の計算方法については，文献 7) を参照されたい．

8.2 転がり軸受の減衰特性

転がり軸受で支えられたロータの振動解析を行う場合，転がり軸受の減衰係数を把握することは重要である．しかし，転がり軸受の減衰係数は，これまでの実験結果に基づいた経験式により大まかに見積れる程度である．例えば，Krämer は，転がり軸受の粘性減衰係数 C [N·s/mm] の目安として以下の経験式を示している[8)]．

$$C = (0.25 \sim 2.5) \times 10^{-5} k \tag{8.26}$$

ここで，k は転がり軸受の等価線形ばね定数 [N/mm] を表す．

転がり軸受で支えられたロータは，すべり軸受で支えられたロータに比べて振動が減衰しにくい[9)]．そのため，高速回転するロータを転がり軸受で支持する場合には，図 8.4 に示すようなスクイーズフィルムダンパ[10)] などの制振手段を用いることが多い．スクイーズフィルムダンパでは，外輪とその外側の円環部分の間に油膜が形成される．そして，軸の振動により軸受外輪が半径方向に振動すると，油の粘性抵抗が働き軸の振動が減衰する．

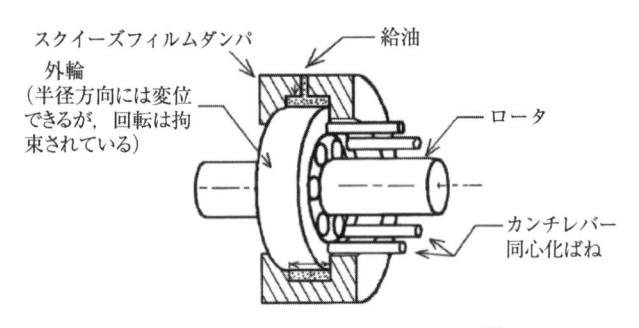

図 8.4 スクイーズフィルムダンパ[10)]

8.3 転がり軸受の振動

8.3.1 転動体通過振動

転動体通過振動 (転動体通過による内輪および軸の振動) は，深溝玉軸受，円筒ころ軸受などがラジアル荷重を受けた状態で回転する場合に発生する．この振動は，転がり軸受の軌道および転動体にまったくうねりがない理想的な場合でも理論上発生する．転動体通過振動の発生機構は，以下のとおりである．外輪静止状態で一定のラジアル荷重 F_r を受けて内輪が回転すると，ラジアル荷重の方向に対する各転動体の位置が変化し，軸受内の荷重分布が周期的に変化する．すなわち，図 8.5 (a) に示すように，ラジアル荷重 F_r の方向の真下に転動体がある場合と，図 (b) のように F_r の方向に対して転動体が振り分けられて配置された場合では，荷重を受ける転動体の数が異なるとともに，各転動体に加わる力の大きさが異なる．その結果，図 (a) と図 (b) では，転動体と軌道輪の接触部の弾性変形量が異なり，内輪の中心は上下に移動する．さらに，図 (a) と図 (b)

の中間の位置では，内輪の中心は水平方向にも移動する[11]．

Meldauは，慣性力や摩擦力を考慮しない状態で，静的な力の釣合いに基づいて転動体通過振動の計算方法を示した[12]．その後，深田らは，内輪の質量と粘性減衰を考慮した転動体通過振動の運動方程式として次式を提案した[13]．

$$M\frac{\mathrm{d}^2}{\mathrm{d}t^2}\begin{bmatrix}x\\y\end{bmatrix} + C\frac{\mathrm{d}}{\mathrm{d}t}\begin{bmatrix}x\\y\end{bmatrix} + \begin{bmatrix}X\\Y\end{bmatrix}\{x,y,Zf_ct\} = \begin{bmatrix}F_r\\0\end{bmatrix} \tag{8.27}$$

ここで，M は内輪の質量，C は内輪のラジアル運動の減衰係数，x および y はそれぞれラジアル面内の鉛直方向および水平方向座標であり，内輪の変位を表す．また，X および Y は内輪のばね力の $-x$ および $-y$ 成分（復元力），Z は転動体の個数，f_c は保持器の回転周波数〔式 (8.28) 参照〕］，t は時間である．なお，ばね力 X および Y は弾性接触理論から求められるが，減衰は理論的に求めることはできないため，減衰係数 C には経験値あるいは実験値が用いられる．図 8.6 に，式 (8.27) を用いて計算した転動体通過振動の波形を示す[13]．

図 8.6 では，回転数ごとに，左上に水平振動波形，左下に鉛直振動波形，右上にリサジ

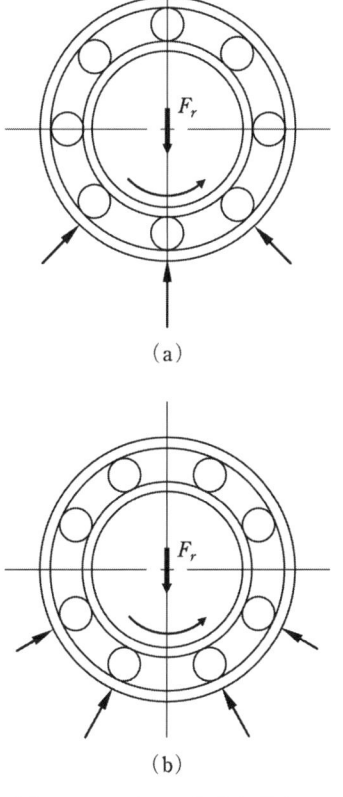

図 8.5 ラジアル荷重を受ける深溝玉軸受[11]

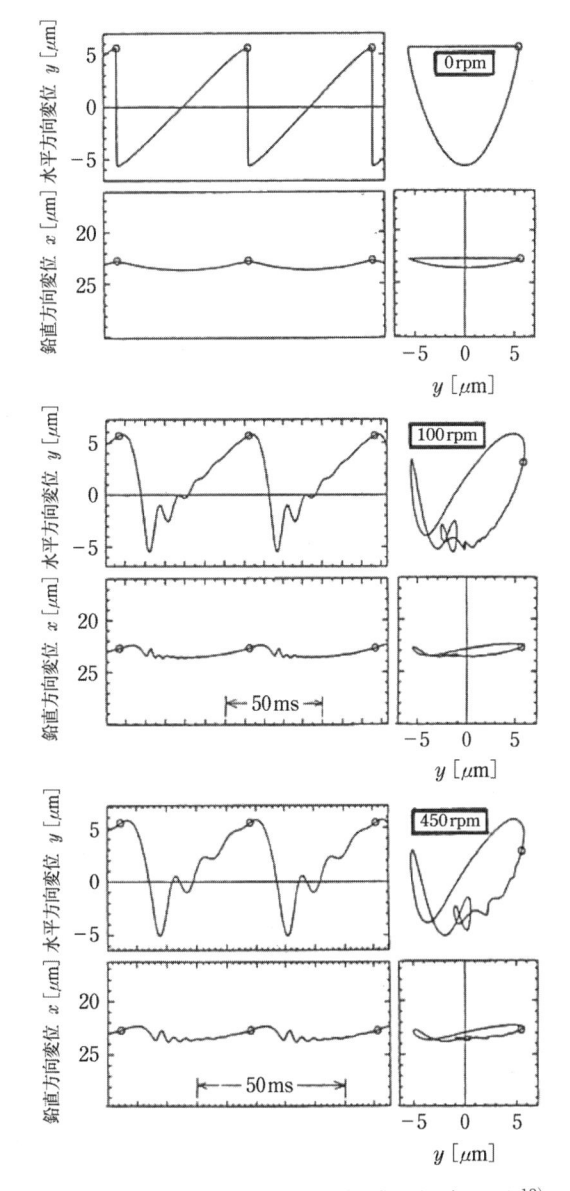

図 8.6 転動体通過振動の波形（深溝玉軸受 6306）[13]

ュー図形（内輪の中心軌跡），右下に縦横の P-P 値を同寸法としたリサジュー図形を示してある．図に示すように，回転数が増えていくと，転動体通過振動の波形が回転数ゼロの場合（すなわち，静的な転動体通過振動）の波形から崩れていく．なお，式 (8.27) を用いて転動体通過振動を計算した場合，不規則振動も発生することが報告されている[13]．

8.3.2 幾何形状の不完全性による振動

現在の加工技術で精密に加工された転がり軸受であっても，図 8.7 に示すような軌道や玉の表面の微小なうねり，転動体の直径の相互差などの幾何形状の不完全性（geometrical imperfection）が存在し，これにより振動が生ずる[11]．この振動は，1960 年代に工作機械における主軸の挙動[14]，1980 年代には玉軸受で支持されたハードディスクスピンドルの非再現性の振れ（NRRO）[15] と関係して問題とされた．

Gustafsson は，アキシアル荷重が加わり，内輪が回転する玉軸受単体を対象とし，軌道輪を剛体，軌道輪と転動体の接触によるばねを線形ばねと仮定して幾何形状の不完全性によって生ずる振動の理論解析を行った[16]．そして，振動の発生には軌道および玉表面の特定の山数のうねり，および玉の直径の相互差が関与し，その振動数の多くが内輪の回転周波数，すなわち軸の回転周波数と同期

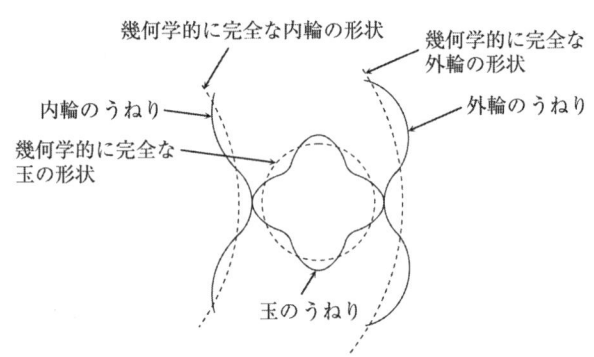

図 8.7 幾何形状の不完全性[16]

表 8.2 幾何形状の不完全性によって生ずる振動の振動数[17]

不完全性のタイプ	荷重条件	うねりの山数	振動数 半径方向	振動数 軸方向
外輪のうねり	アキシアル荷重	nZ	—	nZf_c
		$nZ \pm 1$	nZf_c	
	ラジアル荷重および合成荷重 *1	nZ	nZf_c	コンバインドモード
		$nZ \pm m$	nZf_c	コンバインドモード
内輪のうねり	アキシアル荷重	1	f_r	—
		nZ	—	nZf_i
		$nZ \pm 1$	$nZf_i \pm f_r$	—
	ラジアル荷重および合成荷重 *1	n	nf_r	コンバインドモード
		nZ	nZf_i	コンバインドモード
		$nZ \pm m$	$nZf_i \pm mf_r$	コンバインドモード
玉のオーバーサイズおよび保持器ポケットの分布	アキシアル荷重	—	f_c	f_c
	ラジアル荷重および合成荷重 *1	—	nf_c	コンバインドモード*2
玉のうねり	アキシアル荷重	$2n$	$2nf_b \pm f_c$	$2nf_b$
	ラジアル荷重および合成荷重	$2n$	$2nf_b \pm pf_c$	コンバインドモード*2

n, m：1 以上の整数，p：0 以上の整数
*1：純ラジアル荷重の場合，軸方向のうねりのみが軸方向の運動を生ずる
*2：純ラジアル荷重の場合，半径方向の運動のみ生ずる

しないことを示した.

　Yhland は,アキシアル荷重,ラジアル荷重,または合成荷重が加わった状態で内輪が回転する玉軸受単体の振動に及ぼす幾何形状の不完全性の影響を解析した[17]. Yhland の解析結果をまとめたものが**表 8.2** である. 表左欄の「玉のオーバーサイズ」とは,1 個の玉の直径が他の玉の直径よりも大きいことを意味している. また,「保持器ポケットの分布」は,保持器ポケットの不等配置を表す. 表中の n および m は 1 以上の整数, p は 0 以上の整数, Z は玉数, f_c は保持器の回転周波数, f_i は保持器に対する内輪の相対回転周波数, f_r は内輪の回転周波数, f_b は玉の自転周波数である. **図 8.8** に示す転がり軸受の幾何学的関係から, f_c, f_b および f_i は次式で与えられる. なお, d は玉の直径, D は玉セットのピッチ径, α は接触角を表す.

$$f_c = \frac{f_r}{2}\left(1 - \frac{d}{D}\cos\alpha\right) \approx 0.4 f_r \tag{8.28}$$

$$f_b = \frac{f_r}{2}\frac{D}{d}\left(1 - \frac{d^2}{D^2}\cos^2\alpha\right) \tag{8.29}$$

$$f_i = f_r - f_c \approx 0.6 f_r \tag{8.30}$$

表 8.2 においてアキシアル荷重が加わる場合の解析結果は,Gustafsson の解析結果に一致する. なお, Yhland は,表 8.2 で「コンバインドノード」や「コンバインドモード」の発生を指摘しているが,詳細を示していないため,それらの意味するところは不明である. Yhland は,アキシアル荷重が加わる玉軸受で支持された剛性ロータの振動に及ぼす幾何形状の不完全性の影響の理論解析も行い,**表 8.3** に示すように,幾何形状の不完全性のタイプ,振動数,および運動のタイプの関係を示している[17]. 表 8.3 に示す振動数は,表 8.2 に示したアキシアル荷重が加わる場合の玉軸受単体の振動数と一致する.

　岡本ら[18]は,外輪を多角状に変形させることで外輪にうねりを与えて,内輪を回転させたときの玉軸受の軸心軌跡を解析した. なお,この解析では軸受部品を剛体とし,軸受内の力およびヘルツ変形を無視している. **図 8.9** に,岡本らの解析結果の例を示す. 図に示すように,軸心の振れの大きさと軌跡は,外輪のうねりの山数 N と玉数 Z によって異なる. なお,図

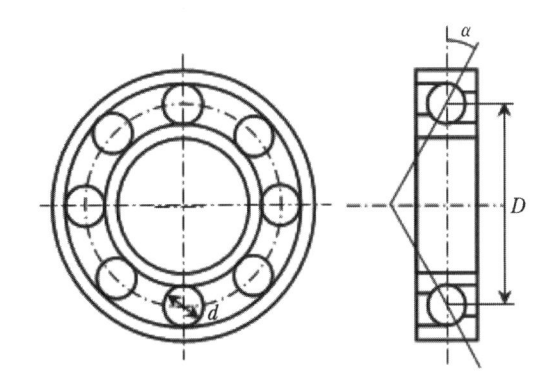

図 8.8 玉軸受の玉の直径 d,玉セットのピッチ径 D および接触角 α [17]

表 8.3 幾何形状の不完全性を持つ玉軸受で支えられた剛性ロータの振動[17]

不完全性のタイプ	うねりの山数	振動数	運動のタイプ 半径方向	運動のタイプ 軸方向
外輪のうねり	nZ	nZf_c	発生しない	発生
外輪のうねり	$nZ-1$	nZf_c	後向きふれまわり	発生しない
外輪のうねり	$nZ+1$	nZf_c	前向きふれまわり	発生しない
内輪のうねり	1	f_r	前向きふれまわり	発生しない
内輪のうねり	nZ	nZf_i	発生しない	発生
内輪のうねり	$nZ-1$	$nZf_i - f_r$	後向きふれまわり	発生しない
内輪のうねり	$nZ+1$	$nZf_i + f_r$	前向きふれまわり	発生しない
玉のオーバーサイズ	—	f_c	前向きふれまわり	発生しない
玉のうねり	$2n$	$2nf_b$	発生しない	発生
玉のうねり	$2n$	$2nf_b - f_c$	後向きふれまわり	発生しない
玉のうねり	$2n$	$2nf_b + f_c$	前向きふれまわり	発生しない

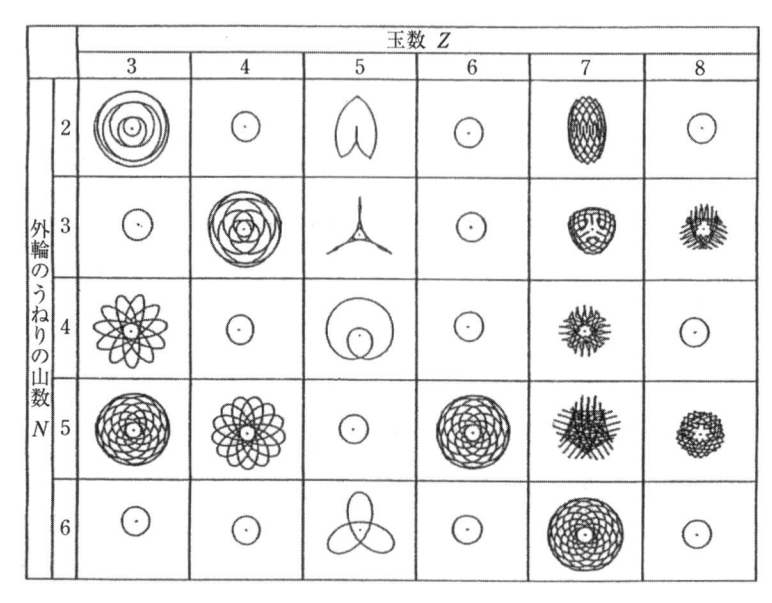

図 8.9 軸心軌跡に及ぼす外輪のうねりの影響[18]

は玉の直径の相互差がない場合の解析結果であるが，玉の直径の相互差がある場合には，玉の公転に伴って軌跡がずれる．以上の解析結果は，実験結果ともよく一致することが確認されている．

坂口と赤松[19]は，玉と軌道面の接触力を考慮し，静的な力の釣合いに基づいて，内輪回転時の玉軸受の軸心軌跡に及ぼす外輪のうねりの影響についてシミュレーションを行った．その結果は，岡本らの解析および実験結果と定性的に一致している．なお，坂口と赤松は玉の不等配がある場合についてもシミュレーションを行っており，その場合には，保持器の回転周期で振れが発生するとしている．

8.3.3 外輪の固有モードおよび固有振動数

転がり軸受は内輪回転で使用される場合が多く，その場合，内輪と軸はしまりばめ，外輪とハウジングはすきまばめにするのが一般的である．このように外輪の拘束が緩いために，外輪の固有振動およびそれによって生ずる音が問題となることが多い．

外輪の固有振動の発生機構は，以下のように考えられている．すなわち，負荷を受けて転がり軸受が回転すると，軌道および転動体の表面に存在する円周方向のうねりのために，軌道輪と転動体の接触部の弾性に微小な交番変化が起こり，軌道輪に加振力が作用して外輪の固有振動が生ずる[11]．

これまでの研究で報告された主な外輪の固有振動の名称，外輪の振動モードおよび振動系の例を**表 8.4**に示す[11],[20]～[24]．表に示すように，外輪の固有振動は，面内の固有振動と面外の固有振動に大別される．外輪の面内の固有振動には，外輪質量系鉛直方向固有振動，外輪半径方向曲げ固有振動，外輪伸び固有振動がある．また，外輪の面外の固有振動には，外輪慣性モーメント系角方向固有振動，外輪質量系軸方向固有振動，外輪軸方向曲げ固有振動，および外輪ねじり固有振動がある．アキシアル荷重が加わる玉軸受における振動系は，表の右列のように考えられている[20]～[24]．すなわち，円環形状をした外輪が，転動体と軌道の弾性接触によって生ずるばねによって支持されていると考えられている．太田らは，円環の振動理論と弾性接触理論に基づいた外輪の固振動数の計算式を提案し，この計算式によって求めた固有振動数の計算値と，実験によって得た振動数との比較を行った[20]～[24]．太田らの実験結果の例を**図 8.10**および**図 8.11**に示す．両図では，同一寸法の総セラミック玉軸受，ハイブリッドセラミック軸受および鋼製玉軸受の外輪の面内および面外振動スペクトルが示されている．図中の $f_1^{(R)}$ ～ $f_4^{(R)}$ および $f_1^{(A)}$ ～ $f_4^{(A)}$ は，それぞれ外輪の半径方向振動および軸方向振動の周波数スペクトルに生ずる主なピークの周波数の記号を表す．

図 8.12は，実験で得た外輪の振動のピークの周波数と，計算で求めた外輪の固有振動数の比較

表 8.4 外輪の固有振動[11]

	固有振動の名称	外輪の代表的なモード	振動系
外輪の面内の固有振動	外輪質量系鉛直方向固有振動		外輪、玉、m_r、k_{ri}、k_{r0}、内輪
	外輪半径方向曲げ固有振動		k_{ri}：1個の玉と内輪の間の半径方向ばねのばね定数 k_{r0}：1個の玉と外輪の間の半径方向ばねのばね定数 m_b：玉の質量
	外輪伸び固有振動		
外輪の面外の固有振動	外輪慣性モーメント系角方向固有振動		K_θ, J_A, $K_{p\theta}$, F_a J_A：外輪の直径方向に関する慣性モーメント K_θ：アキシアル荷重F_aが加わった場合の玉軸受の傾き方向ばねのばね定数 $K_{p\theta}$：プレローダの2本のゴム製の指の傾き方向ばねのばね定数 F_a：アキシアル荷重
	外輪質量系軸方向固有振動		K_{ai}, M_B, K_{a0}, M_A, K_{pa}, F_a M_A：外輪の質量 M_B：すべての玉の質量の和 K_{pa}：プレローダの2本のゴム製の指の軸方向ばねのばね定数 K_{ai}：すべての玉と内輪の間の軸方向ばねのばね定数 K_{a0}：すべての玉と外輪の間の軸方向ばねのばね定数
	外輪軸方向曲げ固有振動		k_{ai}, m_r, k_{a0}, F_a, 玉, 外輪
	外輪ねじり固有振動		k_{ai}：1個の玉と内輪の間の軸方向ばねのばね定数 k_{a0}：1個の玉と外輪の間の軸方向ばねのばね定数

(a) 総セラミック玉軸受

(b) ハイブリッドセラミック玉軸受

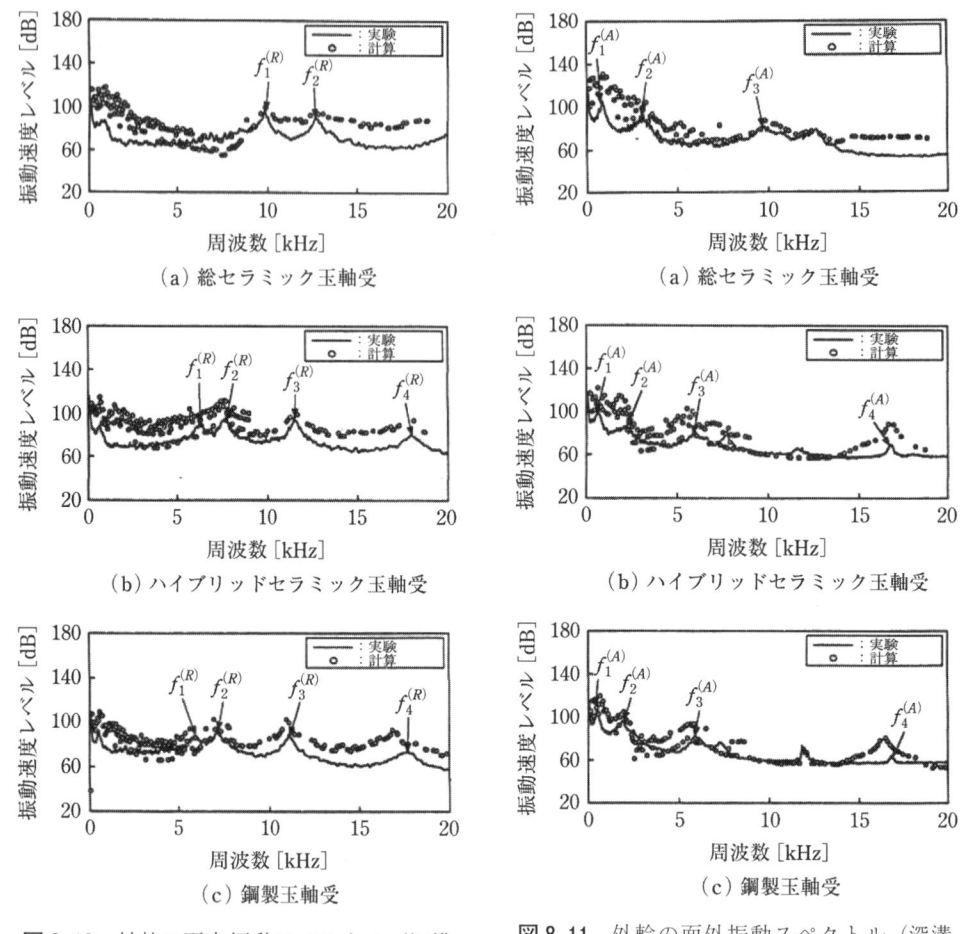

(c) 鋼製玉軸受

図 8.10 外輪の面内振動スペクトル（深溝玉軸受6206，アキシアル荷重99.5N，内輪回転数1800rpm）[24]

(a) 総セラミック玉軸受

(b) ハイブリッドセラミック玉軸受

(c) 鋼製玉軸受

図 8.11 外輪の面外振動スペクトル（深溝玉軸受6206，アキシアル荷重99.5N，内輪回転数1800rpm）[24]

である[24]．図において，$f^*_{VML.H}$は外輪質量系鉛直方向固有振動数，$f^*_{R(i-1)L,H}$は外輪半径方向曲げ固有振動数，f^*_{MIT}は外輪慣性モーメント系角方向固有振動数，$f^*_{AML.H}$は外輪質量系軸方向固有振動数，$f^*_{A(i-1)L,H}$は外輪軸方向曲げ固有振数数の記号であり，添字LおよびHは低次振動および高次振動を表す．また，記号中のiは円周方向波数である．図に示すように，総セラミック玉軸受，ハイブリッドセラミック軸受および鋼製玉軸受のいずれにおいても，実験で得た外輪の振動のピークの周波数は，外輪の固有振動数の計算値とよく一致する．なお，図では外輪伸び固有振動数および外輪ねじり固有振動数の計算値は示されていない．これは，外輪伸び固有振動数および外輪ねじり固有振動数が，可聴周波数の上限（20kHz）よりも高くなるためである．呼び軸受外径が80mm以上となる中形および大形玉軸受では，外輪伸び固有振動数および外輪ねじり固有振動数が可聴周波数帯域で生じる[23]．

ところで，外輪の固有振動数の理論計算において，深溝玉軸受のように外輪の断面が矩形に近い，いわゆる対称断面形状の場合は，計算は比較的容易であるが，例えば円すいころ軸受の外輪の断面のように台形に近い非対称断面形状をしている場合には，計算は複雑になる．その場合には，有限要素法による解析が行われている[25]．有限要素法による解析では，**図8.13**に示すように，ソ

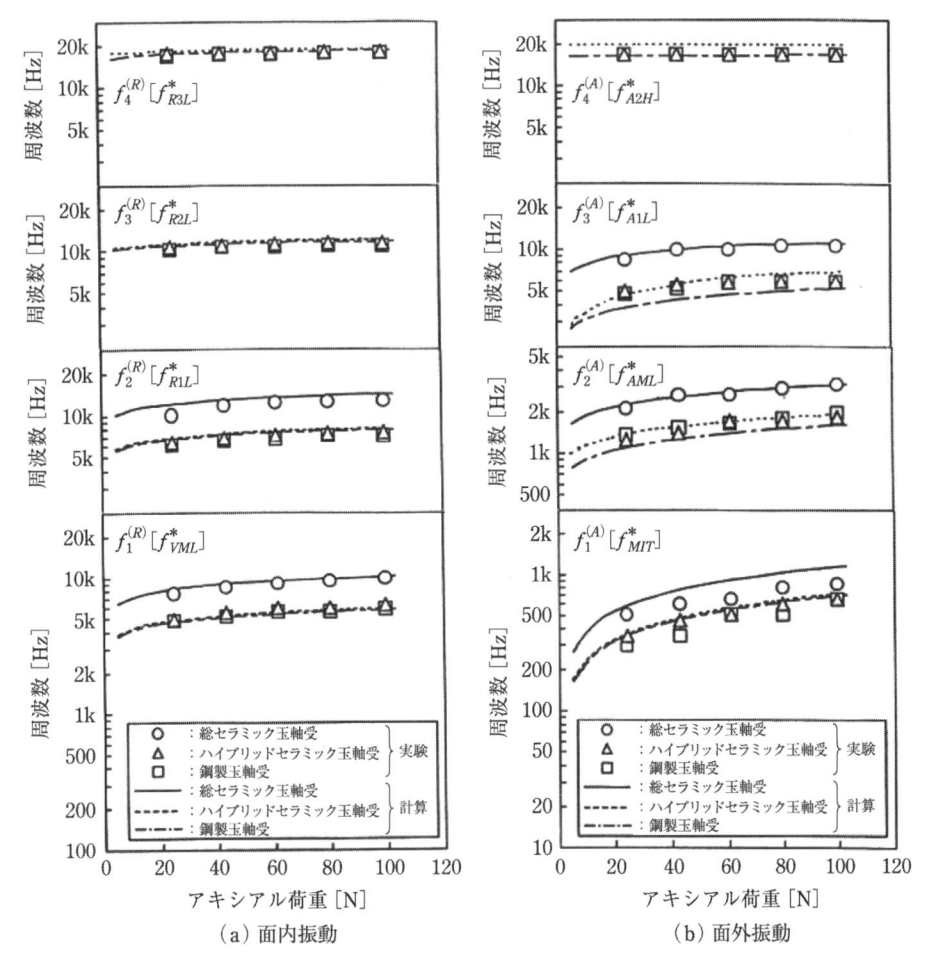

図8.12 実験で得たピークの周波数と計算で得た外輪の固有振動数の比較
（深溝玉軸受6206，内輪回転数1800 rpm）[24]

(a) 面内振動

(b) 面外振動

リッド要素により外輪を分割し，さらにころの質量およびころと軌道の線接触によって生ずるばね k_i, k_a を考慮したモデルを作成して外輪の固有振動数を計算する．有限要素法による解析結果より，可聴周波数帯域で生ずる円すいころ軸受の外輪の固有振動数は，要素数15000以上の解析モデルを用いるとほぼ求められることが示されている．

8.3.4 きずのある転がり軸受の振動

転がり軸受の軌道および転動体の表面にきず，圧こんまたはさびがあると，周期性のあるパルス的な振動が発生する．この振動は軌道上のきずなどに転動体が衝突するこ

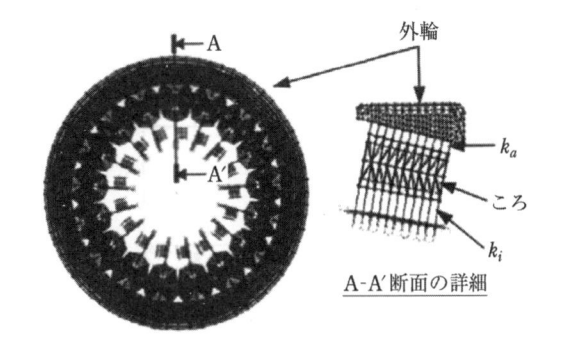

図8.13 有限要素法による円すいころ軸受の固有振動解析（円すいころ軸受32206J，アキシアル荷重を受けた場合）[25]

(a) 内輪きず(試験軸受2-3M)

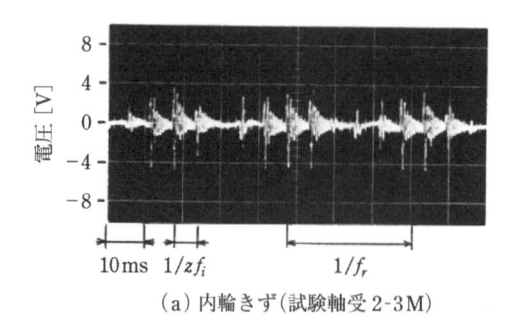

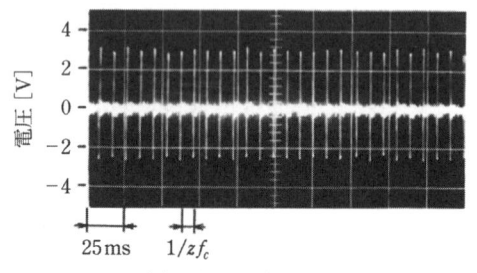

(b) 外輪きず(試験軸受3-3M)

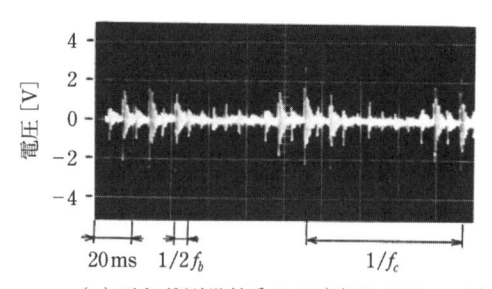

(c) 玉きず(試験軸受8-3M)(1V=1.03mm/s)

図8.14 1個のきずがある場合の外輪の振動の時間波形[26]

表8.5 1円周に1個のきずがある場合の振動パルスの繰返し周波数[26]

きずの場所	振動パルスの繰返し周波数
内輪	Zf_i
外輪	Zf_c
玉(転動体)	$2f_b$

とによって発生すると考えられている．図8.14 (a)〜(c)は，一定のアキシアル荷重を受けて内輪が回転する玉軸受の軌道または玉の表面に1個のきずがある場合の外輪の振動の時間波形を示している[26]．この時間波形における振動パルスの繰返し周波数をまとめると，表8.5のようになる．なお，図8.14および表8.5中の記号は表8.2と同様である．図8.14および表8.5より，軸受の回転数が低下すると振動パルスの繰返し周波数は低下することが理解できる．なお，図8.14に示すように，振動パルスの振幅は，外輪きずの場合はほぼ一定であるが，内輪きずの場合には内輪の回転周波数f_rの逆数の周期で変調を繰り返す．また，玉きずの場合は，玉の公転周波数f_cの逆数の周期で変調を繰り返す．

参考文献

1) 笹田 直：NSK Bearing Journal, 607 (1957) pp.1-11.
2) 青木保雄：ベアリング, **31**, 8 (1988) pp.286-289.
3) A. Palmgren：Ball and Roller Bearing Engineering, Third ed. S. H. Burbank & Co., Inc., Philadelphia (1959).
4) R. Stribeck：VDI Z, **45** (1901) pp.118-125.
5) 転がり軸受工学編集委員会：転がり軸受工学，養賢堂 (1975) pp.81-99.
6) 綿林英一：転がり軸受マニュアル，日本規格協会 (1999) pp.155-160.
7) 太田浩之・安本昇司：日本機械学会論文集 (C編), **67**, 660 (2001) pp.2643-2650.
8) E. Krämer：Dynamics of Rotors and Foundations, Springer-Verlag, Berlin (1993) pp.140-141.
9) 正田義雄：NSK Bearing Journal, 644 (1984) pp.7-13.
10) M. L. Adams, Jr.：Rotating Machinery Vibration, Marcel Dekker, Inc., New York, (2001) pp.193-199.
11) 太田浩之：設計工学, **40**, 10 (2005) pp.501-507.
12) E. Meldau：Werkstatt u. Betrieb, **84**, 7 (1951) pp.308-313.
13) 深田 悟・E. H. Gad, 近藤孝広・綾部 隆・田村実之：日本機械学会論文集 (C編), **50**, 457 (1984) pp.1703-1708.
14) 後藤佳昭・渡辺敏昭：日本機械学会誌, **66**, 536 (1963) pp.1171-1182.
15) 松下修巳・園田太郎・太田 啓・成瀬 淳・井上陽一・衣目川勲：日本機械学会論文集 (C編), **52**, 474 (1986) pp.439-447.
16) O. Gustafsson：Study of the Vibration Characteristicas of Bearing, SKF Report, AL62L005 (1962).

参考文献

17) E. Yhland：Trans. ASME, Journal of Tribology, **114** (1992) pp.348-359.
18) 岡本純三・大森達夫・北原時雄：トライボロジスト, **46**, 7 (2001) pp.578-584.
19) 坂口智也・赤松良信：NTN Technical Review, **69** (2001) pp.69-75.
20) 五十嵐昭男・太田浩之：日本機械学会論文集（C 編）, **56**, 528 (1990) pp.2047-2055.
21) 五十嵐昭男・太田浩之：日本機械学会論文集（C 編）, **56**, 531 (1990) pp.2976-2983.
22) 太田浩之・五十嵐昭男：日本機械学会論文集（C 編）, **57**, 533 (1991) pp.48-55.
23) 太田浩之・五十嵐昭男・倉光厚志：トライボロジスト, **37**, 7 (1992) pp.590-597.
24) 太田浩之・佐竹伸也：日本機械学会論文集（C 編）, **66**, 641 (2000) pp.267-274.
25) 太田浩之・吉井辰也：トライボロジスト, **48**, 9 (2003) pp.765-772.
26) 五十嵐昭男・浜田啓好：日本機械学会論文集（C 編）, **47**, 422 (1981) pp.1327-1336.

第9章 歯車を含む回転軸系の ねじり振動

タービン・発電機システム，自動車の動力伝達系，プリンタの運動伝達系などは，ねじり振動系の代表例である．こうしたねじり振動系に，エンジンやモータから発生する周期的な変動トルクや歯車のかみあいによる変動トルクなどが作用してねじり共振が起こると，歯車部の異音，歯車や軸継手の摩耗・破損，回転むら（ジッタ）などが生じる．

本章では，こうした回転軸系のねじり振動の取扱いについて説明する．系の構成が単純で，低次の固有振動数だけを問題にする場合は9.1節の方法で対応できる．しかし，回転機械の軸断面が複雑に変化したり，複数の軸が歯車で連結されているような場合には，第6章で説明した有限要素法と固有値解法を結合した数値解析法を用いて，ねじり振動系の固有振動数や固有モードを求める必要がある．

また，歯車を含む実際の回転軸系では様々な振動が発生する．これらを解明するには歯の弾性，一歯かみあい・二歯かみあい，バックラッシ，歯形誤差，歯形修正などを考慮した振動解析が必要になる．歯車のかみあいばね定数を一定と仮定すれば，バックラッシュの影響を無視して線形ねじり振動系やねじりと曲げの連成振動系の固有値解析が行えるし，バックラッシュを考慮して非線形ねじり振動系の強制ねじり振動応答（共振曲線）解析を行うことができる．歯車のかみあいばね定数の変化・歯形誤差（歯形修正）などを考慮すれば，ねじり振動系の加振源となる歯車の回転伝達誤差（入力歯車の回転角に対する出力歯車の理想的な回転角からの進み遅れ）が計算でき，歯車の反対歯面での接触を考慮すれば，かなり実際に近い歯車系のねじり振動応答解析が可能になる．本章では，こうした解析法について説明している．あわせて歯車系のねじり振動低減のために最適歯形修正についても言及している．

9.1 多円板ねじり振動系の固有振動数

9.1.1 多円板ねじり振動系の運動方程式

一般に，動力伝達系に分岐がないねじり振動系は，慣性モーメント I_i [kg·m²] をもついくつかの円板が軸継手や軸のねじりばね（ばね定数 K_i [N·m/rad]）で結合された図9.1のような多円板ねじり系としてモデル化できる．円板の慣性モーメントは，円板の質量 m_i，円板の半径 r_i を用いて $I_i = m_i r_i^2 / 2$ で計算できる．また，軸継手のねじりばね定数は実験値やカタログ値から，軸のねじりばね定数は，軸の直径を d_i，長さを l_i，横弾性係数を G_i とすれば，$K_i = \pi d_i^4 G_i / (32 l_i)$ で計算できる．なお，軸が中空の場合は d_i^4 を軸外径の4乗から軸内径の4乗を引いたものに置き換えればよい．

図9.1のねじり振動系が自由振動する場

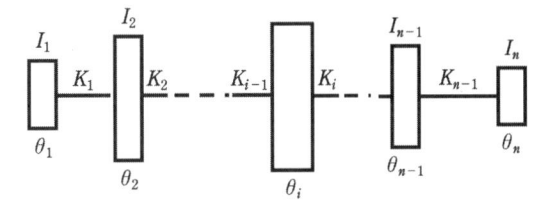

図9.1 多円板ねじり振動系

合，各円板の回転角を θ_i として，その運動方程式は式 (9.1) のように書ける．

$$\left.\begin{aligned}
&I_1\ddot{\theta}_1 + K_1(\theta_1 - \theta_2) = 0 \\
&I_2\ddot{\theta}_2 + K_1(\theta_2 - \theta_1) + K_2(\theta_2 - \theta_3) = 0 \\
&\quad\vdots \\
&I_i\ddot{\theta}_i + K_{i-1}(\theta_i - \theta_{i-1}) + K_i(\theta_i - \theta_{i+1}) = 0 \\
&\quad\vdots \\
&I_n\ddot{\theta}_n + K_{n-1}(\theta_n - \theta_{n-1}) = 0
\end{aligned}\right\} \tag{9.1}$$

ここで，

$$\left.\begin{aligned}
[I] &= \begin{bmatrix} I_1 & 0 & 0 & \cdots \\ 0 & I_2 & 0 & \cdots \\ 0 & 0 & I_3 & \cdots \\ \vdots & \vdots & \vdots & \ddots \end{bmatrix} \\
[K] &= \begin{bmatrix} K_1 & -K_1 & 0 & \cdots \\ -K_1 & K_1+K_2 & -K_2 & \cdots \\ 0 & -K_2 & K_2+K_3 & \cdots \\ \vdots & \vdots & \vdots & \ddots \end{bmatrix} \\
\{\theta\} &= \begin{Bmatrix} \theta_1 \\ \theta_2 \\ \theta_3 \\ \vdots \end{Bmatrix}
\end{aligned}\right\} \tag{9.2}$$

と置けば，式 (9.1) は次のように表せる．

$$[I]\{\ddot{\theta}\} + [K]\{\theta\} = 0 \tag{9.3}$$

この系の固有角振動数を p として自由振動解を式 (9.4) のように仮定し，これを式 (9.3) に代入すれば，式 (9.5) または式 (9.6) が得られる．なお，$[I]$ は慣性モーメントマトリクスである．

$$\{\theta\} = \{\theta_0\}\cos(pt + \alpha) \tag{9.4}$$

$$(-p^2[I] + [K])\{\theta_0\} = 0 \tag{9.5}$$

$$[I]^{-1}[K]\{\theta_0\} = p^2\{\theta_0\} \tag{9.6}$$

式 (9.6) を満足する固有角振動数 p および固有モード $\{\theta_0\}$ は，一般的には，第 6 章で説明した標準的な固有値問題解法を用いて数値的に解くことができる．なお，以下の 9.1.2, 9.1.3 項に示す 2 円板および 3 円板ねじり振動系の場合は，数式で固有振動数や固有モードを得ることができる．

9.1.2　2 円板ねじり振動系の固有角振動数と固有モード[1]

図 9.2 に示す 2 円板系の場合，式 (9.1)，(9.5) は次のように書ける．

$$\left.\begin{aligned}
I_1\ddot{\theta}_1 + K_1(\theta_1 - \theta_2) = 0 \\
I_2\ddot{\theta}_2 + K_1(\theta_2 - \theta_1) = 0
\end{aligned}\right\} \tag{9.7}$$

$$\begin{bmatrix} K_1 - p^2 I_1 & -K_1 \\ -K_1 & K_1 - p^2 I_2 \end{bmatrix} \begin{Bmatrix} \theta_{10} \\ \theta_{20} \end{Bmatrix} = 0 \tag{9.8}$$

この場合の系の固有角振動数は，式 (9.8) の係数行列式の値をゼロと置いた振動数方程式から，次のように得られる．

$$(K_1 - p^2 I_1)(K_1 - p^2 I_2) - K_1^2 = 0 \tag{9.9}$$

すなわち，

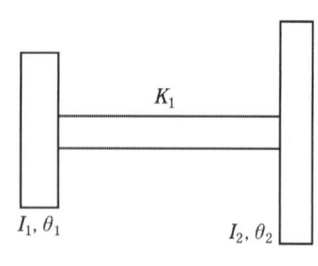

図 9.2　2 円板ねじり振動系

$$p^2[I_1 I_2 p^2 - K_1(I_1+I_2)] = 0 \tag{9.9}'$$

よって，

$$p=0, \quad p = \sqrt{\frac{K_1}{I_1} + \frac{K_1}{I_2}} = \sqrt{\frac{K_1(I_1+I_2)}{I_1 I_2}} \tag{9.10}$$

$p=0$ は，この系がねじり振動しないことを意味し，系は静止しているか，ねじり振動しないで剛体的に回転していることになる．結局，2円板ねじり振動系には，式 (9.10) で表されるゼロでない固有角振動数1個だけが存在し，その固有モード（この場合は，2個の円板のねじり振動の振幅比）は，式 (9.10) の第2式を式 (9.8) の第1式に代入して計算すると，次のようになる．

$$\left(\frac{\theta_{10}}{\theta_{20}}\right) = \frac{K_1}{K_1 - p^2 I_1} = -\frac{I_2}{I_1} \tag{9.11}$$

上式から，この固有モードでは円板1, 2は逆方向に振動し，その振幅比は慣性モーメントの比の逆数に等しいことがわかる．したがって，慣性モーメントが大きい円板は，自由振動時のねじり振動振幅が小さいといえる．なお，図 9.2 の系は，一方の円板の慣性モーメントが無限大になると，その円板を固定壁とした1円板ねじり振動系になる．

9.1.3 3円板ねじり振動系の固有角振動数と固有モード[1)]

この場合，式 (9.1), (9.5) は次のように書ける（図 9.3）．

$$\left.\begin{array}{l} I_1 \ddot{\theta}_1 + K_1(\theta_1 - \theta_2) = 0 \\ I_2 \ddot{\theta}_2 + K_1(\theta_2 - \theta_1) + K_2(\theta_2 - \theta_3) = 0 \\ I_3 \ddot{\theta}_3 + K_2(\theta_3 - \theta_2) = 0 \end{array}\right\} \tag{9.12}$$

$$\begin{bmatrix} K_1 - p^2 I_1 & -K_1 & 0 \\ -K_1 & K_1 + K_2 - p^2 I_2 & -K_2 \\ 0 & -K_2 & K_2 - p^2 I_3 \end{bmatrix} \begin{Bmatrix} \theta_{10} \\ \theta_{20} \\ \theta_{30} \end{Bmatrix} = 0 \tag{9.13}$$

このときの振動数方程式は，上式の係数行列式の値をゼロと置いて次のように得られる．

$$(K_1 - p^2 I_1)(K_1 + K_2 - p^2 I_2)(K_2 - p^2 I_3) - K_1^2(K_2 - p^2 I_3) - K_2^2(K_1 - p^2 I_1) = 0 \tag{9.14}$$

$$p^2[I_1 I_2 I_3 p^4 - \{K_1 I_3(I_1+I_2) + K_2 I_1(I_2+I_3)\} p^2 + K_1 K_2(I_1+I_2+I_3)] = 0 \tag{9.14}'$$

上式を解いて得られる固有角振動数は，$p=0$ を除いて2個存在し，絶対値の小さい値の方からそれぞれ1次，2次のねじり固有角振動数 p_1, p_2 と呼ぶ．

$$p_{1,2}^2 = \frac{1}{2}\left[\frac{K_1}{I_1} + \frac{K_1+K_2}{I_2} + \frac{K_2}{I_3} \pm \sqrt{\left(\frac{K_1}{I_1} + \frac{K_1+K_2}{I_2} + \frac{K_2}{I_3}\right)^2 - 4\frac{I_1+I_2+I_3}{I_1 I_2 I_3} K_1 K_2}\right] \tag{9.15}$$

上式の p_i を式 (9.13) に代入して計算すれば，固有角振動数 p_i で自由ねじり振動する場合の3円板のねじり振動の振幅比（固有モード）は次のように表せる．

$$\left.\begin{array}{l} \left(\dfrac{\theta_{10}}{\theta_{20}}\right) = \dfrac{-K_1/I_1}{p_i^2 - K_1/I_1} \\[2mm] \left(\dfrac{\theta_{30}}{\theta_{20}}\right) = \dfrac{-K_2/I_3}{p_i^2 - K_2/I_3} \end{array}\right\} \quad (i=1,2) \tag{9.16}$$

一般に，数式で固有角振動数を表現できるのは3円板の場合までで，それ以上の場合はコンピュータによる固有値解析が実際的である．

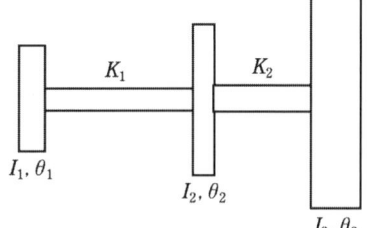

図 9.3 3円板ねじり振動系

9.2 歯車を含むねじり振動系の固有振動数の簡易解析

動力伝達系や運動伝達系では，回転速度の異なる複数の回転軸がいくつかの歯車によって結合されている（分岐系）．ここでは，歯車は平歯車とし，歯面分離することなく常にかみあって回転し，かつ，歯のばね定数の変化や歯形誤差などは無視できるものとする．こうした仮定を置いても，歯車軸系のいくつかのねじり振動特性を調べることができる．なお，系全体が一つの固有振動数で自由振動したり共振したりする場合，各軸の回転速度が異なっていても，各軸で同じ振動数（固有振動数）の振動が観測されることに留意すべきである．

歯車を含むねじり振動系の例として図9.4の系を考える．ここで，歯車1を含む駆動側は剛体の回転体とし，その慣性モーメントおよび回転角を I_1, θ_1 とする．従動側は歯車2と円板（慣性モーメント: I_2, I_3，回転角 θ_2, θ_3）およびこれらをつなぐ軸継手（ねじりのばね定数 K）からなっている．歯車のかみあい部の取扱い（θ_1, θ_2 の関係）については様々な方法があり，調べたい振動の特性に応じて適切な方法を選択する．θ_1, θ_2 の比較的簡単な取扱い①～③を以下に示す．

① $r_1\theta_1 = r_2\theta_2$：歯車1と2が剛体的に常に接触している状態．$r_1, r_2$ は歯車1, 2の基礎円半径．

② $f = k_g(r_1\theta_1 - r_2\theta_2)$：歯車1と2が，歯の弾性変形によるばねでつながれている状態．ここでは，このばねを歯車のかみあいばねと呼び，そのばね定数を k_g で表す．f は歯面間に働く伝達力（歯面荷重）である．

③ $r_1\theta_1 = r_2\theta_2 + x$：従動歯車2の中心が x 方向（歯車の作用線方向）に並進変位する場合．これは歯車の回転角 θ_1, θ_2 と曲げ変位 x が連成する場合で，歯車軸の軸受剛性が十分でない場合や軸の曲げ変位が大きい部分に歯車を取り付けた場合に相当する．

図9.4の系の運動方程式は，歯面荷重を f として，次のように書ける．

$$\left.\begin{aligned} I_1\ddot{\theta}_1 &= -r_1 f \\ I_2\ddot{\theta}_2 &= -K(\theta_2 - \theta_3) + r_2 f \\ I_3\ddot{\theta}_3 &= -K(\theta_3 - \theta_2) \end{aligned}\right\} \quad (9.17)$$

このねじり振動系の固有振動数が，条件①～③でどのように変わるか，以下に検討する．

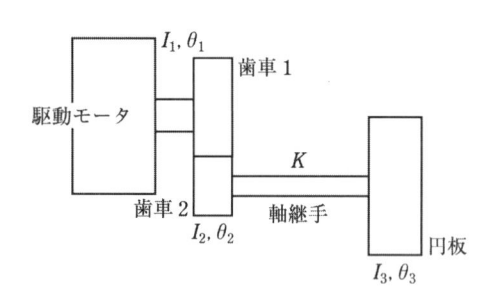

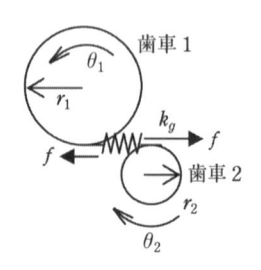

図9.4 歯車を含むねじり振動系

（1）条件①の場合，θ_1, θ_2 には次の関係がある．

$$r_1\theta_1 = r_2\theta_2 \quad (9.18)$$

この式を用いて式(9.17)の第1式と第2式から θ_1 と f を消去すると，式(9.17)は次のように表される．

$$\left.\begin{aligned} \left\{I_2 + I_1\left(\frac{r_2}{r_1}\right)^2\right\}\ddot{\theta}_2 + K(\theta_2 - \theta_3) &= 0 \\ I_3\ddot{\theta}_3 + K(\theta_3 - \theta_2) &= 0 \end{aligned}\right\} \quad (9.19)$$

これらの式は，2円板ねじり振動系の運動方程式(9.7)において，θ_1 を θ_2，θ_2 を θ_3，I_2 を I_3，I_1 を $I_2 + I_1(r_2/r_1)^2$ と置いたものであることがわかる．したがって，運動方程式(9.19)の固有角振動数や固有モードは，式(9.10), (9.11)を利用して計算できる．

（2）条件②の場合，条件②は次の式(9.20)で表され，歯車のかみあいばね定数 $k_g \mathrm{[N/m]}$ は回転

中一定であるとする．なお，k_g を無限大にした場合が条件 ① に相当する．

$$f = k_g(r_1\theta_1 - r_2\theta_2) \tag{9.20}$$

上式を式 (9.17) に代入して整理すれば，ねじり振動の運動方程式は次のように書ける．

$$\left.\begin{array}{l} I_1\ddot{\theta}_1 + r_1 k_g(r_1\theta_1 - r_2\theta_2) = 0 \\ I_2\ddot{\theta}_2 + K(\theta_2 - \theta_3) - r_2 k_g(r_1\theta_1 - r_2\theta_2) = 0 \\ I_3\ddot{\theta}_3 + K(\theta_3 - \theta_2) = 0 \end{array}\right\} \tag{9.21}$$

マトリクス表示すれば，

$$\begin{bmatrix} I_1 & 0 & 0 \\ 0 & I_2 & 0 \\ 0 & 0 & I_3 \end{bmatrix}\begin{Bmatrix} \ddot{\theta}_1 \\ \ddot{\theta}_2 \\ \ddot{\theta}_3 \end{Bmatrix} + \begin{bmatrix} k_g r_1^2 & -k_g r_1 r_2 & 0 \\ -k_g r_1 r_2 & k_g r_2^2 + K & -K \\ 0 & -K & K \end{bmatrix}\begin{Bmatrix} \theta_1 \\ \theta_2 \\ \theta_3 \end{Bmatrix} = 0 \tag{9.22}$$

この式は，3円板ねじり振動系の運動方程式 (9.12) と同じ形をしているので，系の2個の固有角振動数 p_1, p_2 は式 (9.15) を参考に計算できる．ここで，各パラメータの値を以下のように選び，k_g の値を変化させて2個のねじり固有振動数 $f_{n1}\{=p_1/(2\pi)\}, f_{n2}\{=p_2/(2\pi)\}$ の変化を計算した．結果を**図9.5**に示す．

$I_1 = 0.5\,\mathrm{kg\cdot m^2}$, $I_2 = I_3 = 0.1\,\mathrm{kg\cdot m^2}$, $K = 1000\,\mathrm{N\cdot m/rad}$, $k_g = 1*10^4 \sim 2*10^7\,\mathrm{N/m}$,
$r_1 = 0.1\,\mathrm{m}$, $r_2 = 0.02\,\mathrm{m}$

図より，$k_g < 2\times10^5\,\mathrm{N/m}$ の範囲では，k_g の増加とともに f_{n1} は極めて小さい値から次第に大きくなるが，f_{n2} は 22.5 Hz でほとんど変化しない．その後，両者ともゆるやかに大きくなり，$3\times10^6\,\mathrm{N/m} < k_g$ の範囲では f_{n1} が 21.6 Hz へ，f_{n2} はある曲線へ漸近する．こうした2個の固有振動数の変化は以下のように理解できる．すなわち，図9.4の系は，I_2, I_3, K からなるねじり振動系 A の固有振動数 $f_0 = 22.5\,\mathrm{Hz}$（式 (9.21) で $k_g = 0$ としたときの固有振動数）および系 A の I_2 と付加系 k_g, I_1 からなる歯車系の固有振動数 f'（式 (9.21) で $K = 0$ としたときの固有振動数，図9.5 の f' 参照）をもつ．全体系の2個の固有振動数 f_{n1}, f_{n2} の k_g に対する変化は，f_0, f' などを漸近曲線とする双曲線に似た曲線になる（図9.5）．なお，$k_g \to \infty$ のときの 21.6 Hz $(=f_{0\infty})$ の値は，先の (1) 条件 ① の場合の固有振動数である．

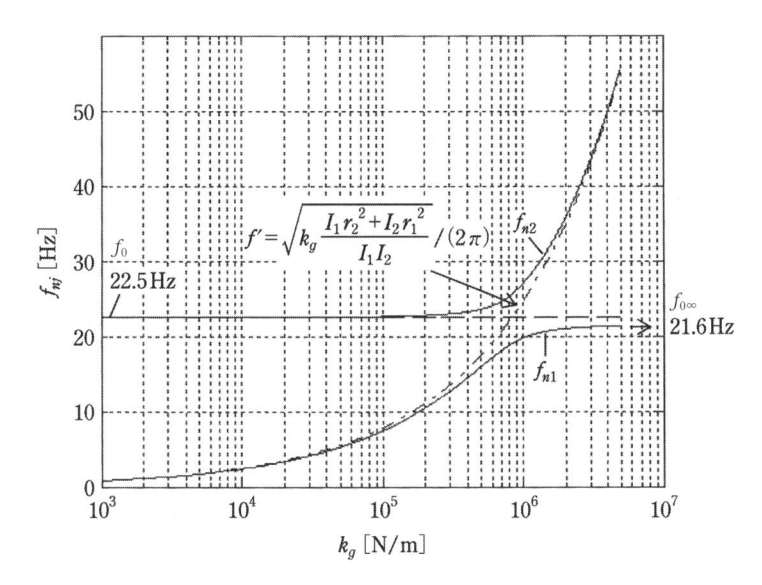

図9.5 歯車のかみあいばね定数による歯車系のねじり固有角振動数の変化

固有モードを調べると，固有振動数が 22.5Hz 近傍にある場合，θ_2, θ_3 のねじり振動振幅が θ_1 に比べて大きく，もう一方のモードでは θ_1, θ_2 の振動振幅が大きくなっている．

9.3 歯車軸系におけるねじり・曲げ連成振動[2)]

前節の問題を条件③ $r_1\theta_1 = r_2\theta_2 + x$ のもとで考える．歯車を含む動力伝達系において，歯車を支える軸や軸受の剛性が低い場合，負荷運転時に歯車は回転するだけでなく並進運動する．このとき，歯車歯面が常に接触している場合は，歯車の作用線方向の接触条件③の式が成立する．その結果，軸系のねじり振動の変位と曲げ振動（横振動）の変位が関連しあう，いわゆるねじり・曲げ連成振動が生じる．この場合の固有振動数（危険速度）は連成がない場合の値より低下するので，注意が必要である．ここでは説明を簡単にするため，図 9.6 に示すような剛支持した剛性駆動歯車と質量 m の従動歯車をもつ弾性軸からなる歯車軸系を考える．この系のねじり振動および曲げ振動の運動方程式は，図 9.6 を参考にして，次のように書ける．

$$I_1\ddot{\theta}_1 = -r_1 f, \quad I_2\ddot{\theta}_2 = r_2 f \tag{9.23}$$

$$m\ddot{x} = -kx + f, \quad m\ddot{y} = -ky \tag{9.24}$$

かみあう歯の接触条件③より，

$$r_1\theta_1 = r_2\theta_2 + x \tag{9.25}$$

ここで，θ_1, θ_2 は駆動側・従動側の歯車の回転角，x, y は従動歯車の作用線，およびこれと直角方向の並進変位，f はかみあい時の歯面荷重である．上式より，θ_1, θ_2, x が連成し，y が独立であることがわかる．

式 (9.23)，(9.24) から f を消去すれば次式が得られる．

$$\left.\begin{array}{l} r_2 I_1 \ddot{\theta}_1 + r_1 I_2 \ddot{\theta}_2 = 0 \\ m\ddot{x} + kx = I_2 \ddot{\theta}_2 / r_2 \end{array}\right\} \tag{9.26}$$

式 (9.25) から θ_1 を求めて上式に代入し，さらにこれら 2 式から θ_2 を消去すれば，x に関する運動方程式は次のようになる．

$$\left(m + \frac{I_1 I_2}{r_2^2 I_1 + r_1^2 I_2}\right)\ddot{x} + kx = 0 \tag{9.27}$$

この式から連成系（作用線方向，x 方向）の固有角振動数 p は次のように求まる．

$$\left.\begin{array}{l} p = \sqrt{\dfrac{k}{m+\alpha}} \\ \alpha = \dfrac{I_1 I_2}{r_2^2 I_1 + r_1^2 I_2} = \dfrac{1}{r_1^2/I_1 + r_2^2/I_2} \end{array}\right\} \tag{9.28}$$

一方，連成がない y 方向の曲げ振動の固有角振動数 ω_n は，式 (9.24) 第 2 式より次のようになる．

$$\omega_n = \sqrt{\frac{k}{m}} \tag{9.29}$$

p と ω_n を比較すると，連成の結果，円板の質量 m が α [式 (9.28)] だけ増加したことになり，従動軸の作用線方向の曲げ振動の固有角振動数 p は低下する．式 (9.28) より，両歯

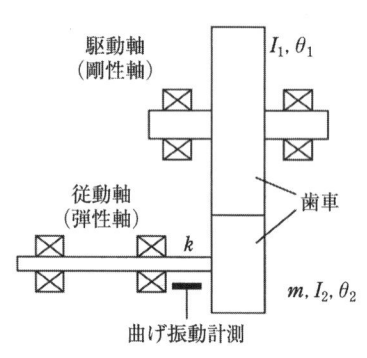

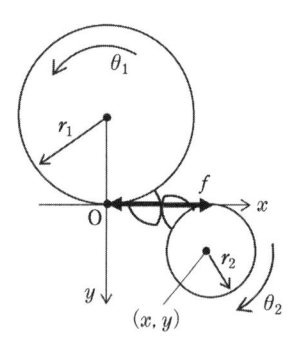

図 9.6 歯車が弾性軸にオーバーハングして取り付けられたねじり・曲げ連成振動系

車の慣性モーメントが大きいほどαが大きく，したがってpが低くなることがわかる．この歯車系を負荷運転し，従動軸の曲げ振動を任意の方向から計測すると，一般にはpおよびω_nに一致する回転速度でそれぞれ共振のピークが観察されることになる．

9.4 バックラッシを考慮した歯車系の強制ねじり振動

9.4.1 計算モデルと運動方程式

歯車にはバックラッシが存在するので，軽負荷運転でねじり共振を生じると，歯面分離が発生しやすい．歯面分離が生じると，歯車を含むねじり振動系はガタをもつ非線形系になり，系の固有振動数は振幅の関数になって，共振曲線（振動の応答曲線）の形は複雑になる[3]．ガタを考慮した系（ガタ系）の固有振動数解析は一般に困難になり，多くの場合，系の強制振動応答を数値解析[4]することになる．ここでは，図 9.7 に示すバックラッシδをもつ一対の歯車からなる系が，一定のトルクT_qを伝達しつつ，角速度ωで変動する加振トルク（振幅T_v）を受ける場合の強制ねじり振動について説明する．両歯車の慣性モーメント，回転角，基礎円半径を$I_1, I_2, \theta_1, \theta_2, r_1, r_2$とし歯面荷重を$f$とすれば，系のねじり振動の運動方程式は次のように書ける．

$$\left.\begin{array}{l} I_1\ddot{\theta}_1 = -r_1 f + T_q + T_v\cos\omega t \\ I_2\ddot{\theta}_2 = +r_2 f - r_2 T_q/r_1 \end{array}\right\} \quad (9.30)$$

ここで，歯車の基準の歯がバックラッシの中央位置にあるときを両歯車の回転角θ_1, θ_2のゼロ位置とすれば，歯面荷重fは$x = r_1\theta_1 - r_2\theta_2$に対して，図 9.8 のように変化し次式で表される．なお，k_gおよびc_gを歯車かみあい時のばね定数および粘性減衰係数とする．

$$\left.\begin{array}{ll} (1) & \delta/2 \leq x & f = k_g(x - \delta/2) + c_g\dot{x} \\ (2) & -\delta/2 \leq x \leq \delta/2 & f = 0 \\ (3) & x \leq -\delta/2 & f = k_g(x + \delta/2) + c_g\dot{x} \end{array}\right\} \quad (9.31)$$

従動歯車を固定し，駆動歯車に一定のトルクT_qを加えた静止の状態を初期条件とすると，両歯車の初期角変位は次のようになる．

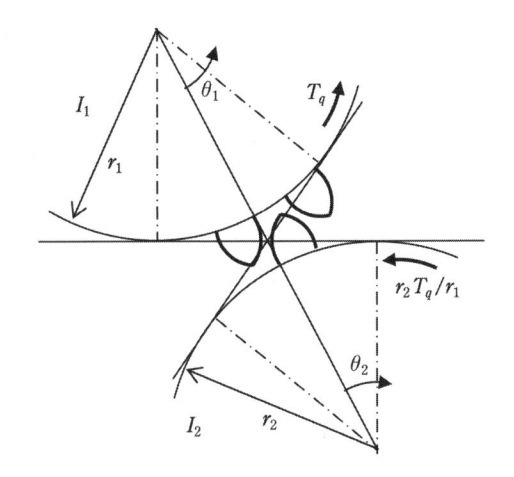

図 9.7 バックラッシをもつ歯車系

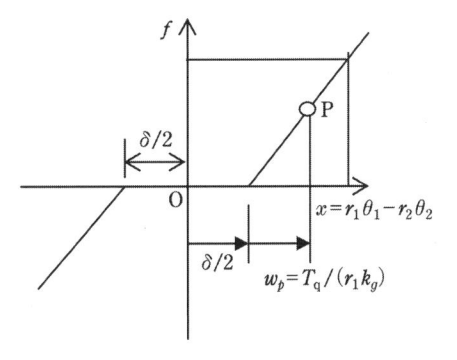

図 9.8 バックラッシδと静的平衡位置 P

$$\left.\begin{array}{l}\theta_{20}=0\\ \theta_{10}=\left(\dfrac{T_q}{r_1 k_g}+\dfrac{\delta}{2}\right)/r_1=\left(w_p+\dfrac{\delta}{2}\right)/r_1\end{array}\right\} \quad (9.32)$$

9.4.2 ねじり振動応答の計算結果

式 (9.30), (9.31) で表されるガタ系の強制振動の解を理論解析で求めることも可能であるが, かなり複雑な計算になる. ここでは, 第 3 章で行ったように加振振動数 ω を初期値 ω_0 から角加速度 α で時間 t とともに直線的に緩やかに増加させ ($\omega t = \alpha t^2/2 + \omega_0 t$ と置いて), 式 (9.30) の危険速度通過時の非定常振動 (準定常的な振動) を数値計算することにする. 計算に用いたパラメータの値を以下に示す.

$I_1=0.5\,\mathrm{kg\cdot m^2}$, $I_2=0.2\,\mathrm{kg\cdot m^2}$, $k_g=100\times 10^6\,\mathrm{N/m}$, $c_g=2000\,\mathrm{N\cdot s/m}$,
$\delta=0.03\times 10^{-3}\,\mathrm{m}$, $r_1=r_2=0.05\,\mathrm{m}$, $T_q=100\,\mathrm{N\cdot m}$, $T_v=10, 40, 60, 80\,\mathrm{N\cdot m}$,
$\alpha=2\pi\times 5\,\mathrm{rad/s^2}$, $\omega_0=2\pi\times 170\,\mathrm{rad/s}$

この場合, 歯面分離しない範囲では系は線形であり, そのねじり振動の固有振動数は $f_n=210.5$ Hz, 減衰比は $D=0.0132$ である. なお, $w_p=0.02\,\mathrm{mm}$ である.

加振トルクの振幅 T_v の値を 4 通りに変えて, 加振振動数 ω を増加させて危険速度を通過する場合 (増速時と呼ぶ) の非定常振動を計算した. 結果を**図 9.9** (a) 〜 (d) に示す. 縦軸は $r_1\theta_1-r_2\theta_2(=x)$, 横軸は時間 t に比例した加振振動数 $\omega=\alpha t+\omega_0$ である. 図では $r_1\theta_1-r_2\theta_2$ の変動 (振動) の周期が短いため波形としては見えず, 波形の包絡線 (上下の包絡線) だけが確認できる. 変動 (振動) 波形の中心は, 歯面分離しない線形系の範囲では, 図 9.8 に示した $\delta/2+w_p=0.015+0.02=0.035\,\mathrm{mm}$ である [図 9.9 (a) 参照]. 両歯車の回転速度 $\dot{\theta}_1$, $\dot{\theta}_2$ の振動波形もほぼ同様な形状を示す. 図 (a) では, 加振トルクの振幅が小さいので歯面分離は起こらず, 系は線形系の共振特性を示す. 図 (b), (c) では, $r_1\theta_1-r_2\theta_2$ の振動波形の両振幅 (上下包絡線の間隔) が共振へ向けて次第に大きくなり, その振幅 (片振幅) が w_p を越えると (下側包絡線の高さがバックラッシュ量の半分 $\delta/2=0.015\,\mathrm{mm}$ より小さくなると) 歯面分離を生じ, 振幅が突然大きくなる (跳躍現象). その後, 振幅は次第

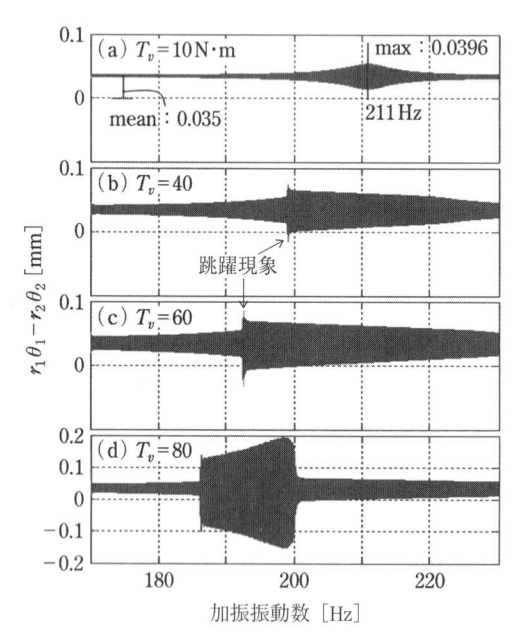

図 9.9 バックラッシを考慮した歯車系のねじり振動応答 (増速時)

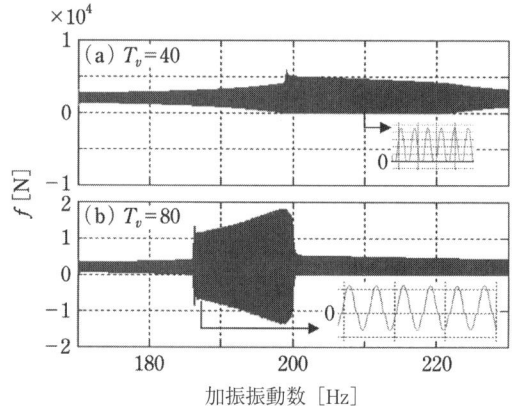

図 9.10 バックラッシを考慮した歯車系のねじり振動応答における歯面荷重の変化

に減少する．この振幅の減少については後で説明する．図 (b), (c) で跳躍が起きる加振振動数が異なるのは，T_v が大きい図 (c) では低い加振振動数で $r_1\theta_1 - r_2\theta_2$ の振幅が大きくなり，歯面分離が生じるためである．図 9.9 (b) の場合の歯面荷重 f の変化を図 9.10 (a) に示す．図より，広い加振振動数の範囲で歯面荷重 f がゼロになる（歯面分離する）こと，歯面荷重は負の値の領域に入らず，反対歯面の接触がないことなどがわかる．図 9.9 (d) では，縦軸のスケールが 1/2 になっているが，加振トルクの振幅が大きいために，低い加振振動数で歯面分離が生じ，かつ，反対歯面の接触も同時に生じるほど大きな跳躍現象が発生する．その後，共振点で最大振幅に達した後，跳躍現象で振幅が急減する．このときの歯面荷重の変化を図 9.10 (b) に示す．図より，歯面荷重は共振領域で正負の範囲を変動し，反対歯面の接触が生じていることがわかる．

9.4.3 バックラッシを考慮した歯車系のねじり振動の共振曲線

図 9.9 に示した歯車系の強制振動応答の違いを理解するには，その共振曲線の概略を知る必要がある．これについて以下に説明する．

$T_v = 80\,\mathrm{N\cdot m}$ の図 9.9 (d) の場合について，加振振動数 ω を減少させて危険速度を通過する場合（減速時と呼ぶ）の応答も計算し，増速時の場合 [図 9.9 (d)] とともにそれらの上下の包絡線（ガタ系の共振曲線相当）を示したのが図 9.11 である．図には，線形系の場合（バックラッシがないとした場合）の共振曲線やガタ系の背骨曲線（振幅による系の固有振動数の変化）も示した．増速時の波形の上側の包絡線 $P_1, P_2, P_3, P_4, P_5, P_6$ および減速時のそれ $P_6, P_7, P_8, P_9, P_{10}, P_{11}$（増減速時の下側の包絡線上の対応点を $P'_1, P'_2, P'_3, \cdots$ で表す）を重ね，これに実現できない応答曲線 $P_2 - P_9$, $P_4 - P_7$（点線，一点鎖線）を推定して包絡線群に加えると，ガタ系の共振曲線の概略が得られる．背骨曲線は増減速時の包絡線などを参考に模式的に描いてある．背骨曲線は，線形域では垂直 (210 Hz) であるが，バックラッシ領域では左に倒れてソフトスプリングの特性を示し，反対歯面が接触する状態では右へ傾いてハードスプリングの特性を示す．

図 9.11 に示したガタ系の共振曲線（$T_v = 80\,\mathrm{N\cdot m}$）を参考に，図 9.9 (a), (b), (c) の応答曲線について考察すると，以下のようになる．図 (a) は，最大振幅 0.0198 mm ($< w_p = 0.02$ mm)，210 Hz を共振点とする線形系の応答曲線である．図 9.9 (b), (c) の場合，加振トルクの振幅 T_v の値が 40, 60 N·m と小さいので，歯面分離する前の応答曲線は図 9.11 の $T_v = 80\,\mathrm{N\cdot m}$ の P_1, P_2 曲線より低く，その振幅が w_p に達する（歯面分離が生じる）のは，図 (c) の場合で約 193 Hz，図 (b) の場合で約 199 Hz になる．そこで跳躍現象が生じ，加振振動数の増加により，応答曲線は P_5, P_6 曲線より少し低いラインを右方向へ下っていく．図 9.9 (b), (c) は，こうした共振特性をよく表している．

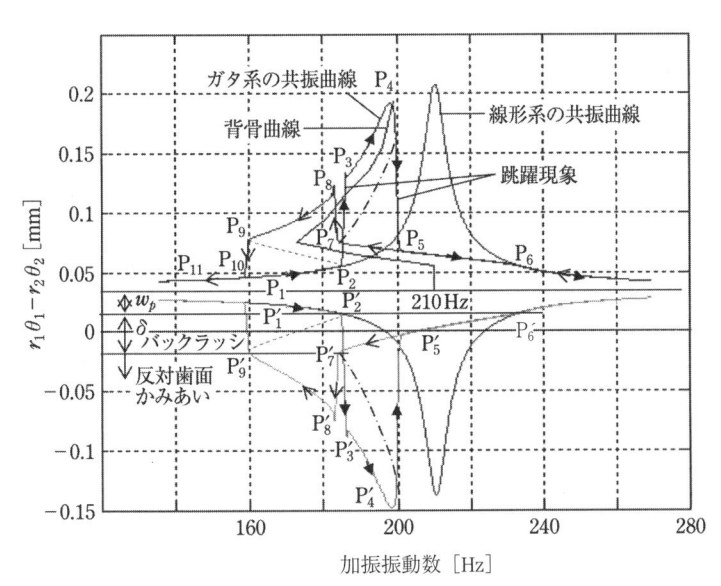

図 9.11 バックラッシを考慮した歯車系のねじり振動共振曲線 ($T_v = 80\,\mathrm{N\cdot m}$, $T_q = 100\,\mathrm{N\cdot m}$)

9.5　歯車のかみあいばね定数[5]

以下の説明では，かみあう一対の歯車を歯車対，かみあう一対の歯を歯対と呼ぶ．

歯車対が回転すると，一歯かみあい・二歯かみあいの状態が交互に現れるので，歯車対にはかみあいばね定数の変化が不可避的に生じる．また，実際の歯車には，歯の弾性変形，歯面のピッチ誤差，歯形誤差（歯形修正），偏心などがあるため，トルクや運動を伝達中の歯車対には回転伝達誤差（従動歯車の理想回転角に対する進み遅れ）が生じる．回転伝達誤差は，歯車のかみあい周波数（歯車回転速度×歯数）や軸の回転速度で変動する成分をもち，ねじり振動の加振トルクとして軸系に作用する．この加振トルクの振動数が系のねじり固有振動数に近づくと共振が起きる．共振時に歯車対の歯面が分離・接触を繰り返すと騒音が生じる．以下に，かみあいばね定数の変化や歯形誤差，これらを考慮した回転伝達誤差の求め方および歯車を含む回転軸系（歯車軸系）のねじり振動の取扱いについて順次説明する．扱う対象は平歯車とする．

9.5.1　歯対のたわみ[6]

図 9.12 に，歯のたわみを有限要素法（FEM）で計算するために用いた要素分割モデルを示す．計算では，ボス部を固定した鋼製の標準平歯車（モジュール $m=4$ mm，歯数 $z=27$，圧力角 $\alpha=20°$）の歯面に同じ諸元のインボリュート曲面をもつ剛体面を作用線方向に荷重 P_n で押し付け，そのとき接触点 Q および歯中心線上の点 R（点 Q と同じ半径位置）での荷重方向の弾性変形量を求めた．荷重点を移動させるために，歯車および剛体面をわずかずつ回転させて計算を行った．なお，押付け荷重は歯厚 1 mm 当たり 488.2 N とした．ピッチ円半径は $r_p=mz/2=54$ mm，基礎円半径は $r_b=r_p\cos\alpha=50.74$ mm，法線ピッチは $p_0=2\pi r/z=11.81$ mm，ピッチ点から歯先までの作用点上での距離は $p_1=\sqrt{(r_p+m)^2-r^2}-r\tan\alpha=9.62$ mm，ピッチ点から二歯かみあい開始点までの作用点上での距離は $p_w=p_0-p_1=2.19$ mm である．

歯のたわみに関する計算結果を図 9.13 に示す．横軸はピッチ点から測った荷重点（かみあい点）ま

図 9.12　歯のたわみ計算モデル[6]

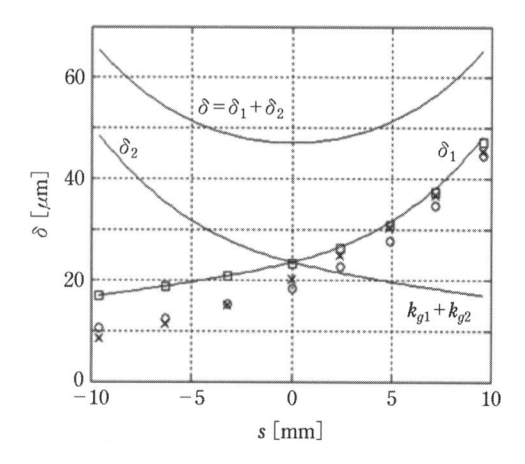

□：接触点 Q（FEM），○：歯中心位置 R（FEM），
×：石川の式
δ_1：□の近似（6次式），δ_2：相手歯のたわみ，δ：歯対のたわみ

図 9.13　歯のたわみ（計算結果）

での作用線上の距離 $s\,[\mathrm{mm}]$，縦軸は歯の作用線方向の変位（たわみ $\delta\,[\mu\mathrm{m}]$）である．図中の □ 印，○ 印は FEM 計算による点 Q,R でのたわみを，× 印は石川の式[7]による結果を示している．ここでは，接触点 Q でのたわみ（□ 印）を歯のたわみとして用いることとし，その変化を 6 次式で近似し δ_1 曲線で表す．同じ諸元をもつ相手歯車の歯のたわみは δ_1 と対称な δ_2 曲線で表されるので，歯対のたわみ量は図示した $\delta(=\delta_1+\delta_2)$ 曲線になる．今後の計算のため δ を $s\,[\mathrm{mm}]$ の 2 次式 $\delta = as^2 + \delta_0$ で近似すると，次のように表せる．

$$\delta = as^2 + \delta_0 = 0.195s^2 + 47\,\mu\mathrm{m} \tag{9.33}$$

9.5.2　歯対のかみあいばね定数[6]

前項の結果より，歯対のかみあいのばね定数 $\bar{k}_g$（歯幅 1 mm 当たり）は，作用線上でピッチ点から測ったかみあい点までの距離 s の関数として次のように表せる．$\bar{f}$ は歯幅 1 mm 当たりの歯面荷重である．

$$\bar{k}_g = \frac{\bar{f}}{\delta} = \frac{\bar{f}}{as^2+\delta_0} = \frac{\bar{k}_0}{\beta s^2+1} \tag{9.34}$$

式 (9.33) の数値を代入すると，

$$\bar{k}_g = \frac{488.2\,\mathrm{N/mm}}{0.195s^2+47\,\mu\mathrm{m}} = \frac{10.4}{0.00415s^2+1}\frac{\mathrm{N}}{\mathrm{mm}\cdot\mu\mathrm{m}} \tag{9.35}$$

ここで，$\bar{k}_0 = \bar{f}/\delta_0 = 10.4\,\mathrm{N/(mm\cdot\mu m)}$ はピッチ点における歯対のかみあいばね定数で，ISO によれば $\bar{k}_0 \approx 14\,\mathrm{N/(mm\cdot\mu m)}$（1 mm の単位歯幅当たりのばね定数が約 $14 \times 10^6\,\mathrm{N/m}$）で近似できるとしている．歯幅 $t\,[\mathrm{mm}]$ の歯対のばね定数 $k_g\,[\mathrm{N/m}]$ は $k_g = \bar{k}_g \times t$ になる（かみあう歯車は同じ諸元と仮定）．以下の議論では，歯幅 t の歯対のかみあいばね定数およびピッチ点でのその値をそれぞれ k_g，k_0 と表記する．

ピッチ点近くでかみあう歯対は一歯かみあいであるが，歯車の回転に伴って，二歯かみあいへ移行する．9.5.1 で説明した p_0, p_1, p_w を用いて 2 組の歯対（先行歯対と後行歯対と呼ぶ）のかみあいばね定数を表わせば次のようになる．

先行歯対

$$\begin{aligned}k_{g1} &= \frac{k_0}{\beta s^2+1} & (0 \leq s \leq p_1) \\ &= 0 & (p_1 \leq s \leq p_0)\end{aligned} \tag{9.36}$$

後行歯対

$$\begin{aligned}k_{g2} &= 0 & (0 \leq s \leq p_w) \\ &= \frac{k_0}{\beta(s-p_0)^2+1} & (p_w \leq s \leq p_0)\end{aligned} \tag{9.37}$$

以上より，一歯かみあいの場合 $(0 \leq s \leq p_w)$ のかみあいばね定数は式 (9.36) で $(k_g = k_{g1})$，二歯かみあいの場合 $(p_w \leq s \leq p_1)$ のばね定数は式 (9.36)，(9.37) を用いて次式で表される（等価ばね定数）．

$$k_g = k_{g1} + k_{g2} \tag{9.38}$$

ここで歯対のたわみ測定の結果について説明する．測定装置の概略を **図 9.14** に示す．歯車対の一方の回転を台座で固定し，他方におもりでトルク T_q を加えて両歯車の回転角 θ_1, θ_2 を測定した．この際，台座の高さを少しずつ変えて歯対のかみあい点を変化させ測定を行った．鋼製標準平歯車（モジュール 4 mm，歯数 27，圧力角 20°，歯厚 6.9 mm）を用いて行った測定値からかみあいばね定数 $k_g = T_q/\{r_b^2(\theta_1-\theta_2)\}$ を計算し，その結果を **図 9.15** に ○ 印で示した．なお，同図中には，

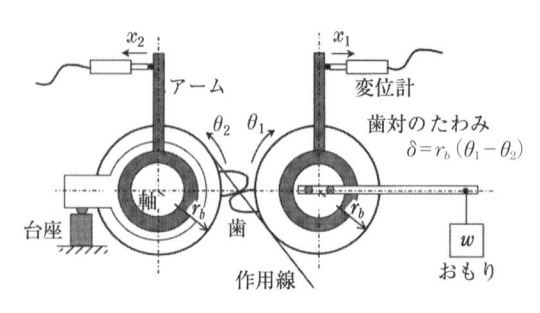

図9.14 歯対のたわみ測定装置

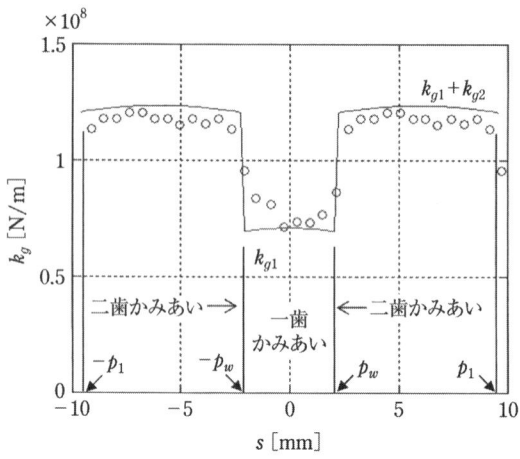

図9.15 歯対のかみあいばね定数の変化[4]

歯のかみあいばね定数が式 (9.34)〜(9.38) で表される場合の k_g の s [mm] に対する変化を実線で示した．計算に用いた値は

$k_0 = 0.707 \times 10^8$ [N/m], $\beta = 0.00415$ mm^{-2} [式 (9.35) 参照，歯厚 6.9 mm] である．実験と計算の結果は比較的あっていると思われる．石川の式による結果は図示していないが，FEM の結果（実線）より 5〜6 % ほど高い値を示した．

9.6 歯形誤差[8]

平歯車の歯形誤差 $\varepsilon(s)$ とは，図9.16 (a) に示すように，実際の歯面が作用線と交わる点のインボリュート曲線（理想歯面）からのずれ（歯面の出っ張り（＋）やへこみ（－）の量）をいう．図 (a) で，P をピッチ点，M を歯車がある角度回転したときの作用線上での理想的なインボリュート歯面の位置，M′ をそのときの実歯面の位置とすれば，$\varepsilon(s) = \overline{\mathrm{MM'}}$ となる．なお，$s = \overline{\mathrm{PM}}$ である．

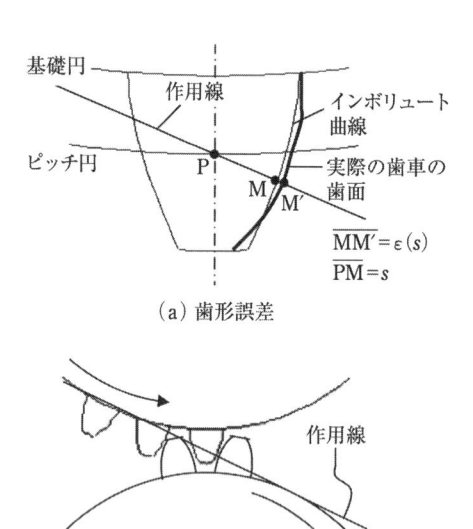

図9.16 歯形誤差

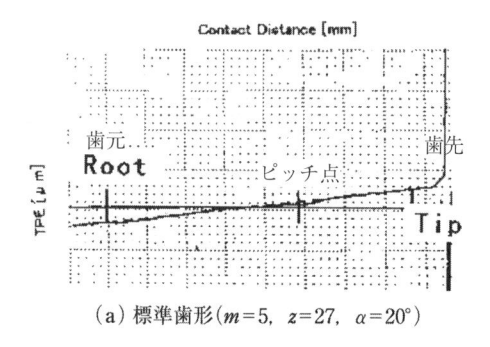

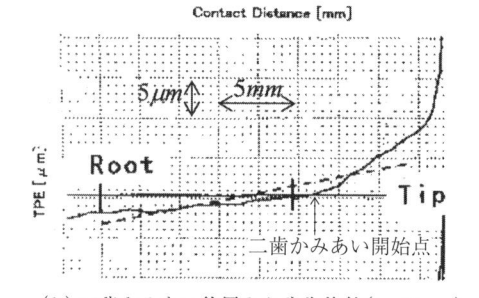

図9.17 歯形誤差測定例

歯形誤差測定装置で測った歯形誤差の測定例を**図 9.17**(a), (b) に示す．横軸は作用線上のかみあい点の位置（s [mm] 相当），縦軸は歯形誤差 $\varepsilon(s)$ [μm] である．

測定された歯形誤差 $\varepsilon_{ij}(s)$ を回転伝達誤差の計算に反映させるためには，**図 9.18** に示すように，各歯に歯形誤差の分布 $\varepsilon_{ij}(s)$ を与えればよい．図では，すべての歯に二歯かみあい開始点 $s = p_w$ から歯先 $s = p_1$ まで直線的な歯形誤差（へこみ，歯形修正）がある場合を示している．ε_{11}, ε_{21} は先行してかみあう先行歯対の駆動歯と従動歯の歯形誤差を，ε_{12}, ε_{22} はあとからかみあう後行歯対の駆動歯，従動歯の歯形誤差を表している．この場合の $\varepsilon_{ij}(s)$ は，式(9.39) のように書ける．

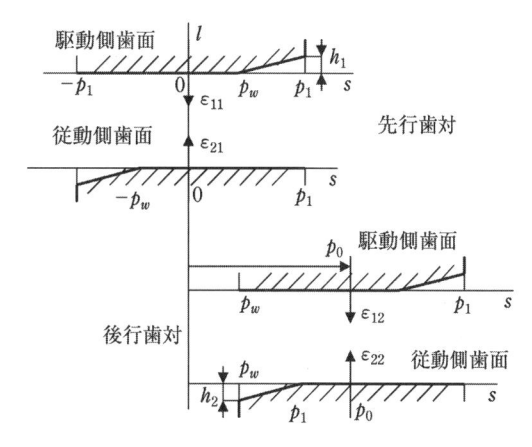

図 9.18 歯形誤差の与え方（両歯車とも二歯かみあい点から歯先までを直線で修正した場合．鉛直線 l の右への移動がかみあいの経過を示す）

$$\left.\begin{array}{ll}\varepsilon_{11}=0 & (0 \leq s \leq p_w) \\ \quad = -\dfrac{h_1(s-p_w)}{p_1-p_w} & (p_w \leq s \leq p_1) \\ \varepsilon_{21}=0 & (0 \leq s \leq p_1) \\ \varepsilon_{22}= -\dfrac{h_2(s-p_1)}{p_1-p_w} & (p_w \leq s \leq p_1) \\ \quad = 0 & (p_1 \leq s \leq p_0) \\ \varepsilon_{12}=0 & (p_w \leq s \leq p_0)\end{array}\right\} \quad (9.39)$$

ここで，h_1, h_2 は，駆動側・従動側歯面の歯先での歯形誤差量（歯形修正量）を表す．なお，$p_0 = p_1 + p_w$ なので，$s = p_0/2$ のときの歯形誤差は上記の第 2 式より $\varepsilon_{11}(p_0/2) = -h_1/2$ となる．

9.7 歯車対の回転伝達誤差

ここでは，かみあい時の各歯面の歯形誤差 $\varepsilon(s)$ および弾性変形量 $\Delta x(s)$ によって，回転伝達誤差がどのように表されるかについて説明する．なお，s は，ピッチ点から測ったかみあい点までの作用線上での距離で，回転伝達誤差とは，駆動歯車の回転角に対する従動歯車の理想回転角に対する進み・遅れをいう．

9.7.1 一歯かみあいの場合

歯形誤差をもつ一対の歯面がかみあっている（一歯かみあい）状態を**図 9.19** に模式的に示す．かみあい時の伝達荷重（＝歯面荷重）を f とする．この場合の作用線上での各歯面の進み遅れの分解図を**図 9.20** に示す．まず第 1 段階で，歯面荷重が作用せず駆動歯車がある基準角位置から角度 θ_1 回転すると，その理想歯面は作用線上で $r_1 \theta_1$ 右方向へ移動する．このとき

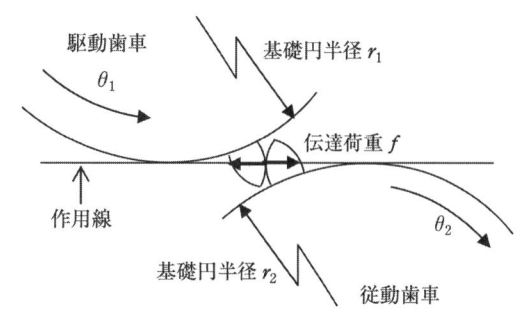

図 9.19 作用線上でかみあう歯面

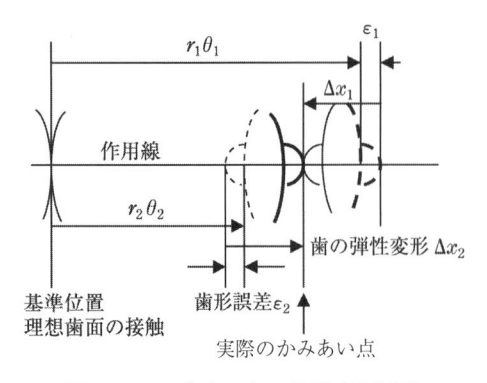

図 9.20 一歯かみあい状態（分解図）

実際の歯面は歯形誤差 ε_1 を加えた点（太い破線位置）に達する．歯形誤差は理想歯面からの出っ張り量を正としている．ここで第 2 段階として歯面荷重を加えると，この歯面は左方向へ Δx_1 弾性変形して実際のかみあい点（太い実線）に達する．一方，従動歯車は第 1 段階で θ_2 回転したとすると，その理想歯面は作用線上で $r_2\theta_2$ 右方向へ移動し，さらに歯形誤差分 ε_2 だけ左に移動する．第 2 段階で歯面荷重が加わると，この歯面位置は歯の弾性変形 Δx_2 によって右方向へ移動し，実際のかみあい点（細い実線）にくる．

以上のことから，f を伝達荷重，k_1, k_2 を駆動・従動歯車の 1 個の歯の曲げ変形のばね定数とすれば，各歯の弾性変形量およびかみあいの条件式は，次のように表せる．

$$f = k_1 \Delta x_1 = k_2 \Delta x_2 \tag{9.40}$$

$$r_1\theta_1 + \varepsilon_1 - \Delta x_1 = r_2\theta_2 - \varepsilon_2 + \Delta x_2 \tag{9.41}$$

ここで，k_1, k_2 は s の関数である．

式 (9.40) より Δx_1, Δx_2 を求めて式 (9.41) に代入して整理すると，次式が得られる．

$$r_1\theta_1 - r_2\theta_2 + \varepsilon_1 + \varepsilon_2 = \Delta x_1 + \Delta x_2 = f\left(\frac{1}{k_1} + \frac{1}{k_2}\right) = \frac{f}{k_g} \tag{9.42}$$

ここで，k_g は式 (9.36) に示した一対の歯のかみあいのばね定数 k_{g1} である．

式 (9.42) は，次のようにも書ける．

$$f = k_g(r_1\theta_1 - r_2\theta_2 + \varepsilon_1 + \varepsilon_2) \tag{9.43}$$

また，式 (9.42) より回転伝達誤差 ATE は次のように表せる．

$$ATE = \theta_2 - \frac{r_1}{r_2}\theta_1 = \frac{1}{r_2}\{\varepsilon_1 + \varepsilon_2 - (\Delta x_1 + \Delta x_2)\} = \frac{1}{r_2}\left(\varepsilon_1 + \varepsilon_2 - \frac{f}{k_g}\right) \tag{9.44}$$

上式より，回転伝達誤差は出っ張りの歯形誤差 ε_1, ε_2 が大きいほど進み，伝達荷重 f が大きいほど遅れることがわかる．ここで，歯対のばね定数 k_g および歯形誤差 ε_1, ε_2 は，式 (9.36) および式 (9.39)（$\varepsilon_{11} \to \varepsilon_1$, $\varepsilon_{21} \to \varepsilon_2$ と置く）で示されるように $s(\approx r_1\theta_1)$ の関数である．

9.7.2 二歯かみあいの場合

二歯かみあいの場合の各歯面の進み遅れの分解図を **図 9.21** に示す．先にかみあっていた先行歯対，後からかみあった後行歯対の各歯の歯形誤差，弾性変形量は図中に示したとおりである．また，先行歯対，後行歯対が分担する歯面荷重を f_1, f_2，各歯のばね定数を k_{ij} とすれば，伝達荷重を f として以下の式が成立する．

$$f = f_1 + f_2 \tag{9.45}$$

$$f_1 = k_{11}\Delta x_{11} = k_{21}\Delta x_{21}$$
$$f_2 = k_{12}\Delta x_{12} = k_{22}\Delta x_{22} \tag{9.46}$$

先行歯対のかみあい条件
$$r_1\theta_1 + \varepsilon_{11} - \Delta x_{11} = r_2\theta_2 - \varepsilon_{21} + \Delta x_{21}$$
後行歯対のかみあい条件
$$r_1\theta_1 + \varepsilon_{12} - \Delta x_{12} = r_2\theta_2 - \varepsilon_{22} + \Delta x_{22} \tag{9.47}$$

式 (9.46) より Δx_{ij} を求めて式 (9.47) に代入して整理すると次式が得られる．

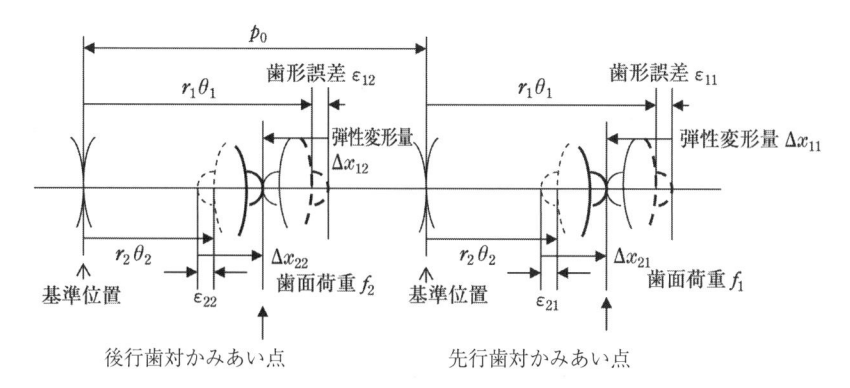

図 9.21 二歯かみあい状態（分解図）

$$\left.\begin{array}{l} r_1\theta_1 - r_2\theta_2 + \varepsilon_{11} + \varepsilon_{21} = \Delta x_{11} + \Delta x_{21} = \dfrac{f_1}{k_{11}} + \dfrac{f_1}{k_{21}} = \dfrac{f_1}{k_{g1}} \\[2mm] r_1\theta_1 - r_2\theta_2 + \varepsilon_{12} + \varepsilon_{22} = \Delta x_{12} + \Delta x_{22} = \dfrac{f_2}{k_{12}} + \dfrac{f_2}{k_{22}} = \dfrac{f_2}{k_{g2}} \end{array}\right\} \quad (9.48)$$

式 (9.48) から f_1, f_2 を求めると,

$$f_1 = k_{g1}(r_1\theta_1 - r_2\theta_2 + \varepsilon_{11} + \varepsilon_{21})$$
$$f_2 = k_{g2}(r_1\theta_1 - r_2\theta_2 + \varepsilon_{12} + \varepsilon_{22}) \tag{9.49}$$

これらを式 (9.45) に代入すると，伝達荷重 f は次のように求まる．

$$f = f_1 + f_2 = k_{g1}(r_1\theta_1 - r_2\theta_2 + \varepsilon_{11} + \varepsilon_{21}) + k_{g2}(r_1\theta_1 - r_2\theta_2 + \varepsilon_{12} + \varepsilon_{22}) \tag{9.50}$$

すなわち，

$$r_1\theta_1 - r_2\theta_2 = \frac{f - \{k_{g1}(\varepsilon_{11} + \varepsilon_{21}) + k_{g2}(\varepsilon_{12} + \varepsilon_{22})\}}{k_{g1} + k_{g2}} \tag{9.51}$$

したがって，式 (9.51) より回転伝達誤差 ATE は次のように表せる．

$$ATE = \theta_2 - \frac{r_1}{r_2}\theta_1 = \frac{1}{r_2}\frac{k_{g1}(\varepsilon_{11} + \varepsilon_{21}) + k_{g2}(\varepsilon_{12} + \varepsilon_{22}) - f}{k_{g1} + k_{g2}} \tag{9.52}$$

式 (9.49)〜(9.52) の右辺の k_{gi}, ε_{ij} は $s = r_1\theta_1$ の関数なので，s が与えられればすべて既知量（f も既知量）となり，先行・後行歯対の分担歯面荷重 f_1, f_2 や ATE が計算できることを示している．実際の計算では，与えられた $s = r_1\theta_1$ に対して，式 (9.51) で $r_1\theta_1 - r_2\theta_2$ を，次に式 (9.49) で f_1, f_2 を計算する．f_1, $f_2 > 0$ であれば二歯かみあい，$f_1 < 0$ または $f_2 < 0$ であれば一歯かみあいになる．二歯かみあいの場合は式 (9.52) から，一歯かみあいの場合は式 (9.44) から回転伝達誤差 ATE を計算する．

9.8　回転伝達誤差の計算結果

先に示したモジュール 4 mm，歯数 27，圧力角 20°，歯幅 6.9 mm，かみあい率 1.63 の誤差のない標準歯車 2 個について，図 9.18 のように，二歯かみあい開始点から歯先までを直線で 10 μm 歯形修正し，歯形誤差を与えた．この歯車対に伝達荷重 $f = 240, 600, 900, 1590$ N を与えてかみあわせ，ゆっくりと回転させた場合の，かみあい歯対にかかる歯面荷重 f_1, f_2 および回転伝達誤差 ATE を式 (9.49)〜(9.52) などを用いて計算した．なお，かみあいばね定数の変化は式 (9.34)〜(9.38)（ただし，$k_0 = 0.81 \times 10^8$ N/m, $\beta = 0.006$ mm^{-2}）で表されるものとした．計算結果を図

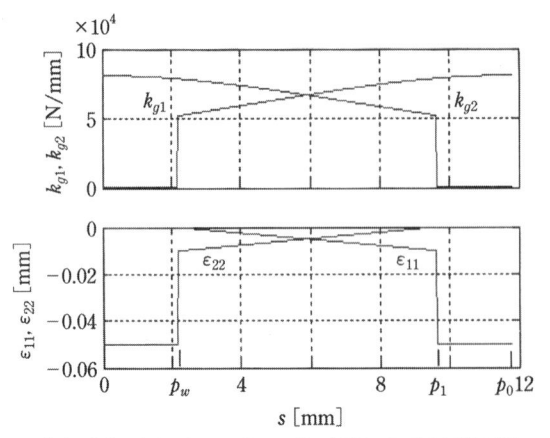

(a) 計算に用いたかみあいばね定数および歯形修正量の変化
($p_w=2.19$, $p_1=9.62$, $p_0=11.81$ mm)

(1) $f=240$ N

(2) $f=600$ N

(3) $f=900$ N

(4) $f=1580$ N

(b) 伝達荷重による回転伝達誤差の変化

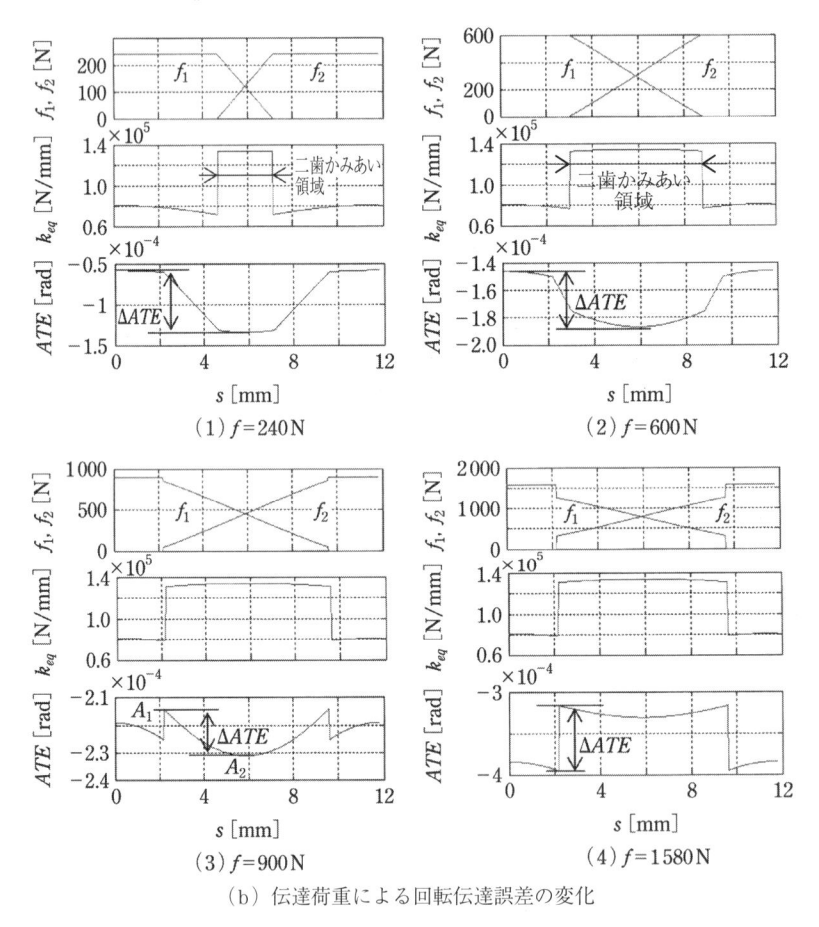

図 9.22 伝達荷重による歯形修正歯車対の回転伝達誤差の変化

9.22(a), (b) に示す. 図 9.22(a) には, $0<s<p_0 (=11.91$ mm$)$ におけるかみあいばね定数 k_{g1}, k_{g2} および歯形誤差 ε_{11}, ε_{22} の変化を, 図 9.22(b) の (1)～(4) にはそれぞれの f に対する f_1, f_2, k_{eq} ($k_{eq}=k_{g1}+k_{g2}$: 等価かみあいばね定数), ATE を示す. 図 9.22(a) より, $p_w<s<p_1$ の範囲

9.8 回転伝達誤差の計算結果

で ε_{11}, ε_{22} が負の値で直線的に変化し，歯形が修正されていることがわかる．なお，図中，$s<p_w$ の範囲の ε_{22} および $p_1<s$ の範囲の ε_{11} の値は，歯先の外側に当たり，本来は値が存在しないものである．

図9.22(b)より，以下のことがわかる．

① 伝達荷重 f が240Nと小さい場合，歯形修正（ε_{11}, ε_{22}）の影響で，二歯かみあいの領域（例えば，k_{eq} が 1.2×10^5 N/mm 以上の領域）が他の場合と比べてかなり狭くなる．

② $f=240, 600, 900, 1580$ N に対して ATE の変動幅の最大値 ΔATE は，$0.7, 0.42, 0.17, 0.75\times 10^{-4}$ rad と変化し，f の特定な値に対して ΔATE が極小になる．

③ ΔATE の大きさを決める2点（例えば，図(3)の点 A_1, A_2 など）の s の値は f の値によって異なる．

図9.23(a)，(b)に，伝達荷重 f を240, 600, 900, 1590N と変えた場合のかみあい点による回転伝達誤差 ATE の変化を，1ピッチ分（$0<s<p_0$）および5ピッチ分（$0<s<5p_0$）について，それぞれ示した．図9.23(c)には，参考のため，歯形修正していない理想的なインボリュート歯面をもつ歯対の回転伝達誤差 ATE の変化を示した．理想的なインボリュート歯形（歯形誤差なし）でも ATE が存在し，その値の絶対値は一歯かみあいで大きく，二歯かみあいで小さくなること，f の増加により ΔATE が増加すること，歯形修正すると特定の f で ΔATE が極小になることなどがわかる．

さらに，図9.23(b)，(c)の結果をもとに，歯面の歯形修正を行わない場合（歯面が理想的なインボリュートの場合，$h_1=h_2=0$）と歯先修正した場合（$h_1=h_2=10\,\mu\mathrm{m}$）について，回転伝達誤差の変動幅の最大値 ΔATE の伝達荷重 f に対する変化を調べた．結果を**図9.24**に示す．図9.24より，理想的なインボリュート歯面（$h_1=h_2=0$）のかみあいでは，ΔATE は伝達荷重に比例して増加すること，歯先修正量 h を $10\,\mu\mathrm{m}$ とした場合では，$f=900$N のとき ΔATE が最も小さくなることがわかる．

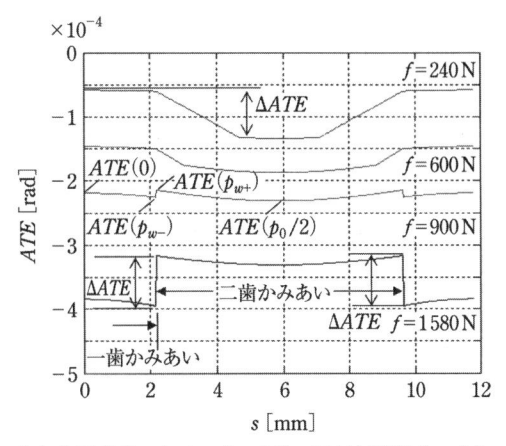

(a) 歯面荷重による1ピッチ分の回転伝達誤差の変化

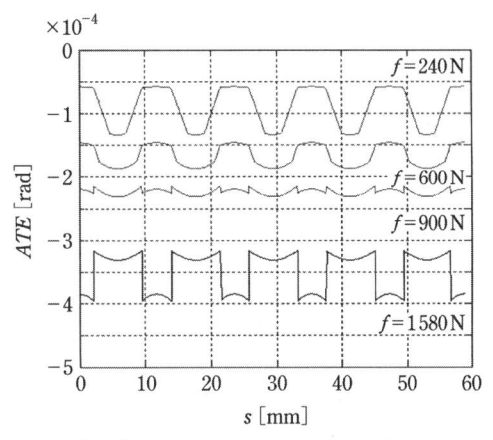

(b) 歯面荷重による5ピッチ分の回転伝達誤差の変化
（歯先修正：二歯かみあい点から $10\,\mu\mathrm{m}$ 直線落ち）

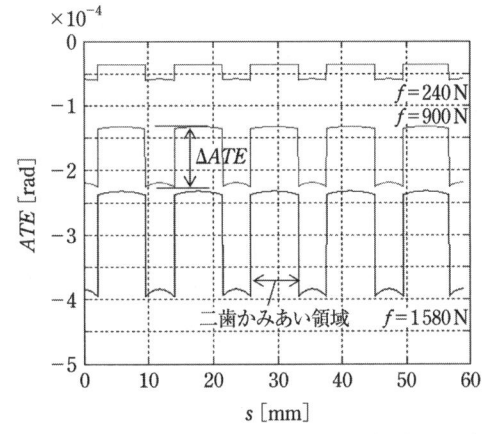

(c) 伝達荷重による回転伝達誤差の変化（5ピッチ分）
（理想インボリュート歯形：歯形誤差・歯形修正なし）

図9.23 回転伝達誤差の変化

歯車の振動という観点からは，ΔATE は小さい方が望ましく，このため歯形修正が一般に行われるが，広範囲の伝達荷重に対して ΔATE を小さくする歯形修正法は見出されていない．

9.9 最適歯形修正量[8]

ここで歯形修正量について考える．一般に，回転伝達誤差の変動幅を最も小さくする歯形修正量 h の計算式として次式が用いられている．

$$h = \frac{f}{k_g} \approx \frac{f}{k_0} \tag{9.53}$$

ここで，f は伝達荷重，k_g はかみあう歯対のばね定数である．k_g をピッチ点における一対の歯のかみあいばね定数 k_0 と考えれば，図

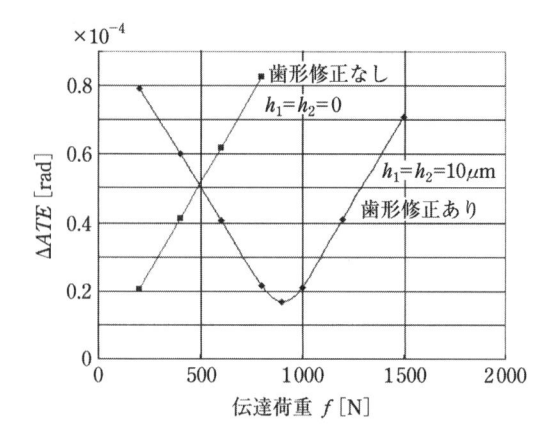

図 9.24 伝達荷重に対する回転伝達誤差変動幅の変化（$m=4$，$n=27$，$\alpha=20°$，$b=6.8$ mm）

9.22〜図 9.24 の計算で用いた値（$k_0 = 81\,000$ N/mm，$h = 0.01$ mm）の場合，式 (9.53) より $f = 810$ N が得られる．この値は，図 9.24 の最適伝達荷重 900 N にほぼ近いが，必ずしも一致した値ではない．したがって，式 (9.53) は歯形修正量のおおまかな評価式と考えられる．

以下に，二歯かみあい開始点から歯先までを直線的に歯形修正した場合の歯先の修正量 h と回転伝達誤差の変動幅の最大値 ΔATE との関係について，もう少し詳細に考察する．図 9.23(a) において，回転伝達誤差 ATE の特徴的な値が 4 個ある．すなわち，① $s=0$ での $ATE(0)$，②，③ $s=p_w$（二歯かみあい開始点）前後における $ATE(p_{w-})$ と $ATE(p_{w+})$，および，④ 二歯かみあい領域中央 $s=p_0/2$ における $ATE(p_0/2)$ である．これらの値は，式 (9.39)，(9.44)，(9.52)，図 9.18 および $k_{g1}(s) = k_0/(\beta s^2 + 1)$，$\varepsilon_{11}(p_1) = \varepsilon_{22}(p_w) = -h$，$\varepsilon_{11}(p_0/2) = \varepsilon_{22}(p_0/2) = -h/2$，$\varepsilon_{21} = \varepsilon_{12} = 0$ などを考慮すれば，次のように表せる．

$$\left.\begin{aligned}
&① \; ATE(0) = -\frac{f}{r_2 k_0} \\
&② \; ATE(p_{w-}) = -\frac{f}{r_2 k_{g1}(p_w)} \\
&③ \; ATE(p_{w+}) = -\frac{1}{r_2}\frac{k_{g2}(p_w)h + f}{k_{g1}(p_w) + k_{g2}(p_w)} = -\frac{1}{r_2}\frac{k_{g1}(p_1)h + f}{k_{g1}(p_w) + k_{g1}(p_1)} \\
&④ \; ATE(p_0/2) = -\frac{k_{g1}(p_0/2)h + f}{2r_2 k_{g1}(p_0/2)}
\end{aligned}\right\} \tag{9.54}$$

ここで，考察を簡単にするために，図 9.23(a) の計算に用いた以下の諸量で各ばね定数などを計算し，式 (9.54) に代入すると式 (9.55) が得られる．

$r_2 = 50.74$ mm，$p_0 = 11.81$ mm，$p_1 = 9.62$ mm，$p_w = 2.19$ mm
$k_0 = 8.10 \times 10^4$ N/mm，$\beta = 0.006$ mm^{-2}，$k_{g1}(p_0/2) = 6.70 \times 10^4$ N/mm
$k_{g1}(p_w) = 7.87 \times 10^4$ N/mm，$k_{g1}(p_1) = 5.21 \times 10^4$ N/mm，$k_{g1}(s) = k_0/(\beta s^2 + 1)$

$$\left.\begin{aligned}
&① \; ATE(0) = -0.243 \times 10^{-6} f \\
&② \; ATE(p_{w-}) = -0.250 \times 10^{-6} f \\
&③ \; ATE(p_{w+}) = -0.785 \times 10^{-2} h - 0.151 \times 10^{-6} f \\
&④ \; ATE(p_0/2) = -0.985 \times 10^{-2} h - 0.147 \times 10^{-6} f
\end{aligned}\right\} \tag{9.55}$$

ここで，回転伝達誤差の変動幅の最大値 ΔATE になる可能性のある量は，図 9.23(a) より次の 3 個の量，②と③の差 g_1，③と④の差 g_2，①と④の差 g_3 であることがわかる．これらの量を式 (9.55) から計算すると，以下のようになる．

$$\left.\begin{aligned}
g_1 &= ATE(p_{w-}) - ATE(p_{w+}) \\
&= 0.785 \times 10^{-2} h - 0.099 \times 10^{-6} f \\
g_2 &= ATE(p_{w+}) - ATE(p_0/2) \\
&= 0.20 \times 10^{-2} h - 0.004 \times 10^{-6} f \\
g_3 &= ATE(0) - ATE(p_0/2) \\
&= 0.985 \times 10^{-2} h - 0.096 \times 10^{-6} f
\end{aligned}\right\}$$
(9.56)

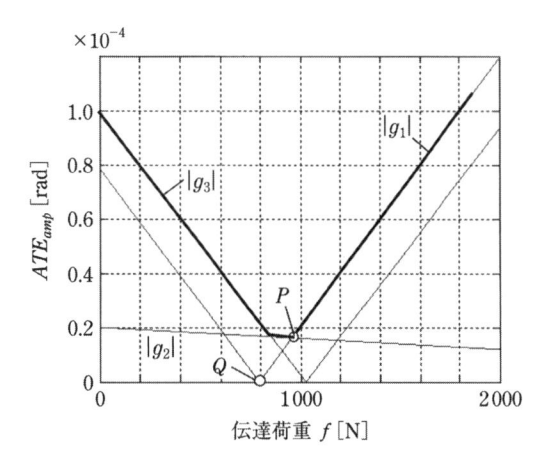

図 9.25 歯形修正した歯車対の伝達荷重に対する回転伝達誤差変動幅の変化 [式 (9.56) による結果，$h_1 = h_2 = 10\,\mu m$]

$h = 10 \times 10^{-3}$ mm として，f に対する $g_1 \sim g_3$ の絶対値の変化を示したのが**図 9.25** である．この図から，各伝達荷重 f に対する回転伝達誤差の変動幅の最大値 ΔATE は，$g_1 \sim g_3$ の絶対値のうちの最も大きな量（図中の太線）となり，与えた歯形修正量 $h = 10 \times 10^{-3}$ mm に対しては，$f = 956$ N のとき $\Delta ATE = 0.162 \times 10^{-4}$ rad（図中の点 P）になることがわかる．さらに，本図の太線は図 9.24 の曲線とほとんど一致していて，最適歯形修正量についてのここでの考察が，適切であることがわかる．なお，図 9.25 の太線の底辺部分が広くなるように歯車諸元や k_0 の値を選ぶことが可能ならば，伝達荷重 f のより広い範囲で ΔATE を小さくすることができると思われる．与えられた f に対して ΔATE が最小になる歯形修正量 h を求めるには，式 (9.56) の各式を歯形修正量 h を横軸として図 9.25 のように描けばよい．

上記の計算手順はかなり複雑である．最適に近い伝達荷重や歯形修正量を簡単に求めるには，図 9.25 中の点 P の代わりに点 Q（$g_1 = 0$ の点）を用いるのがよい．$g_1 = 0$ を式 (9.56) に代入すると，$ATE(p_{w-}) = ATE(p_{w+})$，これに式 (9.54) を代入すると，次式が得られる．

$$k_{g1}(p_w) h = f \tag{9.57}$$

ここで，

$$k_{g1}(p_w) = \frac{k_0}{\beta p_w^2 + 1} = 0.97 k_0 \approx k_0$$

と近似すれば，式 (9.57) は次のように書ける．

$$h \approx \frac{f}{k_0} \tag{9.58}$$

この式は，先に示した歯形修正量の計算式 (9.53) と同じであることがわかる．

上に述べた歯形修正に関する取扱いが妥当かどうか確認するために実験を行った．**図 9.26** には，歯形修正した歯対の等価かみあいばね定数 $k_{eq}(= k_{g1} + k_{g2})$ の計算結果 [図 9.22(b) の各図] を破線，一点鎖線，実線で

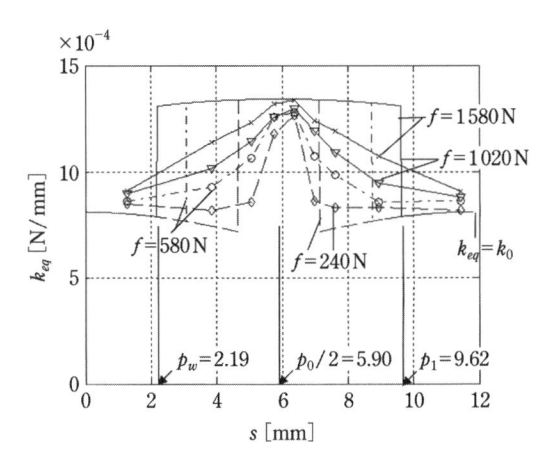

図 9.26 歯形修正した歯対の歯面荷重による等価かみあいばね定数の変化（×，▽，○，◇：測定値，実線，一点鎖線，破線：計算値）

示すとともに，図9.14に示した実験装置での実験結果を◇，○，▽，×印を用いて示した．図より，計算では二歯かみあい・一歯かみあいの境界が明確で，伝達荷重 f が小さくなると，二歯かみあい領域（k_{eq} の高い領域）が狭くなることがわかる．実験結果では，上記の境界は明確でないが，k_{eq} が大きい s の範囲（二歯かみあいの範囲相当）は f が小さいほど狭くなる傾向は，計算と同じである．両者の違いが歯車の歯先形状によるのか，実験方法によるのかは不明である．

9.10 累積ピッチ誤差

歯車のピッチ誤差は，回転伝達誤差に影響を及ぼす．ピッチ誤差とは，歯車の実際のピッチと理想ピッチとの差で，以下のようにして得られる．**図9.27**で，歯数 n の歯車の k 番目と $k+1$ 番目の歯のピッチ点近傍の左歯面間の距離を測定した値を x_k，その平均を $\bar{x} = (\sum_{k=1}^{n} x_k)/n$ とするとき，単一ピッチ誤差は $e_k = x_k - \bar{x}$，累積ピッチ誤差は $E_k = \sum_{i=1}^{k} e_i$（ただし，$k = 1 \sim n$，$E_n = 0$）で表される．回転伝達誤差測定実験に用いた駆動・従動歯車の累積ピッチ誤差測定例を**図9.28** (a) に示す．図中の正の値は理想歯面からの出っ張りを表している．両歯車のかみあい状態および回転方向は図9.28 (b) のとおりで，駆動・従動歯車の1番目の歯の左歯面どうしがまずかみあい，その後，駆動歯車の2, 3, … 番目の歯の左歯面が従動歯車の27, 26, … 番目の歯の左歯面とかみあう．このため，図 (a) の従動歯車の累積ピッチ誤差測定結果を 1, 27, 26, …, 3, 2 の順に並び変え，先の歯形誤差に加える必要がある．なお，このピッチ誤差は歯面のピッチ点付近で測定されたものであるが，各歯のかみあい長さの全体にわたって同じピッチ誤差をもつと仮定する．

駆動歯車の累積ピッチ誤差を $E_{1i}(i=1\sim n)$，並べ替えを行った従動歯車の累積ピッチ誤差を $E_{2i}(i=1\sim n)$ とし，各累積ピッチ誤差を成分にもつベクトルを $ep1, ep2$ とする．

$$\left. \begin{array}{l} ep1 = [E_{11}\ E_{12} \cdots E_{1n}] \\ ep2 = [E_{21}\ E_{22} \cdots E_{2n}] \end{array} \right\} \quad (9.59)$$

先行歯対の累積ピッチ誤差（駆動歯車の i 番目の歯と，これにかみあう従動歯車の歯の累積ピッチ誤差の和）は $ep1(i) + ep2(i)$，後行歯対の累積ピッチ誤差は $ep1(i+1) + ep2(i+1)$，ただし，$i=n$ のときは後行歯対のそれは $ep1(1) + ep2(1)$ となる．これらのピッチ誤差を二歯かみあいの場合の式 (9.48) の歯形誤差 $\varepsilon_{11} + \varepsilon_{21}$ などに追加すれ

(a) 累積ピッチ誤差測定例

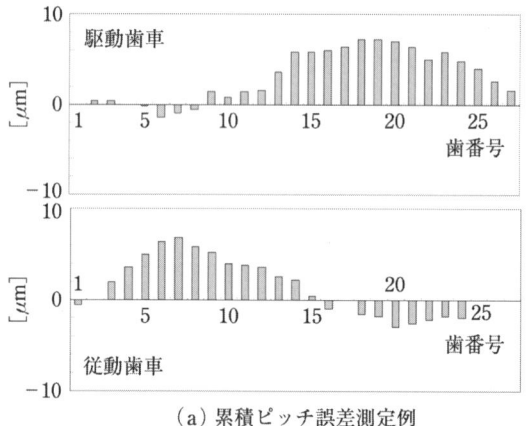

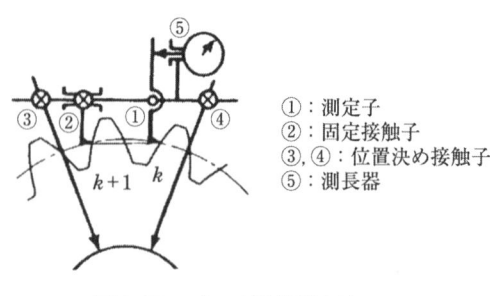

図9.27 ピッチ誤差測定法

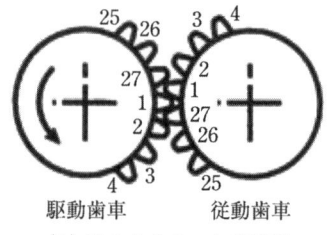

①：測定子
②：固定接触子
③，④：位置決め接触子
⑤：測長器

(b) 歯のかみあいと歯番号

図9.28 累積ピッチ誤差測定例と歯番号

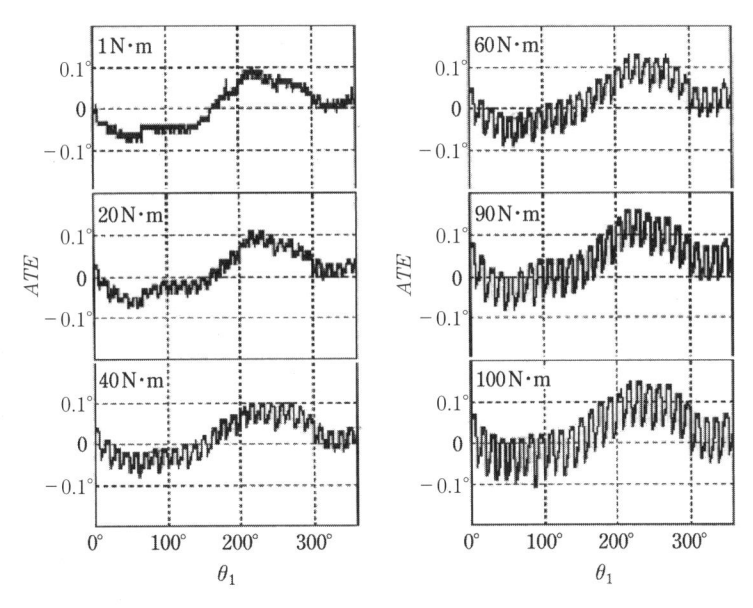

図 9.29 回転伝達誤差の測定結果（ピッチ誤差はあるが，歯形誤差が極めて小さい歯車対の場合の測定結果）（$m=4$, $n=27$, $\alpha=20°$, $b=6.8$ mm, $\theta_1=0$ で $ATE=0$ としている）

ば，先行歯対・後行歯対について次式が得られる．

$$\left.\begin{array}{l} r_1\theta_1 - r_2\theta_2 + \varepsilon_{11} + \varepsilon_{21} + ep1(i) + ep2(i) = \dfrac{f_1}{k_{g1}} \\ r_1\theta_1 - r_2\theta_2 + \varepsilon_{12} + \varepsilon_{22} + ep1(i+1) + ep2(i+1) = \dfrac{f_2}{k_{g2}} \end{array}\right\} \quad (9.60)$$

したがって，この場合の伝達荷重 $f = f_1 + f_2$ ［式 (9.50)］は，式 (9.60) より次のようになる．

$$\begin{aligned} f &= f_1 + f_2 \\ &= k_{g1}\{r_1\theta_1 - r_2\theta_2 + \varepsilon_{11} + \varepsilon_{21} \\ &\quad + ep1(i) + ep2(i)\} \\ &\quad + k_{g2}\{r_1\theta_1 - r_2\theta_2 + \varepsilon_{12} + \varepsilon_{22} \\ &\quad + ep1(i+1) + ep2(i+1)\} \end{aligned} \quad (9.61)$$

上式より，回転伝達誤差は次式で表せる．

$$\begin{aligned} ATE &= \theta_2 - \dfrac{r_1}{r_2}\theta_1 \\ &= \dfrac{1}{r_2(k_{g1}+k_{g2})}[k_{g1}\{\varepsilon_{11}+\varepsilon_{21} \\ &\quad + ep1(i) + ep2(i)\} \\ &\quad + k_{g2}\{\varepsilon_{12}+\varepsilon_{22} \\ &\quad + ep1(i+1) \\ &\quad + ep2(i+1)\} - f] \quad (9.62) \end{aligned}$$

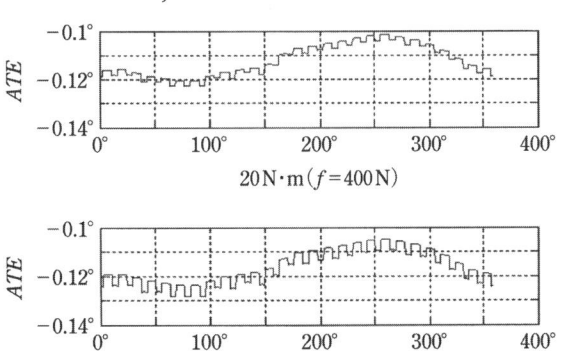

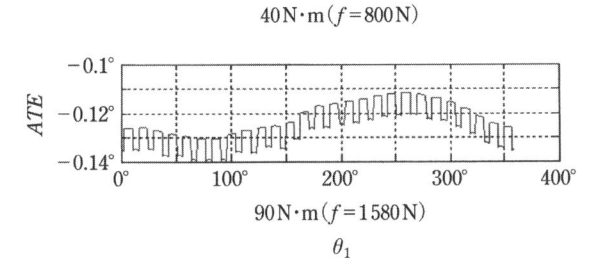

図 9.30 回転伝達誤差の計算結果［歯形誤差 0，ピッチ誤差：図 9.29 (a)］（図 9.29 の 20, 40, 90 N·m の場合にほぼ相当）

ピッチ誤差および伝達荷重が回転伝達誤差に及ぼす影響について実験を行うとともに，式(9.62)を用いて回転伝達誤差ATEを計算した．実験に使用した歯車の諸元は前と同じ（標準平歯車，モジュール$m = 4$ mm，歯数$z = 27$，圧力角$\alpha = 20°$）で，歯形誤差はきわめて小さく（$\varepsilon_{ij} \approx 0$），ピッチ誤差は図9.28 (a)に示したとおりである．

実験および計算の結果をそれぞれ図9.29，図9.30に示す．なお，歯対のばね定数の計算では，$k_0 = 0.81 \times 10^8$ [N/m]，$\beta = 0.006$ mm^{-2}の値を用いた．図より，$0 < \theta_1 < 360°$におけるピッチ誤差によるATEのゆるやかな変動や伝達荷重とかみあいばね定数の変化によるATEの細かい変動など，実験と計算の結果はほぼあっていると言える．

9.11　歯車の偏心による回転伝達誤差

理想的なインボリュート歯面をもつ2個の平歯車が正しい軸中心位置O_1, O_2に対してe_1, e_2だけ偏心して取り付けられると，軸の回転とともに歯車の基礎円中心はO_1, O_2点まわりに半径e_1, e_2で回転する［図9.31 (a)］．このため，基礎円中心位置の作用線方向の成分の大きさだけ歯面の位置が理想位置からずれて，回転伝達誤差が生じる．歯車1, 2の一対の歯がピッチ円上でかみあっているときを初期状態とし，そこからの両歯車の回転角をθ_1, θ_2とする．初期状態において直線O_1O_2から各歯車の回転方向に測った偏心方向の角位置をβ_1, β_2とする．回転角θ_1, θ_2において，偏心をもつ歯車の歯面は作用線上で，理想状態より$e_1\sin(\theta_1 + \beta_1 + \alpha)$, $e_2\sin(\theta_2 + \beta_2 - \alpha)$（$\alpha$：圧力角）だけ進んだ状態にある．したがって，$\theta_1$, θ_2における実際の歯車歯面の作用線上の位置は，$r_1\theta_1 + e_1\sin(\theta_1 + \beta_1 + \alpha)$, $r_2\theta_2 + e_2\sin(\theta_2 + \beta_2 - \alpha)$となる．このことは，二歯かみあいの先行歯対，後行歯対のかみあい位置に関しても同じである．

歯車の偏心e_1, e_2，歯面誤差ε_{ij}（歯形誤差とピッチ誤差の和），歯の弾性変形Δx_{ij}を考慮した場合の二歯かみあい時の式は，式(9.48)をもとに式(9.60)などを考慮して次のように書ける．

先行歯対・後行歯対について，n_{zj}を各歯車の歯数として

$$\left.\begin{aligned}
&r_1\theta_1 - r_2\theta_2 + \varepsilon_{11} + \varepsilon_{21} \\
&\quad + e_1\sin(\theta_1 + \beta_1 + \alpha) \\
&\quad - e_2\sin(\theta_2 + \beta_2 - \alpha) \\
&= \Delta x_{11} + \Delta x_{21} = f_1\left(\frac{1}{k_{11}} + \frac{1}{k_{21}}\right) = \frac{f_1}{k_{g1}} \\
&r_1\theta_1 - r_2\theta_2 + \varepsilon_{12} + \varepsilon_{22} \\
&\quad + e_1\sin(\theta_1 + \beta_1 - 2\pi/n_{z1} + \alpha) \\
&\quad - e_2\sin(\theta_2 + \beta_2 - 2\pi/n_{z2} - \alpha) \\
&= \Delta x_{12} + \Delta x_{22} = f_2\left(\frac{1}{k_{12}} + \frac{1}{k_{22}}\right) = \frac{f_2}{k_{g2}}
\end{aligned}\right\} \quad (9.63)$$

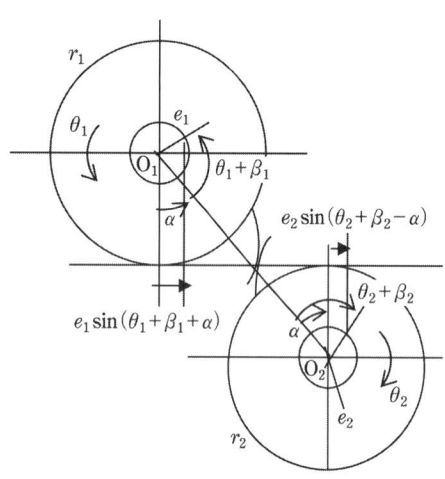

（a）偏心による歯面の進み遅れ

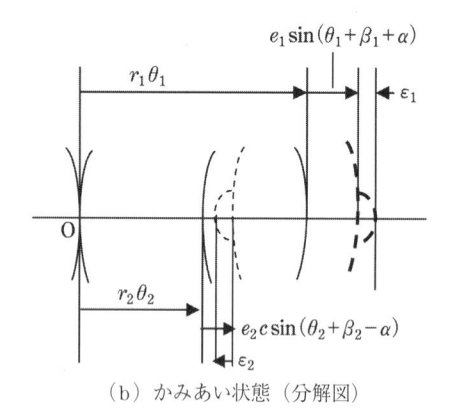

（b）かみあい状態（分解図）

図9.31　歯車の偏心による回転伝達誤差

したがって，伝達荷重 $f = f_1 + f_2$ は次式で表される．

$$f = k_{g1}\{r_1\theta_1 - r_2\theta_2 + \varepsilon_{11} + \varepsilon_{21} + e_1\sin(\theta_1 + \beta_1 + \alpha) - e_2\sin(\theta_2 + \beta_2 - \alpha)\}$$
$$+ k_{g2}\{r_1\theta_1 - r_2\theta_2 + \varepsilon_{12} + \varepsilon_{22} + e_1\sin(\theta_1 + \beta_1 - 2\pi/n_{z1} + \alpha)$$
$$- e_2\sin(\theta_2 + \beta_2 - 2\pi/n_{z2} - \alpha))\} \tag{9.64}$$

回転伝達誤差は，次のようになる．

$$ATE = \theta_2 - \frac{r_1}{r_2}\theta_1$$
$$= \frac{1}{r_2}\frac{1}{k_{g1}+k_{g2}}[k_{g1}\{\varepsilon_{11} + \varepsilon_{21} + e_1\sin(\theta_1 + \beta_1 + \alpha) - e_2\sin(\theta_2 + \beta_2 - \alpha)\}$$
$$+ k_{g2}\{\varepsilon_{12} + \varepsilon_{22} + e_1\sin(\theta_1 + \beta_1 - 2\pi/n_{z1} + \alpha)$$
$$- e_2\sin(\theta_2 + \beta_2 - 2\pi/n_{z2} - \alpha)\} - f] \tag{9.65}$$

9.12 反対歯面のかみあい

図 9.32 に，バックラッシをもつ 2 個の理想的な歯車のかみあい状態を模式的に示す．ここでは，バックラッシは 2 個の歯車の各歯の左右歯面を $\delta/4 (= \delta_q)$ だけ後退させた（歯厚を薄くした）ものとし，作用線上のバックラッシの大きさを δ とする．各歯の初期位置は，お互いがバックラッシの中央にあるときとし，そこからの両歯車の回転角を θ_1, θ_2 とする．図には，ある瞬間における正常歯面の作用線上および反対歯面の作用線上における各歯面の位置を示している．p_0 は基礎円ピッチ，t_1, t_2 は図 (b) に示す量（駆動・従動歯車の歯の作用線上で測った左右歯面の距離）で $p_0 = t_1 + t_2 + \delta$ の関係がある．

バックラッシを考慮した場合，正常な歯面（左歯面）のかみあいについて示した式 (9.47)～(9.50) は，$r_1\theta_1, r_2\theta_2$ を $r_1\theta_1 - \delta_q, r_2\theta_2 + \delta_q$ ($\delta_q = \delta/4$) でそれぞれ置き換えればよい．このとき，式 (9.49) の先行歯対・後行歯対の歯面荷重は次のように書ける．

$$\left.\begin{array}{l}f_1 = k_{g1}(r_1\theta_1 - r_2\theta_2 - \delta/2 + \varepsilon_{11} + \varepsilon_{21})\\ f_2 = k_{g2}(r_1\theta_1 - r_2\theta_2 - \delta/2 + \varepsilon_{12} + \varepsilon_{22})\end{array}\right\} \tag{9.66}$$

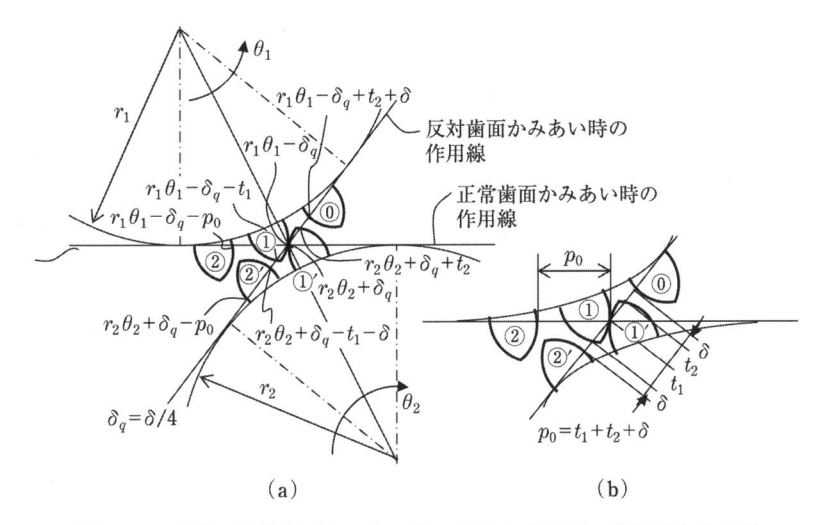

図 9.32 正常・反対歯面かみあい時における各歯面の作用線方向位置

反対歯面（右歯面）のかみあいは以下のようになる．なお，説明を簡単にするために，回転伝達誤差に影響を及ぼす因子として反対歯面の歯形誤差 ε'_{ij}，歯の弾性変形量 $\Delta x'_{ij}$ だけを考慮する．また，反対歯面かみあい時のかみあいばね定数および歯面荷重を k'_i, k'_{gj}, f'_j で表した．

図 9.32 において，歯 0 の右歯面と歯 ①' の右歯面のかみあい条件式は，次のようになる．

$$r_1\theta_1 - \delta_q + t_2 + \delta - \varepsilon'_{11} + \Delta x'_{11} = r_2\theta_2 + \delta_q + t_2 + \varepsilon'_{21} - \Delta x'_{21} \tag{9.67}$$

$\delta_q = \delta/4$ に注意すれば，上式は次のように書ける〔式 (9.48) 参照〕．

$$r_1\theta_1 - r_2\theta_2 + \frac{\delta}{2} - (\varepsilon'_{11} + \varepsilon'_{21}) = -(\Delta x'_{11} + \Delta x'_{21}) = -\left(\frac{f'_1}{k'_1} + \frac{f'_1}{k'_2}\right) = -\frac{f'_1}{k'_{g1}} \tag{9.68}$$

歯 ① の右歯面と歯 ②' の右歯面のかみあい条件式は次のようになり，

$$r_1\theta_1 - \delta_q - t_1 - \varepsilon'_{12} + \Delta x'_{12} = r_2\theta_2 + \delta_q - t_1 - \delta + \varepsilon'_{22} - \Delta x'_{22} \tag{9.69}$$

次式が得られる．

$$r_1\theta_1 - r_2\theta_2 + \frac{\delta}{2} - (\varepsilon'_{12} + \varepsilon'_{22}) = -(\Delta x'_{12} + \Delta x'_{22}) = -\left(\frac{f'_2}{k'_1} + \frac{f'_2}{k'_2}\right) = -\frac{f'_2}{k'_{g2}} \tag{9.70}$$

したがって，反対歯面かみあい時の伝達荷重 f' は次式で表せる．

$$\begin{aligned} f' &= f'_1 + f'_2 \\ &= -k'_{g1}\left\{r_1\theta_1 - r_2\theta_2 + \frac{\delta}{2} - (\varepsilon'_{11} + \varepsilon'_{21})\right\} - k'_{g2}\left\{r_1\theta_1 - r_2\theta_2 + \frac{\delta}{2} - (\varepsilon'_{12} + \varepsilon'_{22})\right\} \end{aligned} \tag{9.71}$$

9.13 歯車対の回転伝達誤差によるねじり振動応答[9]~[12]

9.13.1 運動方程式

ここでは，バックラッシ δ をもつ一対の歯車系が荷重 f を伝達しながら回転する際，回転伝達誤差によって加振され，ねじり振動を発生する過程を数値シミュレーションする．取り扱うモデルを 図 9.33 に示す．図中，I_1, I_2, θ_1, θ_2, r_1, r_2 は駆動歯車および従動歯車の慣性モーメント，回転角，基礎円半径，f は各歯のたわみによる歯面荷重の総和である．

系の運動方程式は，c_g を系の等価的な粘性減衰係数として次のように書ける．

$$\left.\begin{aligned} I_1\ddot{\theta}_1 &= -r_1 f - r_1 c_g(r_1\dot{\theta}_1 - r_2\dot{\theta}_2) + T_q \\ I_2\ddot{\theta}_2 &= r_2 f - r_2 c_g(r_2\dot{\theta}_2 - r_1\dot{\theta}_1) - T_q r_2/r_1 \end{aligned}\right\} \tag{9.72}$$

$$f = (f_1 + f_2) - (f'_1 + f'_2) \tag{9.73}$$

ただし，f_i, $f'_i < 0$ のとき f_i, $f'_i = 0$ である．ここで，f_1, f_2, f'_1, f'_2 は歯車の正転歯面かみあい時および反対歯面かみあい時の歯面荷重である．

f_j, f'_j $(j=1, 2)$ を表わした式 (9.66)，(9.68)，(9.70) を再記すれば，次のようになる．

$$\left.\begin{aligned} f_1 &= k_{g1}(r_1\theta_1 - r_2\theta_2 - \delta/2 + \varepsilon_{11} + \varepsilon_{21}) \\ f_2 &= k_{g2}(r_1\theta_1 - r_2\theta_2 - \delta/2 + \varepsilon_{12} + \varepsilon_{22}) \end{aligned}\right\} \tag{9.74}$$

$$\left.\begin{aligned} f'_1 &= -k'_{g1}\{r_1\theta_1 - r_2\theta_2 + \delta/2 - (\varepsilon'_{11} + \varepsilon'_{21})\} \\ f'_2 &= -k'_{g2}\{r_1\theta_1 - r_2\theta_2 + \delta/2 - (\varepsilon'_{12} + \varepsilon'_{22})\} \end{aligned}\right\} \tag{9.75}$$

かみあいばね定数 k_{gj}, k'_{gj} $(j=1, 2)$ は，式 (9.36)，(9.37) より，

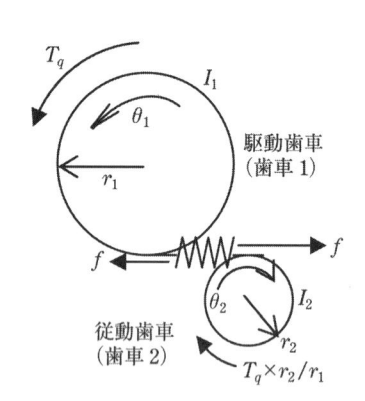

図 9.33 バックラッシをもつ歯車対

$$\left.\begin{aligned} k_{g1} &= \frac{k_0}{\beta s^2+1} \quad (0 \leq s \leq p_1) \\ k_{g2} &= \frac{k_0}{\beta(s-p_0)^2+1} \quad (p_w \leq s \leq p_0) \\ k'_{g1} &= k_{g1}, \quad k'_{g2} = k_{g2} \end{aligned}\right\} \quad (9.76)$$

歯形誤差 ε_{ij}, ε'_{ij} ($i, j=1, 2$) を考慮する場合は，二歯かみあい点より歯先までを直線的に歯形修正するとした式 (9.39) に相当する次式を用いる．

$$\left.\begin{aligned} \varepsilon_{11} &= -\frac{h_1(s-p_w)}{p_1-p_w} \quad (p_w \leq s \leq p_1) \\ \varepsilon_{22} &= \frac{h_2(s-p_1)}{p_1-p_w} \quad (p_w \leq s \leq p_1) \\ \varepsilon'_{21} &= \varepsilon_{11}, \quad \varepsilon'_{12} = \varepsilon_{22} \\ \varepsilon_{21} &= \varepsilon_{12} = \varepsilon'_{11} = \varepsilon'_{22} = 0 \end{aligned}\right\} \quad (9.77)$$

式 (9.72) を解く場合の初期条件は，従動歯車の回転を固定し駆動歯車にトルク T_q を加えた状態として，次のとおりとする．

$$\theta_{10} = \frac{T_q}{r_1 k_{g0}} + \frac{\delta}{2}, \quad \theta_{20} = 0 \quad (9.78)$$

式 (9.72) で示したような非線形で複雑な系のねじり振動特性を調べる場合，第一式の右辺に ΔT を加えて，系の回転速度をゼロから次第に増加させ，ルンゲ・クッタ法などでその非定常応答を計算する方法がある (第 3 章参照)．計算では，まずある計算ステップにおける駆動歯車の回転角 θ_1 から，これが初期状態から何回転目で何番目の歯対のかみあいに対応しているか，さらにはかみあい点が作用線上のどの位置 s に到達しているかを計算する．その後，s に対応するかみあい歯対のばね定数や歯形誤差を計算して各歯面荷重さらには角加速度を求め，これにより次のステップの角速度や角変位得ている．この間，かみあいばね定数や歯形誤差の存在範囲および負の歯面荷重の扱いなどに注意が必要である．計算に用いた諸量の値は，次のとおりである．

$I_1 = 0.5\,\mathrm{kg \cdot m^2}$, $I_2 = 0.2\,\mathrm{kg \cdot m^2}$, $r_1 = r_2 = 0.0507\,\mathrm{m}$, $k_0 = 81 \times 10^6\,\mathrm{N/m}$,
$\beta = 0.006 \times 10^6\,\mathrm{m^{-2}}$, $c_g = 4200\,\mathrm{N \cdot s/m}$, $\delta = 0.1 \times 10^{-3}\,\mathrm{m}$, $T_q = 50\,\mathrm{N \cdot m}$, $\Delta T = 5\,\mathrm{N \cdot m}$,
$m = 4$, $n_z = 27$, $\alpha = 20°$, $p_0 = 11.81\,\mathrm{mm}$, $p_1 = 9.62\,\mathrm{mm}$, $p_w = 2.19\,\mathrm{mm}$,

この場合，一歯かみあいおよび二歯かみあい時のばね定数の代表値を $s=0$ および $p_0/2$ のときの値，すなわち，一歯かみあい時では $k_g = k_0 = 81 \times 10^6\,\mathrm{N/m}$，二歯かみあい時では $k_g = 2k_0/\{\beta(p_0/2)^2+1\} = 134 \times 10^6\,\mathrm{N/m}$ とすれば，これらに対応するねじり振動の固有振動数は [式 (9.10) で $K = k_g r_1^2$ などとすると]，192.2 Hz，247.3 Hz となる．実際の応答では，これらの値の間で共振が生じると考えられる．減衰比は，一歯かみあい時では 0.0313，二歯かみあい時では 0.0244 である．

9.13.2 歯対のばね定数変化によるねじり振動応答

歯形誤差 (歯形修正) をゼロとし，歯対のばね定数変化による回転伝達誤差で加振されるねじり振動の非定常応答を式 (9.72)～(9.78) を用いて計算した．計算結果を図 9.34 (a)～(e) に示す．横軸は加速開始からの時間，縦軸は上から，(a) 両歯車の回転角 θ_j，(b) 回転速度 $\dot{\theta}_j$，(c) 動的な回転伝達誤差 $ATE = \theta_2 - \theta_1 r_1/r_2$，(d) 正転歯面かみあい時の歯面荷重 f_j，(e) 反対歯面かみあい時の歯面荷重 f'_j の変化をそれぞれ示している．図 (b) では，横軸 7.15 秒，回転速度 $\dot{\theta}_j$ の平均値がほぼ 8 rps (かみあい周波数 $8 \times 27 = 216$ Hz) のとき，振動数約 220 Hz のねじり振動の共振

（拡大図）が見られる．共振領域では，反対歯面の歯面荷重 f'_j も正転時の歯面荷重と同様，大きくなっていることがわかる．図 9.34 (c) の ATE の拡大波形は，加速開始後まもなくは図 9.23 (c) に示した一歯・二歯かみあいによる静的な ATE 波形に高い周波数の自由振動成分が重畳したものになっている．しかし，回転速度が速くなると，一歯・二歯かみあいばね定数の切り替わりの際に生じる自由振動成分が目立つようになる．図中，共振以外に小さな鋭いピークが多く見られるが，これらは一歯・二歯かみあいが切り替わる際の条件で突発的に生じたものではないかと思われる．

いくつかの計算結果から，共振時の振幅は，駆動トルク T_q が大きい場合や減衰係数 c_g やバックラシ δ が小さい場合に，大きくなる傾向にあることがわかった．しかし，T_q がさらに大きい場合や c_g がさらに小さい場合，図 9.35 に示すように共振のピークが極端に大きくなる結果が得られた（縦軸のスケールに注意）．

これは，以下の理由によると思われる[12]．歯車系では一歯・二歯かみあいが交互に生じ，このため歯車を含むねじり振動系は振動学的に見ると，ばね定数がかみあい周波数で変化する可変ばね系と考えられる．可変ばね系では，主危険速度やその 2 倍，2/3 倍，1/2 倍な

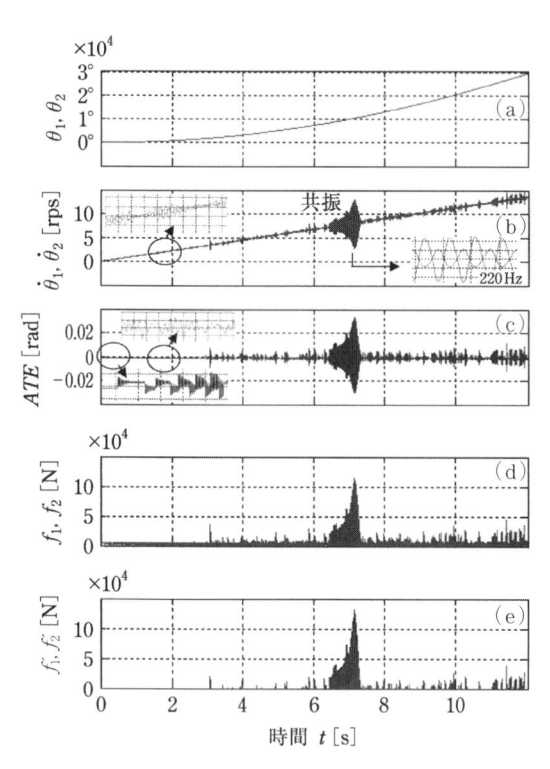

図 9.34 歯車系のねじり振動応答（かみあいばね定数の変化のみ考慮）（$c_g = 4200$ N·s/m, $\delta = 0.1 \times 10^{-3}$ m, $T_q = 50$ N·m, $\Delta T = 5$ N·m）

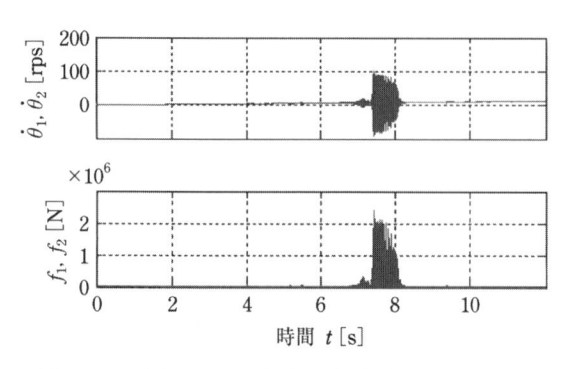

図 9.35 減衰が小さい場合の歯車系のねじり振動応答（$c_g = 2000$ N·s/m, $\delta = 0.1 \times 10^{-3}$ m, $T_q = 50$ N·m, $\Delta T = 5$ N·m）

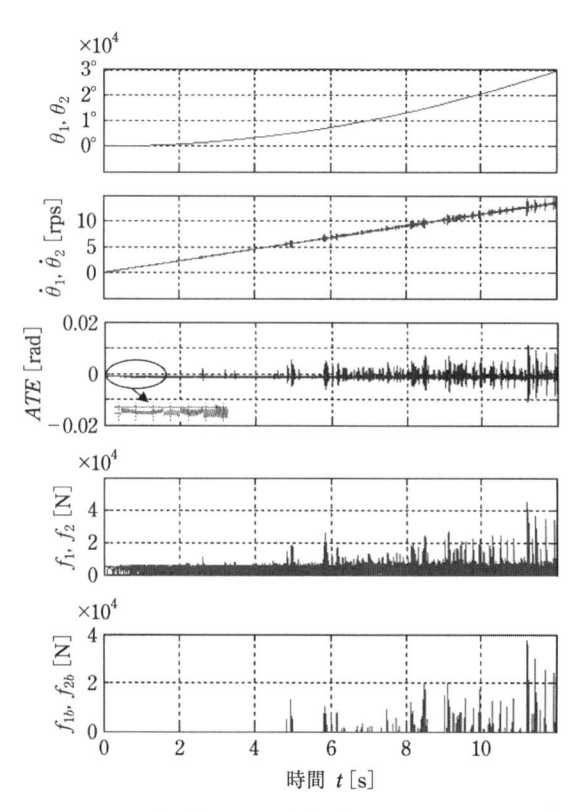

図 9.36 歯形修正した歯車系のねじり振動応答

どの振動数付近に不安定領域が存在すること，その不安定領域は減衰比が大きいと縮小または消滅することが知られている．図9.35の大きな振幅は，この不安定振動の結果と考えられる．しかし実機の歯車系では，こうした不安定振動の発生は報告されておらず，歯面間の摩擦力などの影響で不安定振動の発生が抑制されているものと思われる．

9.13.3 歯形修正した場合のねじり振動応答

歯形修正により回転伝達誤差を小さくし，ねじり共振の振幅を低減できる．前項の計算諸元を用い，両歯車に式 (9.77) で示した歯形修正を施した場合（$h_1 = h_2 = 10\,\mu\mathrm{m}$）について，前項と同様の計算を行った．得られた結果を 図9.36 に示す．図より，図9.34で見られた横軸7秒付近のねじり共振が消滅していること，また加速初期の回転伝達誤差の拡大波形から，その変動幅が小さくなっていること，すなわち，ねじり振動の加振力が小さくなっていることがわかる．

参考文献

1) 田村章義：機械力学「第8章 ねじり振動」, 森北出版 (1972) pp.147-164.
2) 飯田 裕 ほか3名：「歯車軸の曲げとねじりの連成振動（第1報）」, 日本機械学会論文集（C編）, **46**, 404 (1980) pp.375-382.
3) ボゴリューボフ・ミトロポリスキー（益子正教 訳）：非線形振動論「16節 直線の部分からなる特性曲線をもつ非線型系に対する正弦力の作用」, 共立出版 (1961) pp.219-229.
4) 金光陽一：「歯車軸継手で接続された軸系のねじり振動 I（定常応答の解析）」, 日本機械学会論文集（C編）, **51**, 464 (1985) pp.773-780.
5) 仙波正荘：歯車 第3巻 新版「第1章3節 歯車の変形」, 日刊工業新聞社 (1978) pp.5-27.
6) 矢鍋重夫・程 輝・宮本祐二：「平歯車対の変位と噛み合い剛性」, 日本機械学会講演論文集, No.98-8 I, Vol. B (1998-8) pp.38-41.
7) 石川二郎：「歯車の歯のたわみについて」, 日本機械学会論文集, **17**, 59 (1951) pp.103-106.
8) 仙波正荘：歯車 第5巻 新版「第7章 歯形修整と歯すじ修整の影響と推奨値」, 日刊工業新聞社 (1987) pp.159-172.
9) 谷口 修 ほか編：振動工学ハンドブック「21.4 歯車」, 養賢堂 (1976) pp.986-995.
10) 会田俊夫・佐藤 進・福間 洋 ほか：「歯車の振動騒音に関する基礎研究（第1～4報）」, 日本機械学会論文集, **34**, 268 (1968) pp.2226-2264.
11) 清野 慧・佐藤 進・会田俊夫 ほか：「歯車の振動騒音の防止方法に関する研究（第1～4報）」, 日本機械学会論文集, **41**, 345 (1975) pp.1597-1631.
12) 有井士郎・岩壺卓三・川井良次：「歯車で連結された回転軸の曲げねじり連成振動（第2報，歯のばねこわさの変化と歯形修正誤差の影響）」, 日本機械学会論文集（C編）, **51**, 465 (1985-5) pp.942-951.

第10章 すきまや摩擦に起因する回転機械の振動

回転機械の回転部と静止部の間には，様々な形ですきま（ガタ）が存在する．何らかの原因で回転部（ロータ）の振動が大きくなり静止部に接触すると，ロータは付加的な接触力や摩擦力を受けて，通常の線形系とは異なるふれまわり特性（振動特性）を示す．こうした例としては，ガタをもつ非線形系の共振特性[1),2)]，カオス振動[3)〜4)]，乾性摩擦によるロータの後向きふれまわり[5)〜8)]，サーマルアンバランスによるロータのふれまわり[9),10)]，ジェットエンジンのブレードロス試験時のロータの振動[11)〜13)]，磁気軸受用タッチダウン軸受内でのロータのふれまわり[14)〜16)]などが知られている．これら以外にもすきまや摩擦に起因する振動があるが，本章では，危険速度通過時に静止部と接触して生じる乾性摩擦によるロータの後向きふれまわり[17)〜19)]，アウターロータの乾性摩擦による前向きふれまわり[20),21)]，遊星歯車装置（浮動太陽歯車軸）の特異振動[22)〜26)]について説明する．

10.1 ふれ止めとの接触による回転軸の後向きふれまわり[17)〜19)]

10.1.1 乾性摩擦による後向きふれまわり発生の定性的な説明[5)]

回転軸がふれ止めをもつ場合や潤滑不良のすべり軸受で支持されている場合，回転軸はふれ止めなどに接触しない間は，静かに前向き（軸の回転方向と同じ方向）にふれまわる．しかし，何らかの原因で軸の振動が大きくなり軸がふれ止めなどに接触すると（図10.1），激しく後向き（軸の回転方向と逆方向）にふれまわることがよく知られている．この原因は，接触時に軸に作用する乾性摩擦力 F が軸の前向きふれまわりを抑制し，後向きふれまわりを助長する方向に作用する結果であると説明されている．しかしながら，この説明では後向きふれまわりの発生過程や特徴はわからない．

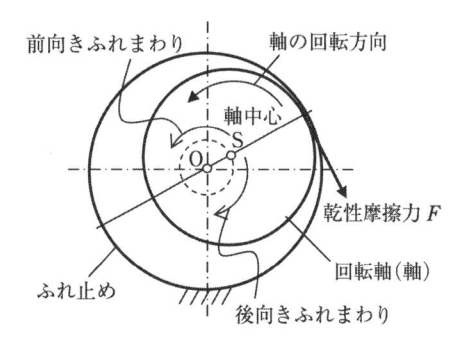

図10.1 回転軸の後向きふれまわり発生メカニズム

10.1.2 実機立軸ポンプの後向きふれまわりと実験モデル[17)]

ここでは，図10.2のような立軸ポンプが起動時に引き起こした激しい後向きふれまわりを，図10.3の実験モデルを用いて解析した事例[17)]について説明する．問題の立軸ポンプでは，先端に翼をもつ長い鉛直軸が水潤滑軸受（水軸受）で支持されているが，起動時には水軸受に潤滑剤としての水がなく，ポンプが水を吸い上げると，管路を通る水によって軸受が潤滑される構造になっている．また，ポンプ軸系の曲げ振動の固有振動数（危険速度）はポンプ軸の定格回転速度より低い．こうしたことから，起動時，ポンプ軸は危険速度を通過する際に水潤滑されていない軸受面に接触し，乾性摩擦力により激しい後向きふれまわりを生じたと推測される．こうした回転軸の後向きふ

れまわりの発生状況や特徴，主要パラメータの影響などを調べるため，図10.3の実験モデルを製作した．

10.1.3 実験装置・実験方法[18]

図10.3の実験モデルは，転がり軸受で支持した直径12 mmの鉛直回転軸（軸）とスパン中央に取付けた不つりあい円板（質量1 kg）からなる基本ロータ，円板位置から55 mm下方に設置した内径13 mm，長さ10 mmのアルミ製ふれ止めとその支持台，および駆動モータからなる．軸のふれまわり（振動）は，円板近傍の直角2方向に設置した2個の渦電流式非接触変位計で測定した．このほか，駆動モータから軸に作用するトルクをトルク計で，ふれ止めと軸との接触・衝突（接触信号）を支持台に固定し

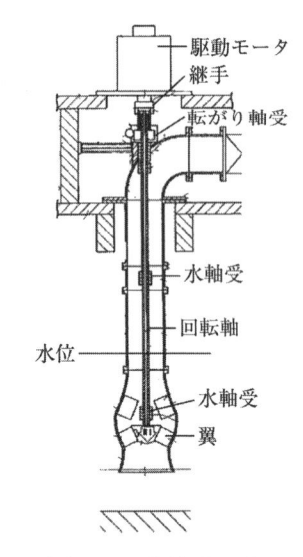

図10.2 立軸ポンプ

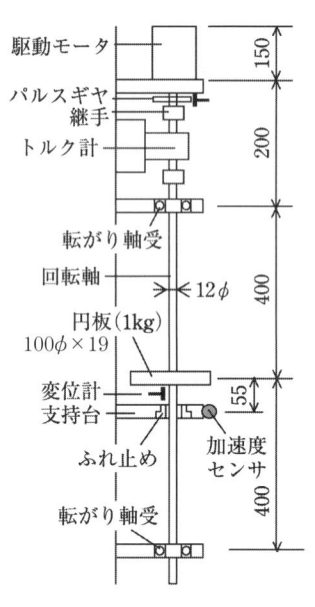

図10.3 実験モデル

た加速度センサで，軸の回転速度はモータ軸に取り付けた歯数20の歯車のパルスを用いて測定した．基本ロータの曲げ振動の固有振動数は19.8 Hz，減衰比は約0.01，ふれ止め・支持台系のそれらは80 Hzと0.2であった．

実験は，駆動モータの速度設定スイッチを基本ロータの危険速度（19.8 rps）より高い21 rpsに設定し，いきなりモータの電源スイッチをONにして行った．図10.4に，使用したモータの速度-トルク特性 T_{drive} およびロータ系の負荷トルク特性 T_{brake} を示す．不つりあいをもつロータは，こうしたトルク特性で加速され，危険速度通過時にふれ止めに接触し，不つりあいの大きさによりいくつかの典型的なふれまわりパターンを示す（加速テスト）．この過程におけるロータ（軸）の振動，回転速度，ふれ止めの加速度，軸トルクをデータレコーダに記録し，その後パソコンで波形処理したものを実験結果として図示した．軸のふれまわり速度 $\dot{\phi}$ は後で示す式（10.10）で計算し，平均化した値を表示した．なお，円板の偏重心（偏心量）は，ロータを十分つりあわせたあと，円板に付加した既知の不つりあい量を円板質量で割った値で示した．

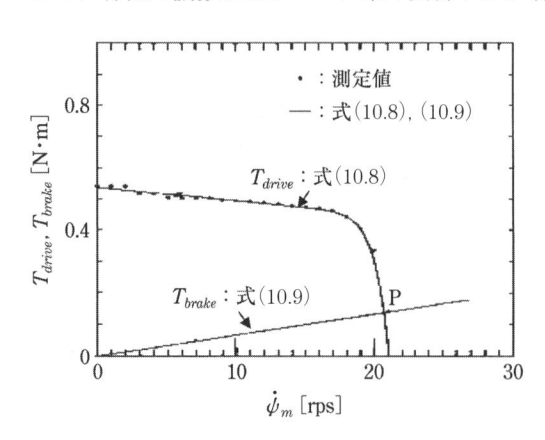

図10.4 モータの速度-トルク特性・ロータの負荷トルク特性

10.1.4 実験結果[18]

加速テストの結果を図10.5 (a), (b), (c) に示す．各図は円板の偏重心が40, 55, 80 μm の場合の結果である．各図の上から，①円板近傍の軸心軌跡 (x, y)，②軸変位 x, y，③回転速度 $\dot{\psi}$，④ふれまわり速度 $\dot{\phi}$，⑤ふれ止め支持台の加速度信号 F，⑥軸トルク T_q の測定結果をそれぞれ示す．横軸は時間 t，図 (b), (c) の縦軸は図 (a) のそれと同じである．図10.5 (a) では，ロータは

10.1 ふれ止めとの接触による回転軸の後向きふれまわり

(a) 危険速度通過 ($\varepsilon = 40\,\mu\mathrm{m}$)

(b) 後向きふれまわり発生 ($\varepsilon = 55\,\mu\mathrm{m}$)

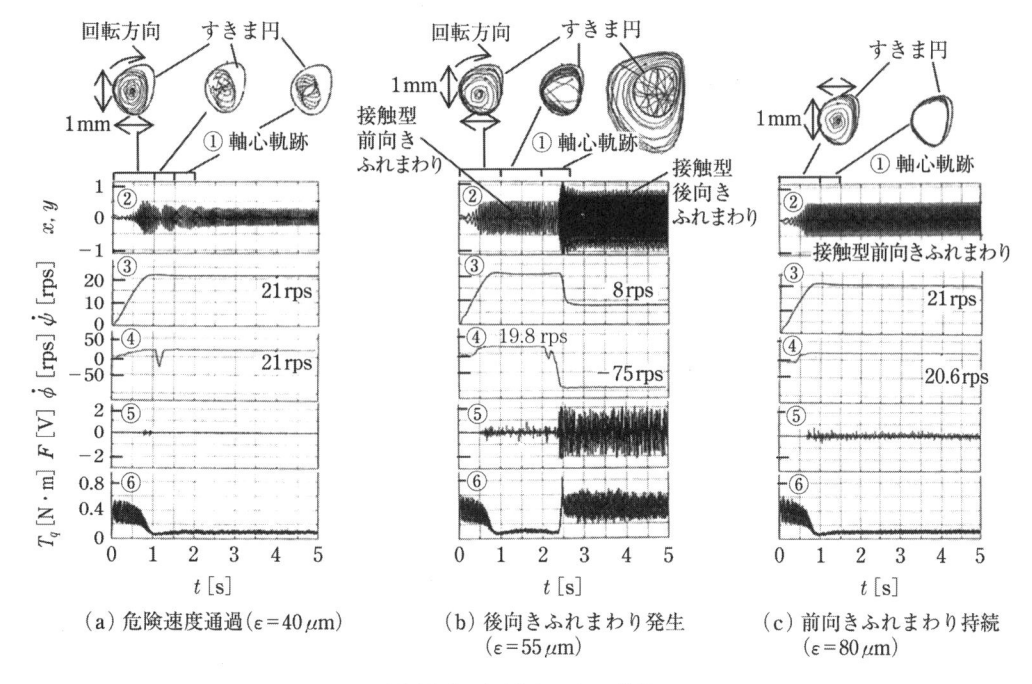

(c) 前向きふれまわり持続 ($\varepsilon = 80\,\mu\mathrm{m}$)

図 10.5 加速テストの結果

危険速度付近（20 rps）でふれ止めに何度か衝突したあと，危険速度を通過する．図 10.5 (b) では，ロータは危険速度付近でふれ止めに接触し，すきまいっぱいの振幅で前向きにふれまわる（図 (b) ②，0.6s ＜ t ＜ 2s，接触型前向きふれまわり）．その後，ロータはふれ止めと分離・接触を繰り返し，ロータの前向きふれまわり軌跡が次第に細い楕円になり，ついには後向きふれまわりが発生する（図 (b) ① 右図）．ロータは，接触型前向きふれまわり中は固有振動数にほぼ等しい速度 19.8 rps でふれまわるが，後向きふれまわりが発生してロータ軌跡がふれ止めの半径すきまを大きく越えだすと，大きな抵抗トルクの発生（図 (b) ⑥）とともに，回転速度 $\dot{\varphi}$（図 (b) ③）およびふれまわり速度 $\dot{\phi}$（図 (b) ④）が低下し，後向きふれまわりの速度 $-\dot{\phi}$ が増加する（図 (b) ④）．その後，ロータは $\dot{\varphi} = 8$ rps，$\dot{\phi} = -75$ rps で（図 (b) ③，④），ふれ止めに強く接触しながら激しい接触型後向きふれまわりを持続する（図 (b) ②，⑤，⑥）．偏重心が最も大きい図 10.5 (c) の場合，ロータは図 10.5 (b) の初期に見られた接触型前向きふれまわりを持続し，長時間経過しても後向きふれまわりは発生しなかった．このときの回転速度は $\dot{\varphi} = 21$ rps，ふれまわりの速度は $\dot{\phi} = 20.6$ rps で，ふれ止め支持台の接触信号 F はかなり小さい．この実験では，図 10.5 (b) の後向きふれまわりを発生する偏重心の範囲は狭く，かつ，この範囲で偏重心が大きいほど，後向きふれまわり発生の時刻は遅くなる傾向にあった．

以上の現象は再現性が極めて高かった．次項では，こうしたふれ止めとの接触によるロータのふれまわりを数値計算で確認する．

10.1.5 計算モデルと運動方程式[18]

図 10.3 の実験モデルを模擬した計算モデルを 図 10.6 (a) に示す．計算モデルは，モータ，基本ロータ，ふれ止めからなる．なお，ふれ止めから軸に加わる接触力や摩擦力は円板位置の軸に作用するとした．図 10.6 および 表 10.1 に示す記号を用いて，ロータとふれ止めの並進運動，ロータとモータの回転運動の運動方程式を書くと，式 (10.1)〜(10.6) のようになる．ロータとふれ止め

が接触（衝突）する際には，接触力 N，摩擦力 μN，接触減衰力（減衰係数 c_0）が作用し，接触力 N は軸（円板）とふれ止めの変位の重なり量 $r_c - c_r$（c_r：半径すきま）に接触ばね定数 K_c を乗じた式(10.7)で表せると仮定した．モータのトルク特性およびロータの抵抗トルク特性は，図10.4の結果を式(10.8)，(10.9)で近似したものを用いた．また，軸のふれまわり角速度 $\dot{\phi}$，軸（円板）とふれ止めの中心間距離 r_c および相対速度（接触時のすべり速度）V_r は，それぞれ式(10.10)，(10.11)，(10.12)で計算した．

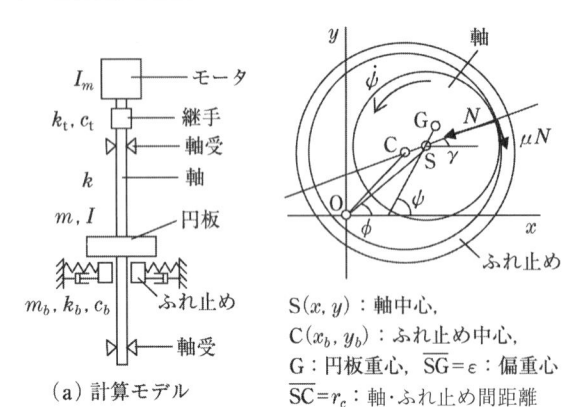

図 10.6 計算モデルと座標系

$$m\ddot{x} + c\dot{x} + kx = m\varepsilon\dot{\phi}^2\cos\phi + m\varepsilon\ddot{\phi}\sin\phi - N\cos\gamma + \mu N\sin\gamma \tag{10.1}$$

$$m\ddot{y} + c\dot{y} + ky = m\varepsilon\dot{\phi}^2\sin\phi - m\varepsilon\ddot{\phi}\cos\phi - N\sin\gamma - \mu N\cos\gamma \tag{10.2}$$

$$m_b\ddot{x}_b + c_b\dot{x}_b + k_b x_b = N\cos\gamma - \mu N\sin\gamma \tag{10.3}$$

$$m_b\ddot{y}_b + c_b\dot{y}_b + k_b y_b = N\sin\gamma + \mu N\cos\gamma \tag{10.4}$$

$$I\ddot{\psi} + c_t(\dot{\phi} - \dot{\phi}_m) + k_t(\phi - \phi_m)$$
$$= -R\mu N + (ky + c\dot{y})\varepsilon\cos\phi - (kx + c\dot{x})\varepsilon\sin\phi - T_{brake} \tag{10.5}$$

$$I_m\ddot{\phi}_m + c_t(\dot{\phi}_m - \dot{\phi}) + k_t(\phi_m - \phi) = T_{drive} \tag{10.6}$$

$$\left.\begin{array}{l} r_c - c_r \geq 0, \quad N = K_c(r_c - c_r); \quad c = c + c_0, \quad c_b = c_b + c_0, \quad c_t = c_t + c_0 \\ r_c - c_r < 0, \quad N = 0; \quad c = c, \quad c_b = c_b, \quad c_t = c_t \end{array}\right\} \tag{10.7}$$

$$T_{drive} = T_0 - \alpha\dot{\phi}_m - \beta\dot{\phi}_m^{12} \tag{10.8}$$

$$T_{break} = \beta_0\dot{\psi} \tag{10.9}$$

$$\dot{\phi} = \frac{\dot{y}\cos\phi - \dot{x}\sin\phi}{\sqrt{x^2 + y^2}}, \quad \tan\phi = \frac{y}{x} \tag{10.10}$$

$$\left.\begin{array}{l} r_c = \sqrt{(x - x_b)^2 + (y - y_b)^2} \\ \tan\gamma = \dfrac{y - y_b}{x - x_b} \end{array}\right\} \tag{10.11}$$

表 10.1 記号表

	ロータ（円板）	ふれ止め	モータ
質量／慣性モーメント	m/I	m_b	I_m
曲げ／ねじりのばね定数	k	k_b	k_t
曲げ／ねじりの減衰係数	c	c_b	c_t
並進変位／回転変位	$(x, y)/\psi$	(x_b, y_b)	ϕ_m
偏重心／駆動・抵抗トルク	ε		$T_{drive} \cdot T_{brake}$
半径すきま／摩擦係数		c_r/μ	
接触点の角位置／接触力		γ/N	
軸半径／軸・ふれ止め間距離		R/r_c	
接触ばね定数／接触減衰係数		K_c/c_0	

表 10.2 無次元量と計算に使用したパラメータの基本の値

$$\omega_n = \sqrt{\frac{k}{m}}, \quad \omega_{nb} = \sqrt{\frac{k_b}{m_b}}, \quad \omega_{nt} = \sqrt{\frac{k_t}{(1/I+1/I_m)}}, \quad \tau = \omega_n t,$$

$$X = \frac{x}{c_r}, \quad Y = \frac{y}{c_r}, \quad X_b = \frac{x_b}{c_r}, \quad Y_b = \frac{y_b}{c_r}, \quad f = \frac{N}{kc_r}, \quad gap = 1 - \frac{r_c}{c_r}, \quad T_i = \frac{T_{drive}}{I_m \omega_n^2}, \quad T_o = \frac{T_{brake}}{I_m \omega_n^2}$$

$$e = \frac{\varepsilon}{c_r} = 0.1, \quad \frac{R}{c_r} = 12, \quad \frac{K_c}{k} = 100, \quad \mu = 0.9, \quad \frac{m_b}{m} = 1.7, \quad \frac{I_m}{I} = 0.06, \quad \frac{mR^2}{I} = 0.03$$

$$d = \frac{c}{2m\omega_n} = 0.01, \quad d_b = \frac{c_b}{2m_b\omega_{nb}} = 0.3, \quad d_t = \frac{c_t}{2\frac{II_m}{I+I_m}\omega_{nt}} = 0.3, \quad dc_0 = \frac{c_0}{2m\omega_n} = 0.005$$

$$\frac{\omega_{nb}}{\omega_n} = 8, \quad \frac{\omega_{nt}}{\omega_n} = 0.7, \quad \frac{T_0}{I_m\omega_n^2} = 0.294, \quad \frac{\alpha}{I_m\omega_n} = 0.042, \quad \frac{\beta\omega_n^{10}}{I_m} = 0.1, \quad \frac{\beta_0}{I_m\omega_n} = 0.04$$

$$V_r = R\dot{\phi} + (\dot{y} - \dot{y}_b)\cos\gamma - (\dot{x} - \dot{x}_b)\sin\gamma \tag{10.12}$$

これらの式を**表 10.2**の無次元量で書き改め，系全体が静止している状態を初期条件とし，その後，モータトルクが突然作用するとして，その非定常振動過程をルンゲ・クッタ法で解いた．計算に用いたパラメータの基本の値（基準条件）を**表 10.2**に示す．

10.1.6 偏重心によるふれまわりパターンの変化[18]

図 10.5 (a)～(c) の実験結果に対応する計算結果を**図 10.7** (a)～(c) に示す．図 10.7 (a)～(c) の横軸は各図で異なるが，$\tau = 100$ が図 10.5 の横軸約 0.8 秒相当である．図 10.7 (b)，(c) の縦軸は図 (a) と同じであるが，図 (b) ⑤～⑨の縦軸のスケールだけは図 (a) と異なるので図中に数字で示した．図 10.7 (a)～(c) の図①は円板軸中心のふれまわり軌跡 (X, Y)，図②，③は円板軸中心とふれ止め中心の無次元変位 X, Y, X_b, Y_b，図④～⑥は軸の無次元回転角速度 $\dot{\phi}/\omega_n$，ふれまわり角速度 $\dot{\phi}/\omega_n$，円板・ふれ止め間の無次元相対速度 $V_r/(c_r\omega_n)$，図⑦，⑧，⑨は無次元接触力 $N/(kc_r)$，モータと円板の間のねじれ角 $\phi_m - \phi$，軸とふれ止めのすきま $gap = r_c - c_r$ の時間変化をそれぞれ示している．図 10.7 と 図 10.5 を比較すると，激しい後向きふれまわりや，ほぼふれ止めすきま一杯の振幅をもつ前向きのふれまわりの発生など，偏重心による非定常応答の変化の傾向は，両者でよく一致していることがわかる．また，図 10.7 (b) において，ほぼ定常的な後向きふれまわりが生じているときは，同図⑥から，軸とふれ止めの相対速度 V_r がゼロ，すなわち，軸はふれ止め内側をすべらずに転がっていることがわかる．また，無次元接触力は極めて大きく（図 (b)⑦），軸はふれ止めにしっかり接触している（図 (b)⑨）ことがわかる．図 10.7 (a), (c) の計算時間はパソコンで 10 秒程度だが，後向きふれまわりが発生する図 (b) では計算時間は 1 時間前後であった．

図 10.8 は，図 10.7 (b) の場合の無次元接触減衰 dc_0 の値を 0.005 から 0.3 と極めて大きくしたときの計算結果である．図 10.8 より，dc_0 が大きいと，ロータはふれ止めに接触すると，すぐに後向きふれまわりを生じ（図⑤），その後，ふれ止めと小さな衝突を繰り返しながら（図⑦, ⑨）後向きふれまわりを持続することがわかる（衝突型後向きふれまわり）．このタイプの後向きふれまわりでは，円板の変位はほぼふれ止めの半径すきまに等しく，接触力（衝突力）は小さい．さらにいくつかの計算結果から，大きな接触減衰は激しい接触型の後向きふれまわりや接触型の前向きふれまわりを衝突型後向きふれまわりに移行させる作用のあることがわかった．

10.1.7 主要パラメータの影響

主要パラメータの値を様々に変えて，ふれ止めをもつロータの危険速度通過時のふれまわり特性を調べた．得られた結果を**図 10.9**にまとめて示す．図中の ▽ 印は各パラメータの基本の数値

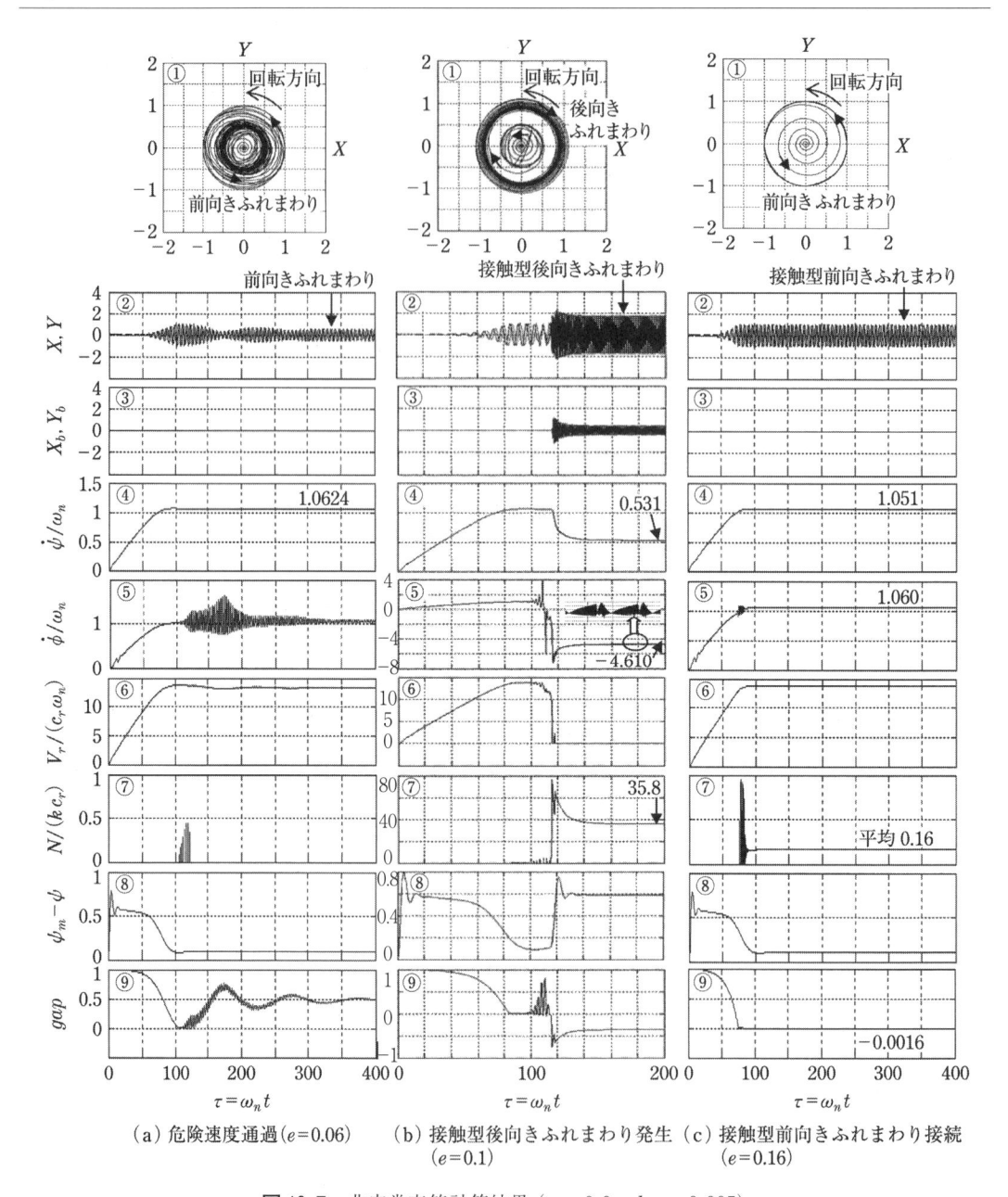

第10章 すきまや摩擦に起因する回転機械の振動

図10.7 非定常応答計算結果 ($\mu = 0.9$, $dc_0 = 0.005$)

(a) 危険速度通過 ($e=0.06$)　(b) 接触型後向きふれまわり発生 ($e=0.1$)　(c) 接触型前向きふれまわり接続 ($e=0.16$)

で，これらの値の組合せ（基準条件）では，ロータはふれ止めに衝突した後，しばらくして接触型の激しい後向きふれまわりを生じる [図10.7(b)]．基準条件から無次元偏重心 e の値を小さくすると，ロータはふれ止めに何回か衝突したあと（または，まったく衝突せずに）危険速度を通過し，定格速度において定常的な前向きふれまわりを行う．また，e の値を大きくすると，接触型の前向きふれまわりが生じてこれが持続する．これらについては，すでに述べた．ロータの曲げ振動の減衰比 d の値を大きくすると，ロータは後向きふれまわりを発生せずに危険速度を通過するようになる．基準条件から摩擦係数 μ の値を小さくすると，接触型の前向きふれまわりが発生して，

図 10.9 主要パラメータが危険速度通過時のロータのふれまわり特性に及ぼす影響（$e=0.1$, $K_c/k=100$, $\mu=0.9$, $d=0.01$, $d_b=0.3$, $d_t=0.3$, $dc_0=0.005$）

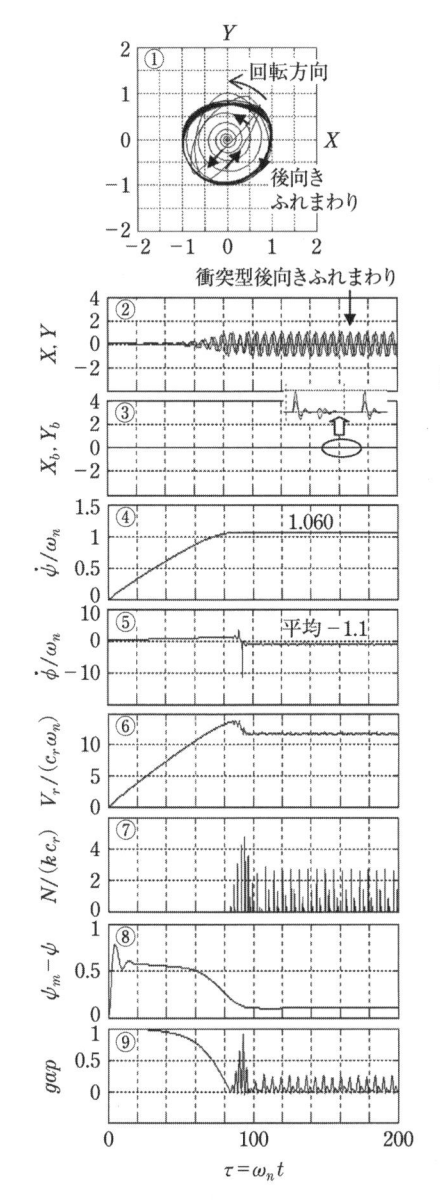

図 10.8 接触減衰が大きい場合の非定常応答計算結果（$e=0.1$, $\mu=0.9$, $dc_0=0.3$）

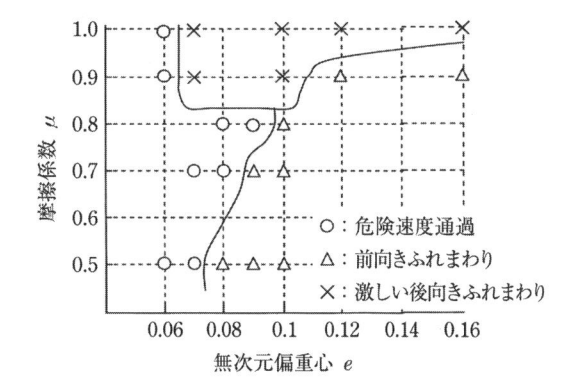

図 10.10 e と μ の値の組合せによる危険速度通過時のロータのふれまわり特性の変化

それが持続する．接触型の激しい後向きふれまわりは，ほかの計算結果も含めると，摩擦係数，ふれ止めの質量，ふれ止めの支持ばね定数が大きいほど，また，ロータ・ふれ止め間の接触剛性や接触減衰が小さいほど発生しやすいといえる．

図 10.10 は，基準条件において無次元偏重心 e と摩擦係数 μ の値を種々変えた場合，危険速度通過時のロータのふれまわり特性がどのように変化するかを示したものである．〇印はロータがふれ止めと衝突せずに（もしくは何回かの衝突の後），危険速度を通過し定格速度に達した場合〔図 10.7 (a) 相当〕を，△印は危険速度通過時にロータが軸と接触し続けて前向きのふれまわりを持続した場合〔図 10.7 (c) 相当〕を，×印は危険速度通過時に激しい接触型の後向きふれまわりが生じた場合〔図 10.7 (b) 相当〕を，それぞれ示している．

図 10.10 より，

（1）μ が 0.8 以下の領域では，e が 0.07 以下であれば危険速度通過，e が 0.1 以上であれば前向きふれまわりが発生し，激しい後向きふれまわりは発生しない

（2）μ が 0.8 以上の領域では，e が 0.06 以下のとき危険速度通過，e が 0.06 以上の広い範囲で激しい後向きふれまわり，または前向ききふれまわりが発生することがわかる．このことから，危険速度通過時の後向きふれまわりの発生を防ぐには，ふれ止めと軸の間の摩擦係数 μ やロータの偏重心 e（不つりあい）を小さくすればよいと言える．

10.1.8 激しい後向きふれまわりの発生過程

図 10.11 に，危険速度通過時にふれ止めと接触し激しい後向きふれまわりが発生したときの円板軸中心軌跡の一例を示す．ロータは反時計回りに回転し，危険速度に近づくと前向きふれまわりの半径が大きくなり軸に接触する．何回かの衝突時に，摩擦力は前向きふれまわりを減速する方向に作用するので，図示した反射角 δ_{out} は入射角 δ_{in} よりいつも小さくなり，ロータの軌跡は丸い楕円から細長い楕円へ移行する．衝突点 P では反射角が負になり，ロータのふれまわり方向が回転方向と逆になり，後向きふれまわりが生じる．この後，接触のたびに摩擦力により $\delta_{out} > \delta_{in}$ となり，後向きふれまわりしているロータ軌跡は細長い楕円から丸い楕円となる．反射角が 90° を超えると，ロータはふれ止めに強く接触する（食い込む）ようになり，接触力や摩擦力および後向きふれまわりの回転速度が急増する一方，回転速度が低下し，いわゆる激しい後向きふれまわりが生じる．

以上の説明から，後向きふれまわりが発生するためには，前向きふれまわりしているロータがふれ止めと接触・分離を繰り返すことが不可欠であることがわかる．例えば，図 10.7 (b) では，図 (b) ⑦ の $\tau = 100$ 前後で間欠的にパルス状の接触力が生じているので，この間，ロータはふれ止めと接触・分離を繰り返し，前向きふれまわりから後向きふれまわりへの移行が生じる．一方，図 10.7 (c) では，接触力がいきなり大きな値になり，その後ゼロでないある値を保っていて（図 (c) ⑦），ロータはふれ止めから離れない．このため，前向きふれまわりから後向きふれまわりへの移行が生じないことになる．

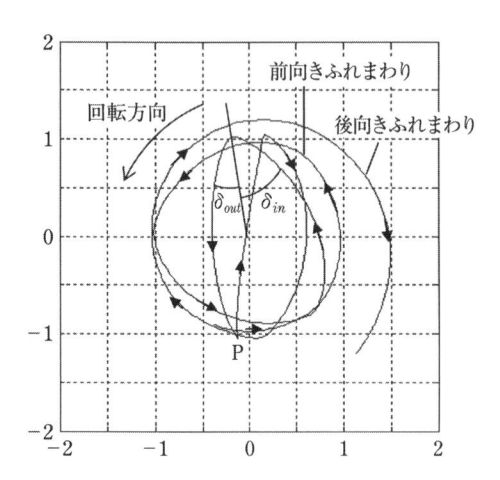

図 10.11 計算による後向きふれまわりの発生過程（基準条件．ただし，$dc_0 = 0.01$）

10.1.9 まとめ

（1）危険速度通過時にロータがふれ止めに衝突する場合，ロータとふれ止め間の摩擦係数が大きく，ロータの偏重心（不つりあい）が中程度の大きさであると，振幅や接触力の大きい激しい後向きふれまわりが発生する場合がある．偏重心が大きいと，接触型の前向きふれまわりが発生し持続するが，振幅や接触力は比較的小さい．偏重心が小さいと，ロータはふれ止めに衝突しても危険速度を通過する．

（2）上記の場合，接触ばね定数が大きいと衝突型の前向きふれまわりが，また接触減衰が大きいと衝突型の後向きふれまわりが生じることがある．これらの場合のふれまわり振幅は，ほぼロータとふれ止め間のすきまの大きさで，衝突力は比較的小さい．

（3）後向きふれまわり発生過程におけるロータの軸心軌跡の変化は特徴的である．ロータが前向きふれまわりでふれ止めに衝突すると，摩擦力によって反射角が入射角より小さくなり，丸い軌跡は偏平な軌跡に移行する．反射角がゼロまたは負になると，後向きふれまわりが発生する．その後，偏平な後向きふれまわり軌跡は，衝突のたびにふくらみのある軌跡になる．衝突時の反射

角が90°を越えると，ロータはふれ止めに強く接触するようになり，接触力，摩擦力が増加し，回転速度が低下，後向きふれまわりの速度が大きくなる．最終的には，ロータは大きな振幅と接触力をもつ接触型後向きふれまわりを行う．

10.2 ガイドローラの鳴き音と乾性摩擦による前向きふれまわり[20),21)]

10.2.1 インナーロータとアウターロータの乾性摩擦によるふれまわり

前節で説明した乾性摩擦による接触型の激しい後向きふれまわりの発生については，多くの報告がありよく知られているが，同様な特徴（ふれまわり速度が速く接触力が大きい）を示す乾性摩擦による前向きふれまわりについてはほとんど知られていない．激しい後向きふれまわりは，**図10.12** (a) に示すように，円環状のステータ（ふれ止め，ケーシングなど）の内側にロータがある場合（ここでは，インナーロータと呼ぶ）に発生する．一方，激しい前向きのふれまわりは，同図 (b) に示すように，ステータ（軸など）の外側に円環状のロータがある場合（アウターロータと呼ぶ）に発生する．それぞれの接触型ふれまわりの発生メカニズムを**図10.13** (a)，(b) に示す．図 (a) は，角速度 ω で反時計まわりに回転しているインナーロータが点 P でステータに接触し，摩擦力 f を受けた状態を示している．このあと，摩擦力によりロータ全体（ロータ中心 C）は $+x$ 方向へ並進移動し，ロータ表面上の点 P^-（接触点 P よりロータの回転方向に対して角位置が遅れた点）が静止部に接触する．こうした接触点の移動により f の方向が変化するため，ロータの中心 C は座標原点 O のまわりを時計まわり（ロータの回転と逆方向）に旋回する（ふれまわる）．これがインナーロータの乾性摩擦による後向きふれまわりである．図 10.13 (b) は，角速度 ω で反時計まわりに回転しているアウターロータが点 P で静止部と接触し摩擦力 f を受けた状態を示している．この摩擦力により円環状のロータ全体（ロータ中心 C）は $+x$ 方向へ並進移動し，ロータ内周上の点 P^+（接触点 P よりロータの回転方向に向かって角位置が進んだ点）がステータ（軸）に接触する．その後，インナーロータの場合と同様な過程を経て，ロータの中心 C

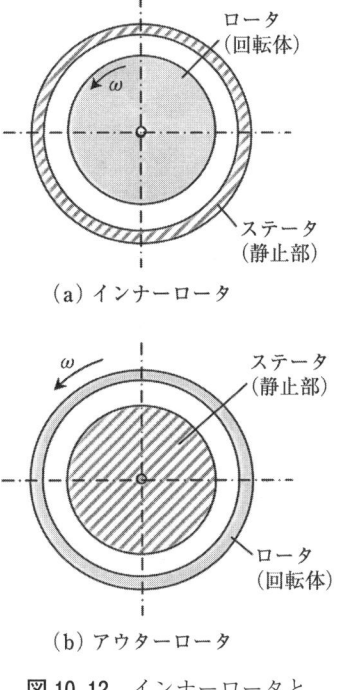

図 10.12 インナーロータとアウターロータ

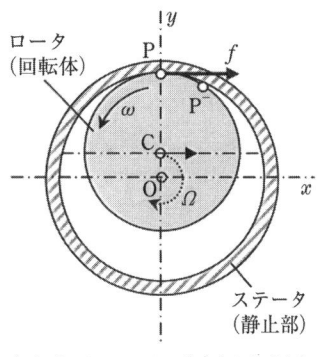

(a) インナーロータ
(b) アウターロータ

図 10.13 乾性摩擦によるロータの後向き・前向きふれまわり発生メカニズム

(a) インナーロータの後向きふれまわり
(b) アウターロータの前向きふれまわり

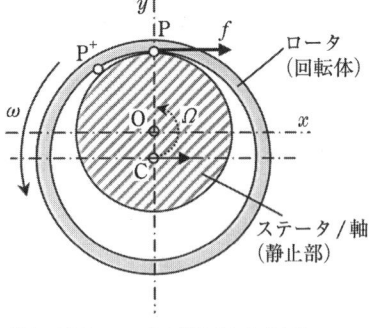

は座標原点Oのまわりを反時計まわり(ロータの回転と同じ方向)にふれまわる.これがアウターロータの乾性摩擦による前向きふれまわりになる.

アウターロータの前向きふれまわりの実例として,VTRテープ走行補助用ガイドローラの鳴き音(高い振動数の激しい前向きふれまわり)について説明する.VTR機器内で磁気テープをガイドし,その安定走行を助ける小型のローラをVTR用ガイドローラと呼ぶ.VTRの磁気テープ巻き戻しの高速化に伴い,高い周波数の鳴き音がガイドローラから発生するようになり,製造現場では,摩擦係数の小さい材料でローラをつくるなどして対応したが,鳴きの発生原因につては不明であった.以下の研究は,こうした背景で行われたものである.なお,詳細は文献20),21)を参照して欲しい.

10.2.2 VTR用ガイドローラの鳴きに関する実験[20]

図10.14(a),(b)に,実験装置の概略および供試ガイドローラの形状・寸法を示す.実験装置は,ベルト走行系(テープ走行系に相当),供試ガイドローラ,ガイドローラ予圧機構からなっている.ベルトは,長さ381 mm,幅4 mm,厚さ0.4 mmである.ガイドローラは,上下フランジ付きの鋼製鉛直軸(直径1.995 mm,質量 約1.4 g)およびローラ(内径2.02 mm,内部ポリアセタール樹脂,外周ステンレス円筒)からなっている.実験での測定項目は,ガイドローラの騒音・振動および駆動プーリ回転速度である.

鳴きを発生しやすい数個のローラ(No.1〜No.5,軸との半径すきま27〜38 μm)を選んで鳴き発生実験を行った.得られた結果を図10.15に示す.図より,駆動プーリ回転速度$N=3800$〜4300 rpmで音圧レベルが急激に大きくなり鳴きが発生していることがわかる.このうちのNo.4ローラについて,$N=300$〜5800 rpmの100 rpmごとの回転速度でガイドローラの騒音および半径方向振動を測定し,両波形の周波数分析を行った.結果を図10.16(a),(b)に示す.両図とも4300 rpm以上で約4.8 kHzのピークが存在することから,鳴きの周波数は約4.8 kHzで,鳴き音の原因はガイドローラの約4.8 kHzの振動数成分であることがわかる.なお,この鳴きの周波数は回転速度とともに少し増加する.図には,鳴き発生時および鳴き発生以前のガイドローラの運動軌跡も示した.ガイドローラは,鳴き発生時に約4.8 kHzの振動数でほぼ円軌跡(直径15〜30 μm)を描いて前向き(ベルトの進行方向)にふれまわるが,鳴きが発生していないときは,ベルト走行方向に5 μmほど揺動するだけである.図10.16(b)の2 kHz以下の領域では幾つかの振動成分が見られるが,鳴きが発生する4300 rpmの直前直後で,ガイドローラの回転速度$\omega/(2\pi)$は,およそ470 rpsから120 rps

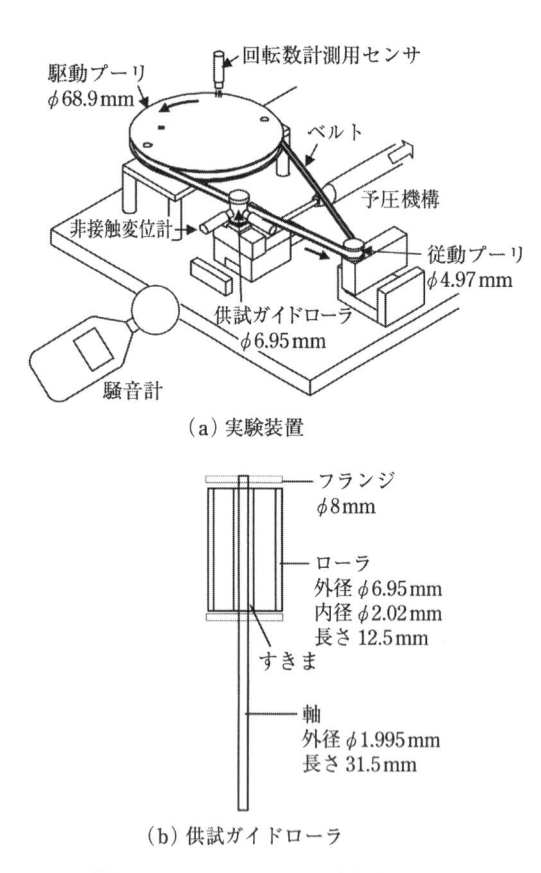

図10.14 ガイドローラ鳴き実験装置

へ低下し，前向きふれまわりの振動数 $\Omega/(2\pi)$ との比は $\Omega/\omega \approx 4800/120 = 40$ になる．他のガイドローラについても，この比は $\Omega/\omega \approx 40 \sim 60$ でかなり大きな値であった．鳴きは，一度発生すると，駆動プーリの回転速度 N を増減させても持続し，$N = 500$ rpm 以下になってようやく消滅するといった，大きなヒステリシス特性を示す．

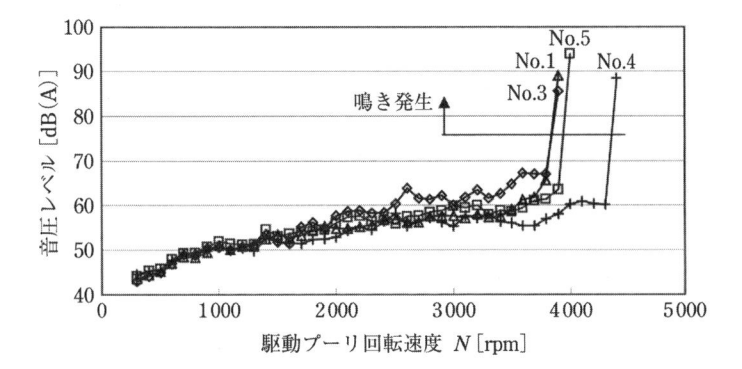

鳴きの周波数や鳴きの発生回転速度などは，供試ガイドローラごとに，また，実験する日によっても少し変化する．このため，実験当初は，この前向きふれまわりの原因を特定できなかった．様々な検討の後，この前向きふれまわりがローラと軸の乾性摩擦によるものと考えれば，後向きふれまわりの場合と同様にして次の関係式が導かれ，前向きふれまわりの角速度 Ω に関して実験に近い結果が得られることがわかった．

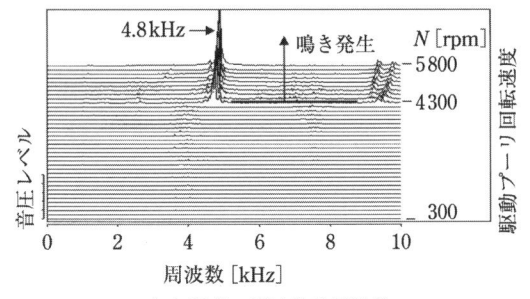

$$\Omega = \frac{R}{c_r}\omega \approx 35\omega$$
$$(R = 1.01 \text{ mm}, \quad c_r = 0.029 \text{ mm})$$
(10.13)

図 10.15 ガイドローラの鳴き発生状況（増速時）

図 10.16 ガイドローラの騒音と振動の周波数分析結果 (No.4 ガイドローラ)
(a) 騒音の周波数分析結果
(b) 半径方向振動の周波数分析結果

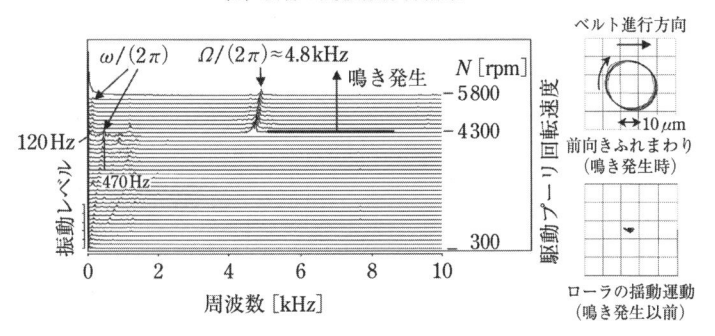

ここで，ω はローラの回転角速度，R はローラの内半径，c_r はローラと軸の半径すきまである．

以下に，この関係式を導く手順を示す．図 10.17 は，角速度 ω で回転しているガイドローラ（中心 C）が，固定された軸（中心 O）に点 P で接触している状態を示す．ガイドローラは点 O まわりに角速度 Ω（半径 c_r）で前向きにふれまわり，かつ点 C まわりに角速度 ω（半径 R）で回転しているので，ガイドローラ上の点 P の接線方向の速度は $v_P = R\omega - c_r\Omega$ と表される．ふれまわり中，ガイドローラが固定軸上をすべらずに転がると仮定すれば，$v_P = 0$ と置いて $R\omega = c_r\Omega$〔式 (10.13)〕が得られる．

以上の実験と考察から，ロータが静止した軸の外側をまわるアウターロータ（ガイドローラなど）では，乾性摩擦によって高速の前向きふれまわりが発生する可能性があることがわかる．この

10.2.3 乾性摩擦を考慮したアウターロータの衝突振動解析モデル[21]

テープ（ベルト）駆動されるロータの正確なモデル化にはかなりの困難が予想されるので，ここではロータは仮想のばねとダンパで支持されたものとし，回転しているロータを剛体の静止軸に衝突させて前向きふれまわりが発生する過程を数値解析した．

図 10.18(a)，(b)に，ばねとダンパで支持したアウターロータと剛体の静止軸からなる振動モデルおよび衝突時に生じる力などを示す．固定した軸の中心を原点とする静止座標系 O-xy を考え，ロータは x-y 平面（水平面）内で並進・回転運動するものとし，重力や不釣合いの影響は考えない．ロータの質量，慣性モーメント，各支持ばねのばね定数，各ダンパの減衰係数をそれぞれ m, I, $k/2$, $c/2$ とし，ロータ中心 C の座標を (x, y)，ロータの回転角を ϕ として運動方程式を書けば，式(10.14)～(10.16)が得られる．式中，N はロータが軸と接触（衝突）するときに生じる接触力，μ は摩擦係数，γ は接触点の角位置，R はロータの内半径，δ はロータの軸へのめり込み量，M_{in} はモータの駆動トルク，M_{out} は負荷トルクを表す．これらの諸量は，式(10.17)～(10.19)で表されるとした．なお，c_r はロータと軸の間の半径すきま，K_c はロータ内周の接触ばね定数，c_0 は接触減衰係数である．軸とロータの相対速度（すべり速度）V_r およびロータのふれまわり角速度 $\dot{\phi}$ は式(10.20)，(10.22)で計算した．衝突振動の計算では，角速度 $\dot{\phi}_0$ で定常回転しているロータに $+y$ 方向の初速 V_0 を与えて静止軸に衝突させ，その後のロータのふれまわり挙動を調べた．実際には，運動方程式を表10.3の記号を用いて無次元化したのち[式(10.14)′～(10.16)′]，初期条件としてロータの並進運動の変位および回転運動の角変位をゼロ，無次元初速度 $v_0 = V_0/(c_r \omega_n) = 1.5$，無次元角速度 $\omega_0 = \dot{\phi}_0/\omega_n = 2$（駆動トルクと負荷トルクが釣り合う回転速度）として，無次元化した運動方程式をルンゲ-クッタ法で解いた．

$$m\ddot{x} + c\dot{x} + kx = -N\cos\gamma - \mu N \sin\gamma \quad (10.14)$$

$$m\ddot{y} + c\dot{y} + ky = -N\sin\gamma + \mu N \cos\gamma \quad (10.15)$$

$$I\ddot{\psi} = -(R+\delta)\mu N + M_{in} - M_{out} \quad (10.16)$$

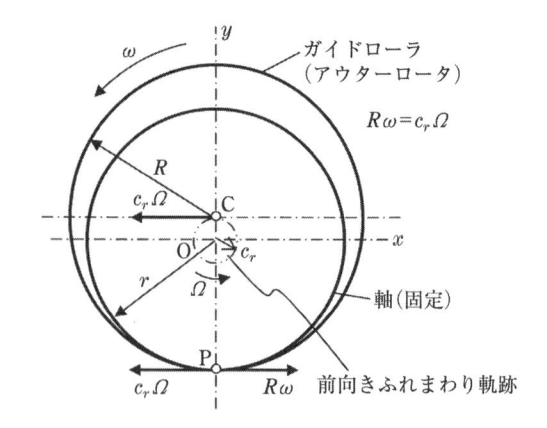

図 10.17 軸に転がり接触して前向きにふれまわるガイドローラ

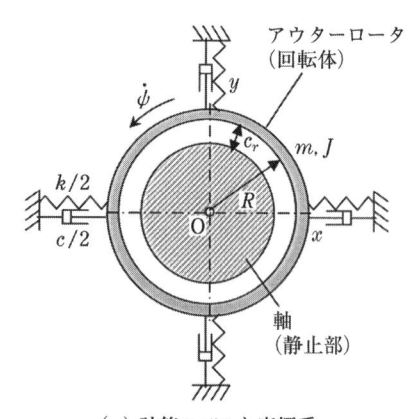

(a) 計算モデルと座標系

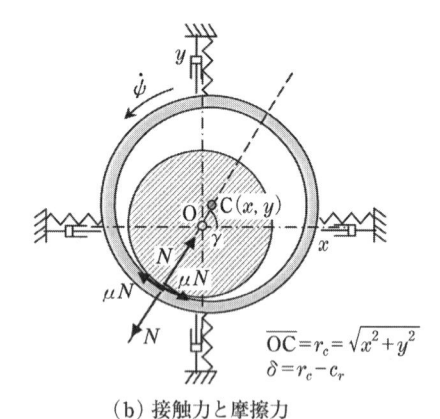

(b) 接触力と摩擦力

図 10.18 ばねとダンパで支持されたアウターロータ系と座標系

表 10.3 記号表および計算に使用したパラメータの値

$$\omega_n = \sqrt{\frac{k}{m}}, \quad \tau = \omega_n t, \quad X = \frac{x}{c_r}, \quad Y = \frac{y}{c_r}, \quad \frac{R}{c_r} = 10, \quad f = \frac{N}{kc_r}, \quad gap = 1 - \frac{r_c}{c_r}, \quad v_0 = \frac{V_0}{c_r \omega_n} = 1.5$$

$$D = \frac{c}{2m\omega_n} = 0.01, \quad k_c = \frac{K_c}{k} = 1000, \quad dc_0 = \frac{c_0}{2m\omega_n} = 0.3, \quad \mu = 0.3, \quad \omega_0 = \frac{\dot{\phi}_0}{\omega_n} = \frac{T_0}{a+b} = 2$$

$$i_0 = \frac{mc_r^2}{I} = 0.0001, \quad T_0 = \frac{M_0}{I\omega_n^2} = 0.1, \quad a = \frac{\alpha}{I\omega_n} = 0.01, \quad b = \frac{\beta}{I\omega_n} = 0.04$$

$$r_c = \sqrt{x^2 + y^2}, \quad \tan\gamma = \frac{y}{x} \tag{10.17}$$

$$\left.\begin{array}{l} \delta = r_c - c_r \geq 0, \\ \quad N = K_c(r_c - c_r) \,;\, c = c + c_0 \\ \delta = r_c - c_r < 0, \quad N = 0 \,;\, c = c \end{array}\right\} \tag{10.18}$$

$$M_{in} = M_0 - \alpha\dot{\phi}, \quad M_{out} = \beta\dot{\phi} \tag{10.19}$$

$$V_r = (R+\delta)\dot{\phi} + \dot{x}\sin\gamma - \dot{y}\cos\gamma \tag{10.20}$$

$$\left.\begin{array}{l} V_r \geq 0, \quad \mu = \mu_0 \, (\mu_0 > 0) \\ V_r \leq 0, \quad \mu = -\mu_0 < 0 \end{array}\right\} \tag{10.21}$$

$$\dot{\phi} = \frac{\dot{y}\cos\gamma - \dot{x}\sin\gamma}{\sqrt{x^2+y^2}} \tag{10.22}$$

$$X'' + 2DX' + X = -f\cos\gamma - \mu f\sin\gamma \tag{10.14}'$$

$$Y'' + 2DY' + Y = -f\sin\gamma + \mu f\cos\gamma \tag{10.15}'$$

$$\phi'' = -\mu\frac{R}{c_r}i_0 \times f + T_0 - a\phi' - b\phi' \tag{10.16}'$$

$$\tan\gamma = Y/X, \quad f = k_c(-gap) \tag{10.17}', (10.18)'$$

10.2.4 数値計算結果
（1）代表的な結果

表 10.3 の無次元パラメータの値を用いた計算結果を**図 10.19**(a)〜(g) に示す．このケースでは，座標原点 O を中心に無次元初期角速度 $\omega_0 = \dot{\phi}_0/\omega_n = 2$ で回転していた中空のアウターロータが，y 方向に無次元初速度 $v_0 = V_0/(c_r\omega_n) = 1.5$ を受けて軸に衝突したあと，ロータは回転方向と同じ方向へ前向きにふれまわり始め，衝突のたびごとに頂角が大きくなる多角形状の軌跡を描きながら［図(a)，衝突型前向きふれまわり］，次第に円軌道の接触型前向きふれまわりへ移行する．接触型前向きふれまわりでは，ロータは軸に大きくめり込み［図(g)］，大きな接触力を保ったまま［図(f)］大きなふれまわり速度 $\dot{\phi}/\omega_n = 15.1$ でふれまわる［図(d)］．また，ロータと軸との相対速度 V_r はほぼゼロになっている［図(e)］．ここでは，これを激しい前向きふれまわりと呼ぶ．このときの前向きふれまわりの角速度 $\dot{\phi}$ について考える．式 (10.20) で $V_r = 0$ と置くと，

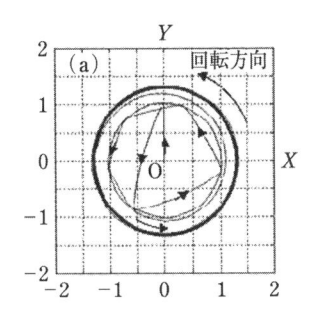

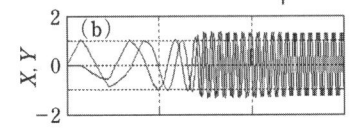

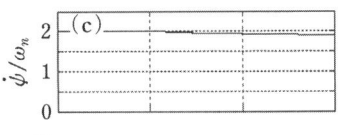

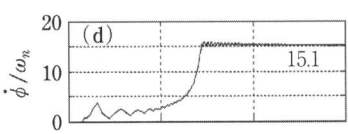

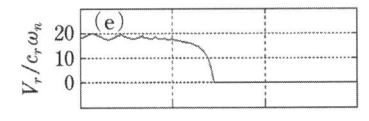

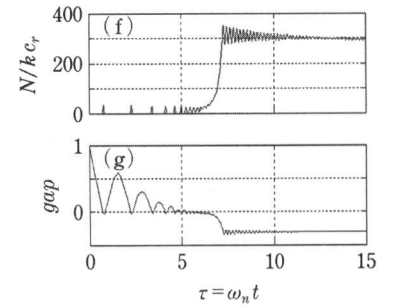

図 10.19 接触形前向きふれまわりの発生過程（$\mu = 0.3$，$v_0 = 1.5$，$D = 0.01$，$k_c = 1000$，$dc_0 = 0.3$）

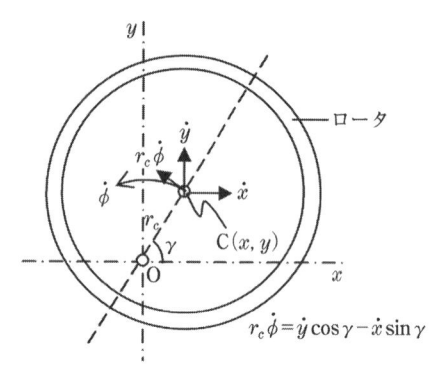

図 10.20 ロータのふれまわり速度

$$(R+\delta)\dot{\phi} = -\dot{x}\sin\gamma + \dot{y}\cos\gamma \qquad (a)$$

また，図 10.20 および式 (10.18) ($\delta = r_c - c_r$) より

$$\dot{y}\cos\gamma - \dot{x}\sin\gamma = r_c\dot{\phi} = (c_r+\delta)\dot{\phi} \qquad (b)$$

したがって，式 (a), (b) より次の関係式が得られる．

$$\dot{\phi} = \frac{R+\delta}{c_r+\delta}\dot{\psi} \qquad (10.23)$$

実際，図 10.19 (c), (d), (g) に示した $\tau=15$ のときの値，$\dot{\psi}/\omega_n = 1.90$, $\dot{\phi}/\omega_n = 15.1$, $-gap = \delta/c_r = 0.295$ および $R/c_r = 10$ （表 10.3）を上式に代入すれば，式 (10.23) が成立していることがわかる．なお，式 (10.23) において，δ の値は一般に十分小さいので，これを無視して $\dot{\phi} = \Omega$, $\dot{\psi} = \omega$ と置くと，式 (10.23) は先の式 (10.13) に一致する．

（2）摩擦係数 μ が小さい場合の計算結果

図 10.19 の場合の $\mu = 0.3$ を $\mu = 0.2$ に変更して同じ計算を行った．結果を**図 10.21** (a)〜(g) に示す．この場合，図 (a) に示すように，衝突型前向きふれまわりは生じるが，激しい前向きふれまわりには移行しない．これは，摩擦力が小さいため，ロータはゆるやかに接触型の前向きふれまわりに達するがほとんど軸にめり込まず [図 (g)]，減衰作用で振動振幅が小さくなるため，ふれ止めから離れて減衰自由振動型の前向きふれまわりを行う（ら旋を描きながらふれまわる）．こうしたことから，ロータ・軸間の摩擦係数の低下やロータの減衰増加は激しい前向きふれまわりの発生を抑制する効果があると考えられる．

激しい前向きふれまわりの発生は，ロータ・軸間の摩擦係数 μ だけでなく，ロータに与える y 方向の無次元初速度 v_0 の影響も受ける．多くの (μ, v_0) の組合せについて数値計算を行い，激しい前向きふれまわりの発生状況を調べた．結果を**図 10.22** に示す．図中，$v_0 \leq 1$ の斜線部はロータが静止軸にまったく衝突しない領域，×印は激しい前向きふれまわりが発生した領域，△印は減衰ふれまわりが発生した領域をそれぞれ示す．また，図中の曲線は×印と△印のおおまかな境界線 $\mu v_0^2 = 0.7$ である（参考までに $\mu v_0^{1.5} = 0.7$ の曲線も示してある）．図より，$v_0 < 1$ のときロータは軸に接触せず減衰振動を行うこと，$v_0 > 1$ かつ $\mu v_0^2 > 0.7$ のとき激しい前向きふれまわり（図 10.19 参照）が発生し，$\mu v_0^2 < 0.7$, $v_0 > 1$ のとき，ロータは軸に衝突するが，最終的には軸から

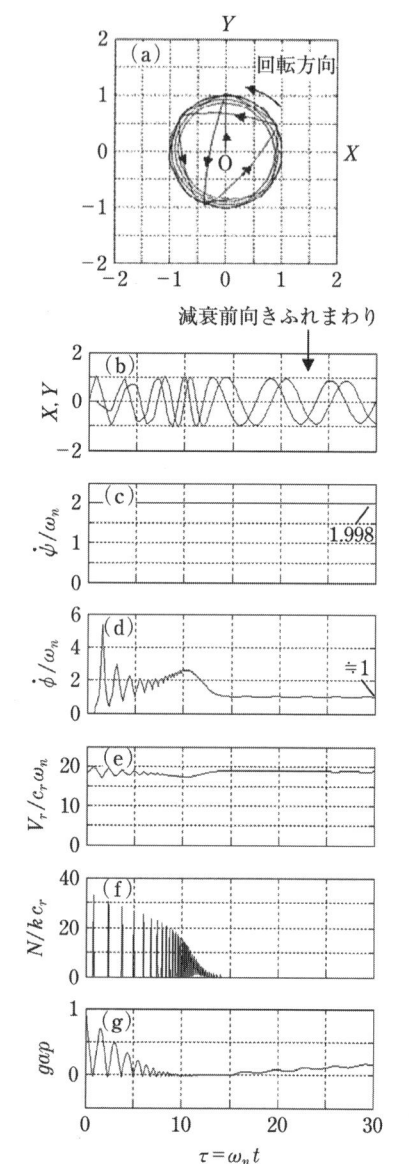

図 10.21 摩擦係数が小さい場合の計算結果（$\mu = 0.2$, $v_0 = 1.5$, $D = 0.01$, $k_c = 1000$, $dc_0 = 0.3$）

離れて減衰ふれまわり（図10.21参照）を行うことがわかる．なお，μv_0^2 ($=0.7$) や v_0 ($=1$) の値は，ロータの減衰比 D が0.01の場合の結果であることに注意が必要である．

また，図には示していないが，図10.19の場合についてロータの無次元初期回転速度 $\omega_0 = \dot{\phi}_0/\omega_n = T_0/(a+b)$ を2から0.2へ低下させて（$T_0 = 0.1$）同じ計算を行ったところ，激しい前向きのふれまわりは発生せず，図10.21とほぼ同様な計算結果が得られた（ただし，$\dot{\phi}/\omega_n = 0.2$ で一定）．

さらに，表10.3のパラメータの値を基準値として各無次元パラメータの値を変化させて，激しい前向きふれまわりの発生を調べたところ，ロータの減衰比 D や接触減衰比 dc_0 が大きい場合や接触ばね定数 k_c が極めて小さい場合は，激しい前向きふれまわりは発生しなくなる傾向にあった．また，ロータの無次元内半径 R/c_r が小さくなると接触形の前向きふれまわりは生じるが，ロータと軸の接触力が小さくなる．なお，静止軸の弾性変形を考慮した場合については文献20)を参照して欲しい．

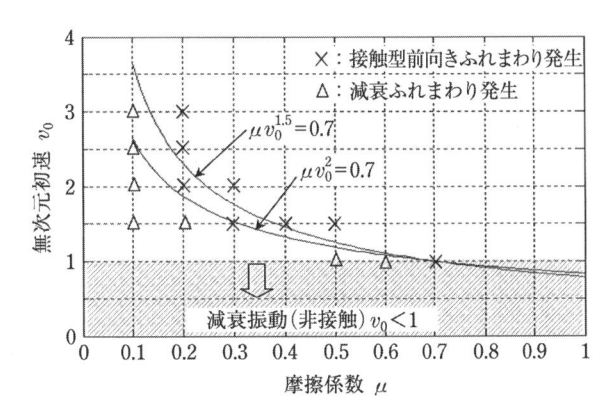

図10.22　接触型前向きふれまわりの発生領域〔(μ, v_0) 平面内，$D = 0.01$, $k_c = 1000$, $dc_0 = 0.3$, $R/c_r = 10$, $\omega_0 = 2$〕

10.2.5　まとめ

（1）VTR用ガイドローラは，高速回転域で鳴きを発生するが，これは乾性摩擦によるローラの激しい前向きふれまわりの結果である．このときの前向きふれまわりの角速度 $\dot{\phi}$ は，回転の角速度を $\dot{\psi}$ として $\dot{\phi} \approx (R/c_r)\dot{\psi}$ で表される．ローラと軸の半径すきま c_r が小さいと，$\dot{\phi}$ はかなり大きな値になる．

（2）ばねとダンパで支持した回転中のアウターロータに初速を与えて固定軸に衝突させ，その後のロータのふれまわり挙動を数値計算した．ロータの定常的な激しい前向きふれまわりでは，ロータと軸とのすべり速度はほぼゼロで，ロータ内周は軸外周をすべらずに転がる．

（3）この種の前向きふれまわりは，ロータ初速（外乱）V_0, 摩擦係数 μ, ロータの初期回転速度，接触ばね定数 K_c が大きいほど，また，ロータの減衰比 D, ロータ・軸間の接触減衰比 dc が小さいほど発生しやすい．

10.3　遊星歯車装置浮動太陽歯車軸の特異振動[22)~26)]

10.3.1　遊星歯車装置の振動と荷重等配機構

歯車を含む回転機械は様々な振動を発生しやすい．ここでは，従来知られていなかったある種の遊星歯車装置に生じる負荷トルク依存性の振動について説明する．一般に，遊星歯車装置では複数の遊星歯車で伝達荷重（負荷トルク）を分担するため，装置を小型化できるなどの特徴をもつ．一方，製作誤差や組立て誤差の影響で遊星歯車の荷重分担が不均一になると，強度低下や振動・騒音を生じやすいといわれている．

荷重等配機構としては，遊星歯車を弾性ピンや油軸受などで支持する方法やガタを介して太陽歯車（軸）を支持する方法などがある．ガタを介して支持した歯車軸を浮動歯車軸と呼び，この歯車

軸は負荷トルクを受けると，自動的に平衡位置に移動（セルフセンタリング）する．ここで取り上げる遊星歯車装置では，太陽歯車をもつ軸が遊星歯車とスプライン軸継手でガタ支持されていて（浮動太陽歯車軸），系のねじり振動の共振時に歯車歯面の分離・接触が生じ，これにより浮動太陽歯車軸が落下と上昇を繰り返して大きな横振動が発生した．

以下に，その実験結果と計算結果および振動発生のメカニズムについて説明する．

10.3.2 遊星歯車装置を含む回転軸系[22]

図 10.23 (a)，(b) に実験装置の概略を，図 10.24 に遊星歯車装置の詳細を，表 10.4 にその主要諸元をそれぞれ示す．実験装置は，駆動用可変速モータ (11 kW, 3000 rpm)，遊星歯車増速機，負荷用ダイナモメータ (11 kW, 10000 rpm, 渦電流式)，およびこれらを結合する軸継手から構成されている．この遊星歯車装置はスター型と呼ばれるもので，3個の遊星歯車はケーシング側板に固定した弾性ピンで支持され公転しない．遊星歯車装置は，内歯車，遊星歯車，太陽歯車から構成され，モジュールは1.5，圧力角20°（切削仕上げ），歯数はそれぞれ 177, 79, 18，速比は 9.83 で，強制潤滑されている．横振動が問題となった太陽歯車軸（以下，太陽軸と呼ぶ）は，直径約 21 mm，長さ 242 mm，質量 1.2 kg の軸で軸受をもたず，太陽歯車部を3個の遊星歯車で，他端をスプライン軸継手でガタを介して支持された，いわゆる浮動歯車軸になっている．

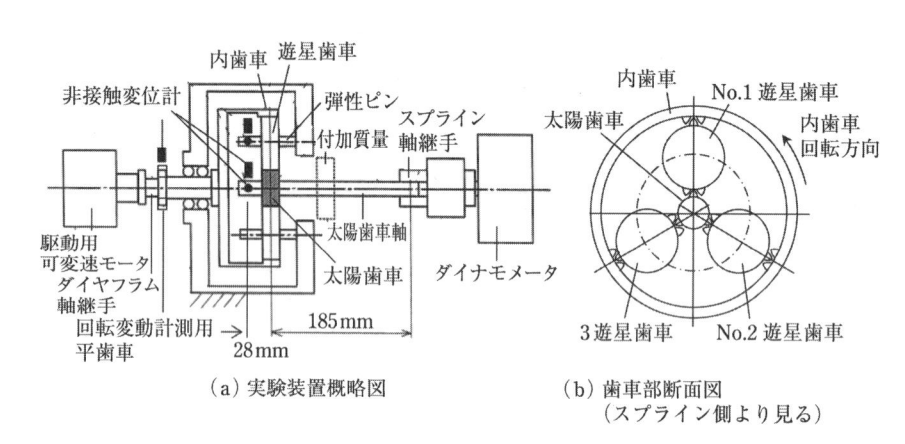

（a）実験装置概略図

（b）歯車部断面図（スプライン側より見る）

図 10.23 遊星歯車装置を含む回転軸系

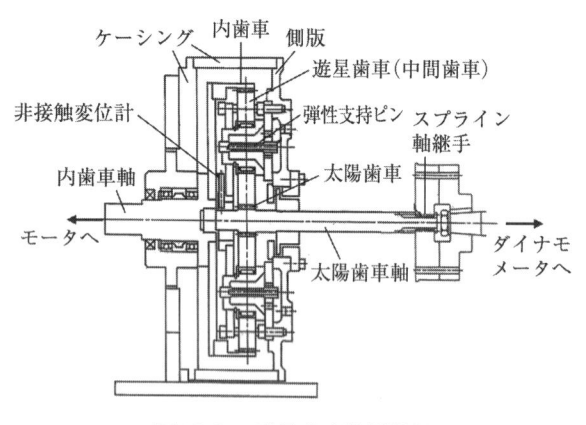

図 10.24 遊星歯車装置詳細

表 10.4 歯車諸元

	内歯車	遊星歯車	太陽歯車
歯形形状	転位平歯車		
モジュール	1.5		
圧力角 [°]	20		
歯幅 [mm]	20		
歯数	177	79	18
ピッチ円直径 [mm]	265.5	118.5	27
転位係数	−0.108	−0.5	0.5
歯厚減少量 [μm]	185	96	62
バックラッシ B_{sp} [μm]	158		
バックラッシ B_{pi} [μm]	281		

実験は，図10.23の歯車軸系にダイナモメータで一定の軽負荷（1～3 N・m）を加えつつ可変速モータで増速または減速運転し，そのときの太陽軸の横振動の測定（のちに軸系のねじり振動も測定），および周波数分析を行った．太陽軸の水平・鉛直方向の横振動は，遊星歯車装置内に設置した非接触変位計で測定した．また，軸系のねじり振動は内歯車軸に取り付けた計測用平歯車（歯数120）からのパルスを非接触変位計で検出し，高速度角変位測定装置を用いて軸系の回転変動として測定した．現象解明のために，3個ある遊星歯車のうち1個を除いた場合，太陽軸に質量を付加した場合，駆動側のダイヤフラム軸継手をゴム継手に変えた場合などについて実験を行った．

10.3.3 太陽軸の横振動測定結果[22)]

負荷トルク T を1, 2, 3 N・mと変えて実験装置を増速運転し，太陽軸の鉛直・水平方向振動（横振動）を測定した．遊星歯車3個の場合（3遊星の場合と呼ぶ）の結果を図10.25(a)に示す．また，No.2遊星歯車を装置からはずして遊星歯車2個で同じ実験を行った場合（2遊星の場合と呼ぶ）の結果を図10.25(b)に示す．図(a)より，3遊星の場合，太陽軸の横振動の振幅はある回転速度で急に大きくなり，その後振幅はほぼ一定かゆるやかに減少すること，また振幅が急増する回転速度は，負荷トルクとともに高くなることがわかる．図(b)の2遊星の場合，ある回転速度で振幅の急増・急減が生じ，非線形系の共振が生じているように見える．ここでは，太陽軸の大きな振幅の横振動を特異振動と呼ぶことにする．

図10.25(a), (b)の $T=2$ N・mの場合について，200 rpmごとの振動波形を周波数分析した．分析結果を図10.26(a), (b)に示す．横軸は振動の振動数，縦軸は振動振幅の大きさ，波状の横線が200 rpmごとの周波数分析結果である．図

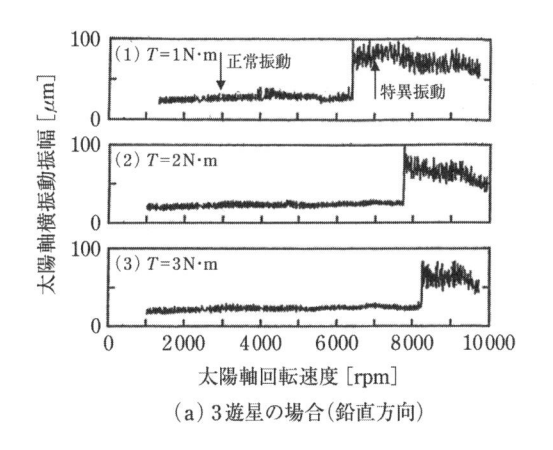

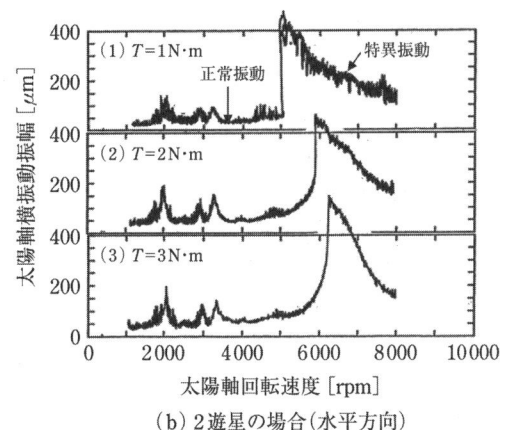

図10.25　太陽軸横振動応答（測定結果）

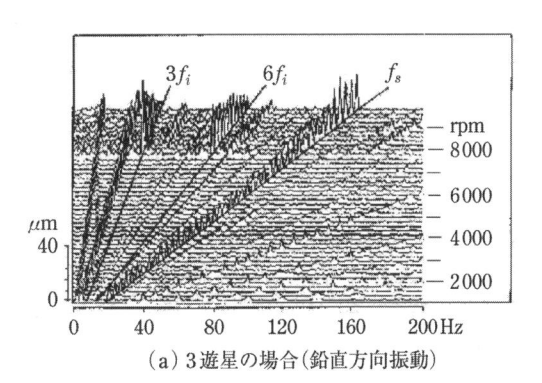

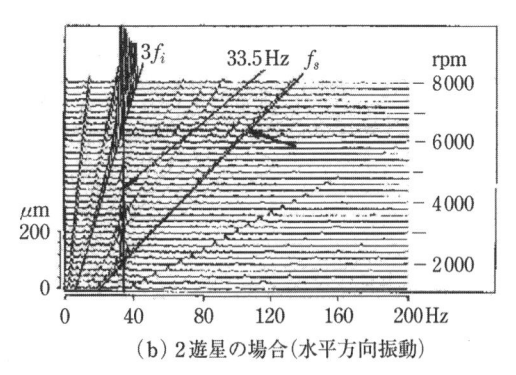

図10.26　太陽軸横振動の周波数分析結果（$T=2$ N・m）

中の f_s, f_i は，それぞれ太陽軸および内歯車の回転速度に等しい振動数 [Hz] である．図 (a) では 7800 rpm 以上，図 (b) では 6000 rpm 以上の回転速度で $3f_i$ の振動成分が急増し，これが特異振動の主成分であることがわかる．図 (b) の 33.5 Hz の縦線は 2000〜5000 rpm でよく見られる振動数成分で，系の何らかの固有振動数であると思われる．

3 遊星，2 遊星の場合の実験装置を一定回転速度で運転し，負荷トルクを増減させた場合の太陽軸横振動の振幅の変化を図 10.27 (a)，(b) にそれぞれ示す．両図より，太陽軸横振動の振幅は，

（1）負荷トルクの増加とともに大きくなり，負荷トルクがある値になると急減する（特異振動が消滅する）

（2）負荷トルク減少時には，小さかった振幅がある負荷トルクで急に大きくなる（突然特異振動が生じる）

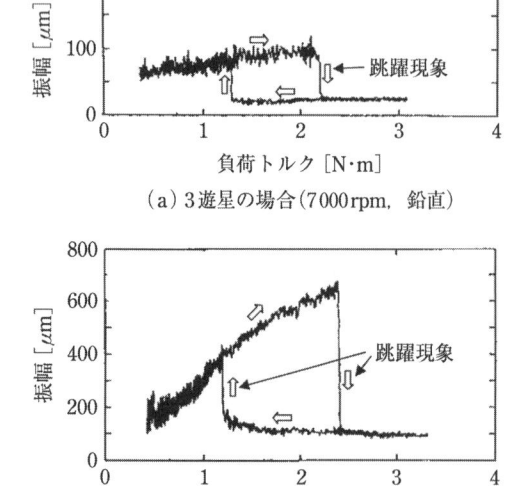

図 10.27 負荷トルクに対する太陽軸横振動応答のヒステリシス特性

といった跳躍現象とヒステリシス特性を示し，強いトルク依存性をもつことがわかる．

10.3.4 浮動太陽軸の可動範囲とセルフセンタリング

軸受をもたない太陽（歯車）軸は，歯車のバックラッシにより自由に動ける可動範囲をもち，静止時には重力の影響で可動範囲の最下点に位置する．軸系にトルクが加わると，各歯面の接触状態および歯面荷重が変化し，太陽軸は可動範囲の最下点から上方の平衡位置（センタリング位置）へ移動する．この移動過程をセルフセンタリング（自動調心）またはセンタリングと呼ぶ．図 10.28 (a)，(b) に，3 遊星および 2 遊星の場合の太陽軸の可動範囲とセルフセンタリング経路の実測結果を示す．太陽軸の可動範囲は，無負荷時に太陽軸を手で握って半径方向に引っ張りながら周方向へ移動させたときの太陽軸中心の軌跡である．セルフセンタリング経路は，図 10.23 (a) で内歯車（軸）を固定し，スプライン軸継手側から太陽軸に反時計まわりにトルクを加えていったときの太陽軸中心の軌跡（水平・鉛直方向の変位測定結果）である．

3 遊星の場合，太陽軸の可動範囲はほぼ一辺 300〜500 μm の六角形で，図示した方向にトルク

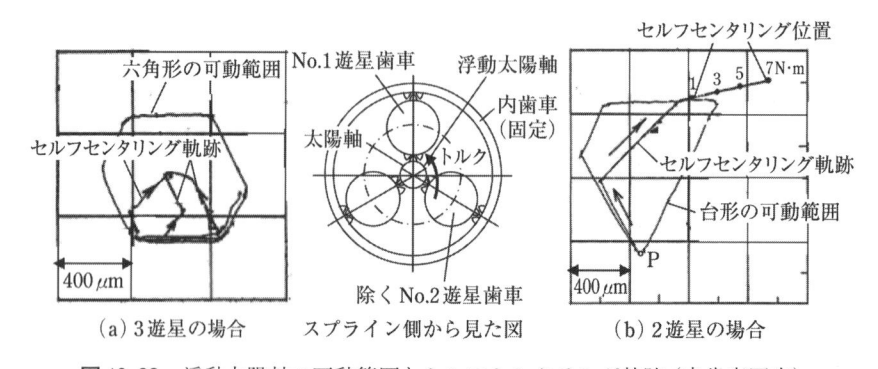

図 10.28 浮動太陽軸の可動範囲とセルフセンタリング軌跡（内歯車固定）

を加えると，太陽軸は，六角形底辺の最下位置から折れ線軌跡を描いて中央のセンタリング位置に達する．このときのトルクは約 0.4 N・m で，これ以上のトルクを加えてもセンタリング位置は変わらない．3 遊星の場合，センタリング軌跡は太陽軸の初期位置によって無数に存在する（図には 3 ケースを示した）．

2 遊星の場合，太陽軸の可動範囲は，取り除いた No.2 遊星歯車の側を底辺とする傾いた台形（下底×上底×高さ：約 $1200 \times 300 \times 600 \mu m$）となり，静止時，太陽軸はその最下点 P に位置する．トルクを加えると，太陽軸は図示した 1 本の折れ線軌跡を描いてセンタリング位置に達する．トルクを 1, 3, 5, 7 N・m と増加させると，センタリング位置は遊星歯車支持ピンの弾性変形のため可動範囲を越えて移動する．

10.3.5 特異振動時における太陽軸の振動軌跡[22]

3 遊星，2 遊星の場合について，太陽軸の正常振動時および特異振動時の振動軌跡を測定した．測定結果の代表例を図 10.29 (a), (b) に示す．図より，太陽軸は正常振動時にはセンタリング位置のまわりで小さく振動すること，特異振動時には，3 遊星の場合，セルフセンタリング位置より下側に大きく広がる複雑な軌跡を描くが，2 遊星の場合，特定の方向に振動する軌跡を描き，その軌跡が破線で示したセルフセンタリング軌跡 [図 10.28 (b)] に極めてよく一致していることがわかる．このことから，3 遊星の特異振動時の軌跡が複雑なのは，セルフセンタリング軌跡が無数にあるためと思われる．

以上より，浮動太陽軸の特異振動の発生メカニズムは，何らかの原因で太陽歯車と遊星歯車が歯面分離して，太陽軸が支えを失って自重でセルフセンタリング経路に沿って落下し，再び生じた歯のかみあいによってセルフセンタリング経路に沿ってセンタリング位置へ戻ることの繰返しであると推測できる．こうした振動発生メカニズムの推測は，2 遊星の場合の太陽軸の特異振動軌跡の結果 [図 10.29 (b-2)] によるところが大きく，3 遊星の場合の結果 [図 10.29 (a-2)] から推測するのは困難であった．

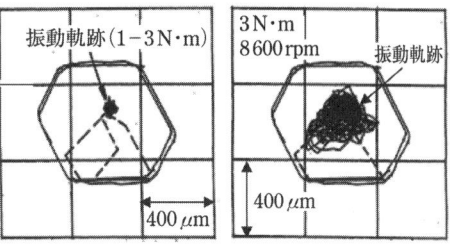

(a-1) 正常振動時の軌跡　(a-2) 特異振動時の軌跡
(a) 3 遊星の場合

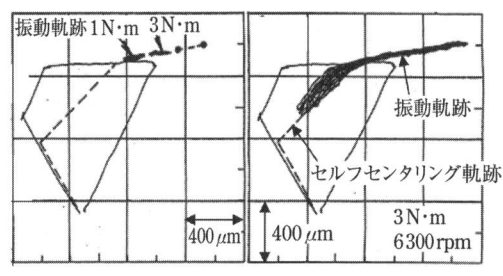

(b-1) 正常振動時の軌跡　(b-2) 特異振動時の軌跡
(b) 2 遊星の場合

図 10.29　浮動太陽軸の正常振動時と特異振動時における振動軌跡（測定結果）

10.3.6 モータ側軸継手が特異振動に及ぼす影響[22]

特異振動に影響を及ぼすパラメータを探すため，図 10.23 (a) の実験装置において，太陽軸（質量 1.2 kg）のほぼ中央に質量 1.4 kg の円板を付加して図 10.25 と同様な実験を行った．しかしながら，特異振動発生回転速度はほとんど変化しなかった．こうしたことから，特異振動は太陽軸の横振動に起因するものではないと思われた．

そこで，図 10.23 (a) の実験装置の駆動モータ側の軸継手を，ねじり剛性が異なる 2 個のダイヤフラム軸継手および剛性がかなり小さいゴム軸継手に変更して実験を行った．負荷トルク 2 N・m

で増減速運転した場合の太陽軸横振動の振幅の変化を図 10.30 (a)～(c) に示す．図より，軸継手のねじり剛性が低くなると，特異振動発生回転速度は顕著に低下すること，ゴム軸継手の場合は特異振動が消滅していることがわかる．このことは，太陽軸の特異振動が軸系のねじり振動と密接な関係があることを示唆している．

10.3.7 太陽軸の横振動・軸系のねじり振動同時測定結果と考察[22]

ここで，図 10.25 (a)，(b) の場合と同じ増速実験を行い，太陽軸の横振動だけでなく，内歯車軸の回転変動（軸系のねじり振動に相当）も同時に測定した．得られた結果を図 10.31 (a)，(b) に示す．図 (a) の 3 遊星の場合は 7700 rpm で，図 (b) の 2 遊星の場合は 5900 rpm で太陽軸横振動および軸系のねじり振動の振幅が同時に顕著に大きくなっていて，太陽軸の特異振動はねじり振動振幅が大きいときに発生していることがわかる．

この実験のねじり振動の周波数分析結果を図 10.32 (a)，(b) に示す〔横振動の周波数分析結果は先の図 10.26 (a)，(b) に示してある〕．図より，ねじり振動の主成分の周波数は，横振動の場合と同様，内歯車回転速度の 3 倍の周波数 $3f_i$ であり，ねじり振動振幅が大きくなるの

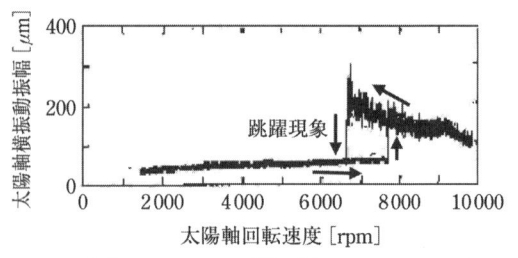

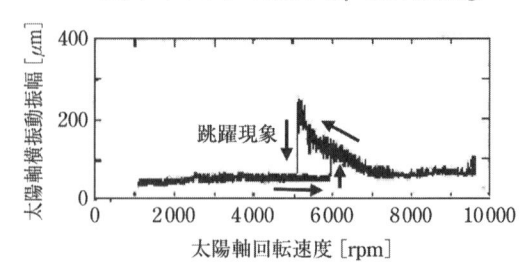

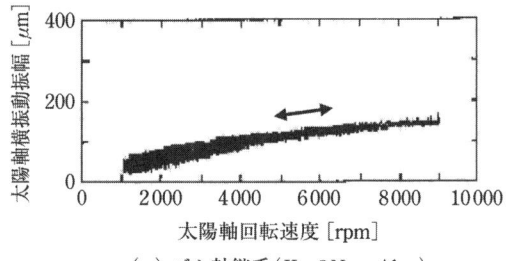

図 10.30 軸継手ねじり剛性が特異振動に及ぼす影響（測定結果，$T=2$ N·m）

は，この振動数成分が軸系のねじり固有振動数に接近して生じた共振であると思われる．

次に，太陽軸横振動および軸系のねじり振動の固有振動数を求める実験を行った．2 個のばねばかりを駆動モータ側，ダイナモ側の軸継手フランジ部に取り付け，軸系にトルクを加えて歯車間のガタをなくし，その後，ねじり振動や横振動を生じるように軸系を様々に打撃した．打撃試験から得られたねじり振動の固有振動数は，3 遊星の場合 52.5 Hz，2 遊星の場合 32.5 Hz であった．また，横振動の固有振動数は，2 遊星で 32.5 Hz，3 遊星の場合は確認できなかった．これらの結果から，軸系にガタがないときは，2 遊星の場合，太陽軸横振動と軸系のねじり振動は 32.5 Hz 付近で連成した共振を生じ，3 遊星の場合，両者の連成はなく，52.5 Hz 付近でねじり共振を生じていることがわかる．

ここでの加振力の振動数は，周波数分析結果から，$3f_i$（f_i：内歯車回転速度）なので，2 遊星の場合，ガタがないときの 32.5 Hz の共振は，$3f_i=32.5$ Hz より $f_i=32.5/3=10.8$ Hz（$=10.8$ rps）のとき生じ，このときの太陽軸の回転速度 f_s は，$f_s=9.83f_i=106$ rps $=6360$ rpm（速比：177/18 $=9.83$）になる．しかし，実測された 2 遊星の場合の共振の回転速度（$=$ 2 遊星の特異振動発生回転速度）5900 rpm は，この値（6360 rpm）より低い．このことは，一方向にガタをもつ系の背骨曲線を考慮すれば妥当と思われる．3 遊星の場合も同様で，$3f_i=52.5$ Hz より，$f_s=10300$

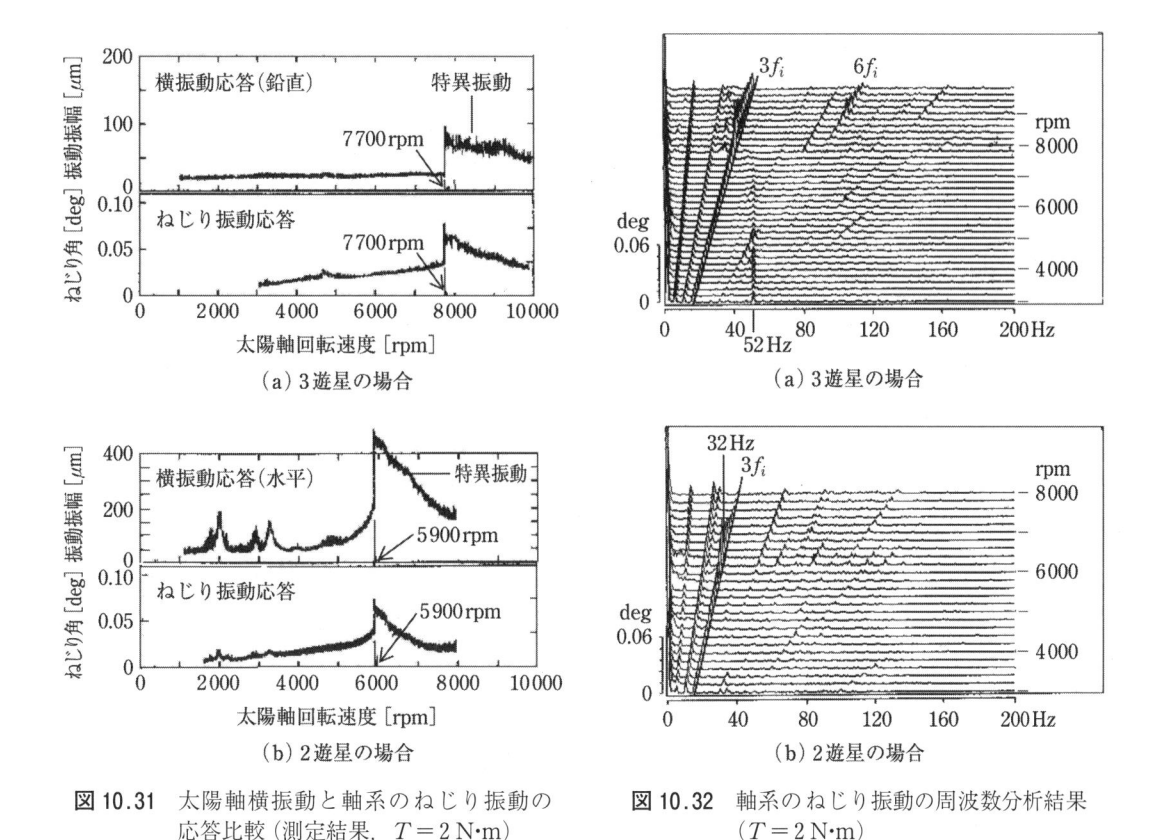

図 10.31 太陽軸横振動と軸系のねじり振動の応答比較（測定結果，$T = 2$ N·m）

図 10.32 軸系のねじり振動の周波数分析結果（$T = 2$ N·m）

rpm がガタのないときの共振時の回転速度であるが，3遊星の場合の特異振動発生回転速度 7700 rpm はかなり小さい値になっている．なお，$3f_i$ の振動数をもつ加振力が 120° 間隔に配置された遊星歯車によるのか，内歯車外周のおむすび形の変形によるのかは不明である．

以上の実験結果と考察から以下のことが言える．

（1）浮動太陽軸の負荷依存性をもつ特異振動は，ガタをもつねじり振動系が共振時に歯面の分離と接触を繰り返し，これにより太陽軸が支持点を失いセルフセンタリング経路に沿って自重で落下したり，かみあいでセンタリングしたりすることの繰返しとして理解できる．

（2）特異振動の発生回転速度や振幅は強い負荷トルク依存性をもつ．これは，負荷トルクがねじりの加振トルクと同様，歯車軸系の歯面分離に大きく影響するためである．

10.4　浮動太陽軸のセルフセンタリング・特異振動の数値解[24]

10.4.1　簡易計算モデルと運動方程式

ここでは，浮動太陽軸のセルフセンタリング軌跡および特異振動の波形と応答を計算するための簡易計算モデルと運動方程式について説明する．図 10.23 (a), (b) に示した遊星歯車装置を含む全体系から，浮動太陽歯車およびこれとかみあう 3 個の遊星歯車の歯だけを含む系を取り出して簡易計算モデルとし，図 10.33 に示す．図には，座標系 O-xy，模式的に表したかみあい歯対，作用線の方向 θ_{jl}, θ_{jr} ($j = 1$-3)，かみあいばね（ばね定数 k），歯面荷重 F_{jl}, F_{jr}（太陽歯車歯面を押す歯面荷重の方向を正とする）および歯面間のガタの大きさ g_{jl}, g_{jr} などを示した．なお，サフィック

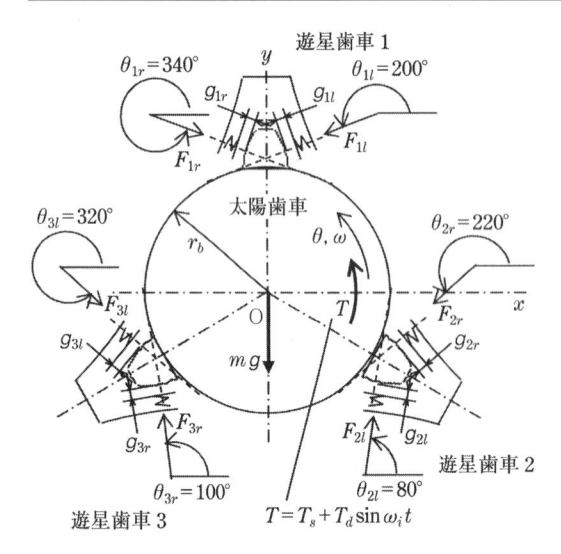

図 10.33 簡易計算モデル（スプライン側より見た図）

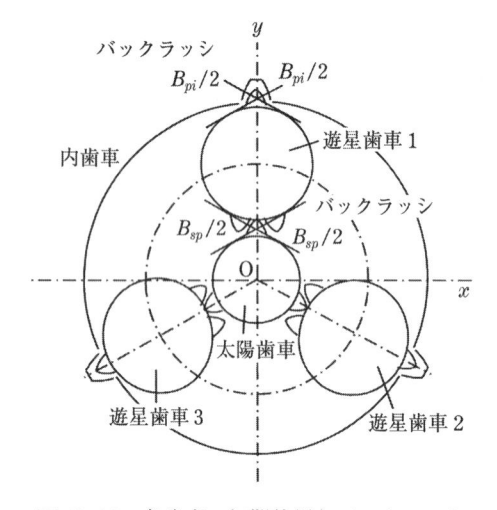

図 10.34 各歯車の初期位置とバックラッシ

スル, r は，図 10.33 において従動側としての太陽歯車を反時計まわりに回転させる場合に接触する歯面をサフィックス l で，時計まわりに回転させる場合に接触する歯面を r で表している．図 10.34 に，各歯車の初期位置およびそのときの各作用線上での歯面間のガタ（バックラッシの 1/2）を示す．図中の B_{sp}, B_{pi} は，それぞれ太陽-遊星間，遊星-内歯車間のバックラッシ量を表す．解析に当たり，以下の仮定を置く．

（1）太陽歯車の並進変位 x, y および回転角 θ の 3 自由度のみを考慮する．太陽歯車には遊星歯車とのかみあいによる歯面荷重 F_{jl}, F_{jr}，重力 mg，一定の負荷トルク T_s，加振トルク $T_d \sin 3\omega_i t$ および減衰力（粘性減衰係数 c_1, c_2）が作用する．なお，加振トルクの角振動数は内歯車回転角速度 ω_i の 3 倍であり，装置の速比から ω_i は太陽歯車の回転角速度 $\omega = \dot{\theta}$ と $\omega_i = (18/177)\omega$ の関係にある．

（2）F_{jl}, F_{jr} は以下の手順で計算する．x, y, θ から計算される太陽歯車の作用線上での左右歯面の移動量 δ_{jl}, δ_{jr}〔式 (10.25)〕が $B_{sp}/2$ を越える場合，δ_{jl}, δ_{jr} の大きい方のガタの大きさを $(B_{sp} + B_{pi})/2 = \beta_1$，小さい方のそれを $(B_{sp} - B_{pi})/2 = \beta_2$ とし，越えない場合，δ_{jl}, δ_{jr} に対応するガタの大きさをともに $(B_{sp} + B_{pi})/2 = \beta_1$ とする〔式 (10.28)〕．このことは，太陽歯車が遊星歯車とかみあうと，遊星歯車はその方向に内歯車と接するまで（$B_{pi}/2$ の距離分）抵抗なく回転することを意味している．この遊星歯車の回転で太陽-遊星間の反対歯面のガタが $B_{pi}/2$ 減少することが極めて重要で，こうした点を考慮しないと実験にあう計算結果が得られない．このとき，かみあう歯面の重なり量は $\delta_{jl} - g_{jl}, \delta_{jr} - g_{jr}$ で表され，これにかみあいばね定数 k（一定）を乗じて歯面荷重 F_{jl}, F_{jr} を計算する〔式 (10.27)〕．計算した F_{jl}, F_{jr} が負の場合，歯面が分離していることになるので，$F_{jl}, F_{jr} = 0$ と置く．

（3）かみあう歯面間の摩擦力，太陽歯車の変位による作用線方向の変化，かみあいばね定数の変化，各種の歯車誤差や組立誤差等の影響は無視する．

太陽歯車（基礎円半径 r_b）の初期位置からの並進変位 x, y，回転角を θ，太陽歯車の質量を m，慣性モーメントを I とすれば，運動方程式は次のように書ける．

$$\left.\begin{aligned} m\ddot{x} &= -c_1\dot{x} + \sum_{j=1}^{3}(F_{jl}\cos\alpha_{jl} + F_{jr}\cos\alpha_{jr}) \\ m\ddot{y} &= -c_1\dot{y} + \sum_{j=1}^{3}(F_{jl}\sin\alpha_{jl} + F_{jr}\sin\alpha_{jr}) - mg \\ I\ddot{\theta} &= -c_2\dot{\theta} + r_b\left\{\sum_{j=1}^{3}(F_{jl} - F_{jr})\right\} + T_s + T_d\sin(3\omega_i t) \end{aligned}\right\} \quad (10.24)$$

一方，3個の遊星歯車とかみあう太陽歯車の歯面の x, y, θ による作用線方向の移動量 $\vec{\delta}$ は，図10.33を参照して次のように表される．

$$\vec{\delta} = \begin{bmatrix} \delta_{1l} \\ \delta_{1r} \\ \delta_{2l} \\ \delta_{2r} \\ \delta_{3l} \\ \delta_{3r} \end{bmatrix} = \begin{bmatrix} -\cos\theta_{1l} & -\sin\theta_{1l} & -r_b \\ -\cos\theta_{1r} & -\sin\theta_{1r} & r_b \\ -\cos\theta_{2l} & -\sin\theta_{2l} & -r_b \\ -\cos\theta_{2r} & -\sin\theta_{2r} & r_b \\ -\cos\theta_{3l} & -\sin\theta_{3l} & -r_b \\ -\cos\theta_{3r} & -\sin\theta_{3r} & r_b \end{bmatrix} \begin{bmatrix} x \\ y \\ \theta \end{bmatrix} \quad (10.25)$$

$\vec{\delta}$ に対応するガタを $\vec{g}$ とすれば，$\vec{g}$ は式 (10.26) で形式的に表現でき，かみあいによる歯面荷重は式 (10.27) で計算できる．

$$\vec{g} = \begin{bmatrix} g_{1l} \\ g_{1r} \\ g_{2l} \\ g_{2r} \\ g_{3l} \\ g_{3r} \end{bmatrix} \quad (10.26)$$

$$\vec{F} = \begin{bmatrix} F_{1l} \\ F_{1r} \\ F_{2l} \\ F_{2r} \\ F_{3l} \\ F_{3r} \end{bmatrix} = k(\vec{\delta} - \vec{g}) \quad (10.27)$$

式 (10.26) の g_{jl}, g_{jr} ($j=1,2,3$) は，仮定 (2) で説明した $\beta_1 = (B_{sp} + B_{pi})/2$, $\beta_2 = (B_{sp} - B_{pi})/2\, (<0)$ を用いて，次式で決定される．

$\delta_{jr} < \delta_{jl}$ の場合

$$\left.\begin{aligned} B_{sp}/2 < \delta_{jl} \text{ であれば } g_{jl} = \beta_1, g_{jr} = \beta_2 \quad (j=1,2,3) \\ \delta_{jl} < B_{sp}/2 \text{ であれば } g_{jl} = \beta_2, g_{jr} = \beta_1 \quad (j=1,2,3) \end{aligned}\right\} \quad (10.28)$$

$\delta_{jl} < \delta_{jr}$ の場合

式 (10.28) でサフィックス l と r を入れ替えた式になる．

数値計算に用いたパラメータの値を **表10.5** に示す．ここで，太陽歯車の質量 m は，太陽歯車軸の質量 1.2 kg を遊星歯車位置とスプライン軸継手位置とに配分したときの遊星歯車側の質量の値 0.66 kg を用いた [図 10.23(a) 参照]．また，I の値は，簡易

表10.5 数値計算に用いたパラメータの値

	3遊星の場合
m [kg]	0.66
I [kg·m²]	0.0161
k [kN/m]	3600
c_1 [N·s/m]	7
c_2 [Nm·s]	0.35
T_s [N·m]	2
T_d [N·m]	0.5
f_n [Hz]	52.5
B_{sp} [m]	158×10^{-6}
B_{pi} [m]	281×10^{-6}

$r_0 = 0.0127\,\text{m} \quad f_n = \dfrac{1}{2\pi}\sqrt{\dfrac{3kr_0^2}{I}}$

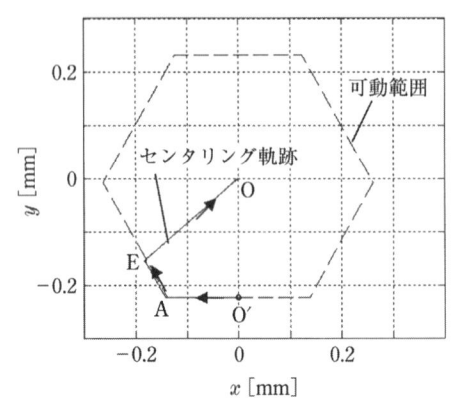

図 10.35 浮動太陽歯車のセンタリング軌跡

計算モデルのガタを無視した太陽歯車の自由振動シミュレーション結果が，実験系のねじり振動の固有振動数（3遊星の場合52.5 Hz）にあうように選んだ．なお，かみあいばね定数 k の値は，実験装置の構造から，遊星歯車を支える弾性ピンのばね定数の平均値（3600 kN/m）とした．また，減衰係数の値 c_1, c_2 は，振動振幅が実験結果に近くなるように定めた．セルフセンタリング軌跡は，太陽歯車中心が図 10.35 の O′ で静止している状態を初期条件とし，加振トルク $T_d \sin 3\omega_i t$ が緩やかに増加する t の範囲で運動方程式を数値積分して求めた（$T_s = 0$）．

一方，太陽歯車の振動は，与えられた負荷トルク T_s における太陽歯車のセンタリング位置を初期値とし，式 (10.24) の加振トルク $T_d \sin 3\omega_i t = T_d \sin\{(3 \times 18/177)\omega t\}$ の ωt を $0.5\alpha t^2 + \omega_0 t$ と書き換えて運動方程式をルンゲ・クッタ法で解いて求めた．$\alpha \, [\mathrm{rad/s^2}]$ は太陽歯車の角加速度で，定常振動に近い準定常振動応答を得るためにはこの値は小さい方が望ましいが，計算時間の都合で $\alpha = 10 \, \mathrm{rad/s^2}$ とした．ω_0 は，加速開始時の太陽歯車の角速度である．

10.4.2 数値計算結果と考察
（1）浮動太陽歯車のセルフセンタリング過程[23),24)]

3遊星の場合について，式 (10.24) から計算した太陽歯車中心 (x, y) のセンタリング軌跡およびトルクの増加に対する x, y の変化過程を図 10.35, 図 10.36 にそれぞれ示す．図 10.35 の太陽歯車中心の可動範囲は，ほぼ正六角形で〔詳細は文献 23) を参照〕，O′（可動範囲最下辺中央）は太陽歯車中心の初期位置である．反時計まわりのトルクの増加とともに太陽歯車中心は O′AEO で示される唯一の経路を経てセンタリング点 O に到達する．この計算結果はセンタリングの特徴をよく示しているが，多くのセンタリング経路が観察される実験結果〔図 10.28 (a)〕とは異なる．これは計算では歯面間の摩擦力を考慮していないためである[26)]．図 10.35 をトルクの大きさ

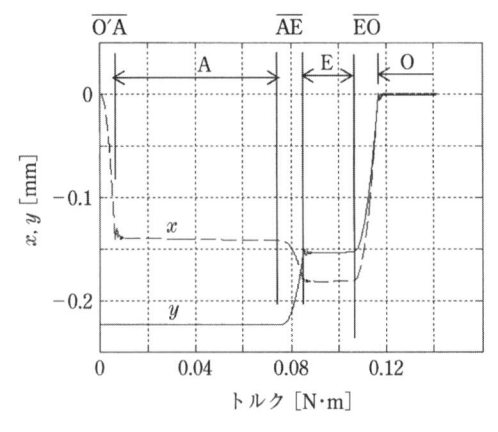

図 10.36 センタリング時の太陽歯車中心変位の変化

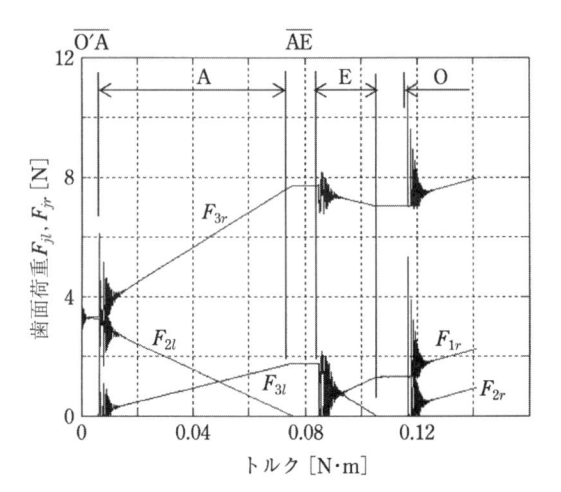

図 10.37 セルフセンタリング時の歯面荷重の変化（3遊星，摩擦力なし）

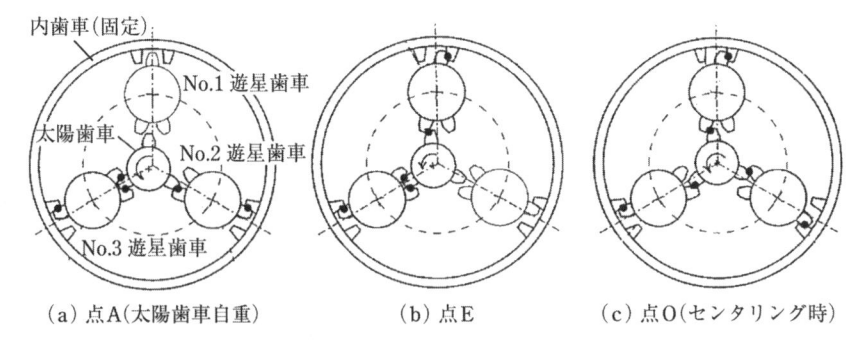

(a) 点A(太陽歯車自重)　　**(b) 点E**　　**(c) 点O(センタリング時)**

図10.38 停留点 A, E, O における歯車のかみあい (●：かみあい点. 太陽歯車の矢印はトルクの作用方向を示す. 内歯車は固定)

$(T_d \sin 3\omega_i t)$ を横軸に，太陽歯車の並進変位 x, y を縦軸にとって示したのが図10.36で，図には，センタリング経路上の点 O'AEO との対応も示してある．図10.36より，図10.35の点 A, E, O では，トルクが増加しても太陽歯車中心がその場に停留する（位置を変えない）こと，図10.35の $\overline{O'A}, \overline{AE}, \overline{EO}$ 上では，わずかなトルクの変化で太陽歯車は大きく移動することがわかる．実験でもほぼ同様の傾向が見られた．

図10.37，**図10.38** は，センタリング中のトルクに対する各歯面荷重 F_{jl}, F_{jr}（変動が激しいので平均化した値）の変化および停留点での歯車のかみあい状態（計算値）を示している．両図より，
① 停留点 A, E, O では太陽歯車は3箇所の歯面で2〜3個の遊星歯車と接触し，トルクの増加とともにその歯面荷重の大きさが変化すること
② 3個の歯面荷重の内の一つがゼロになると，2個の歯面荷重により太陽歯車は次の停留点に向かってセンタリング経路を移動すること
③ 次の停留点では新たな歯面接触が生じること
などがわかる．

図示していないが，2遊星の場合も図10.35〜図10.38に対応する結果が得られている．このように，運動方程式(10.24)〜(10.28)は，太陽歯車のセルフセンタリング過程に関して，太陽歯車中心の変位軌跡，順次変化していくかみあい歯面の組合せ，歯面荷重の変化などを特別な拘束条件なしに与えてくれることがわかる．

(2) 特異振動の発生過程

10.4.1で説明した方法により運動方程式(10.24)〜(10.28)を数値積分し，特異振動が発生した図10.31(a) 3遊星の場合の測定結果に相当する計算結果を得た．結果を**図10.39**，**図10.40**，**図10.41** に示す．図10.39(a)〜(e)の横軸は，各時刻における太陽歯車の回転速度 [rpm] である．図(a)のねじ

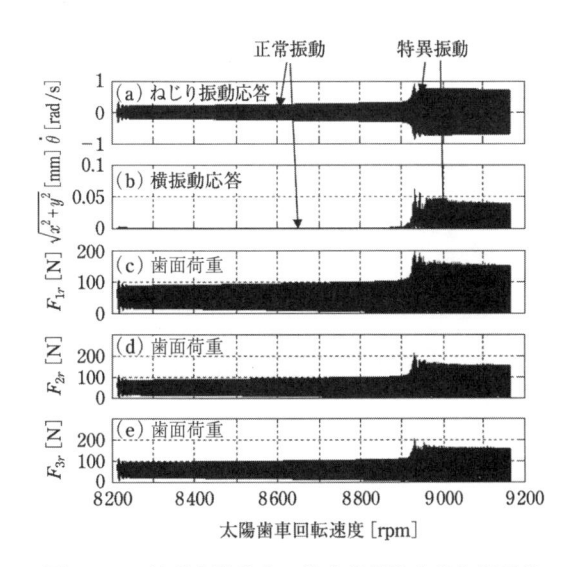

図10.39 浮動太陽歯車の準定常振動応答と歯面荷重の変化 (3遊星：計算結果)
($\alpha = 10$ rad/s^2, $T_s = 2$ N·m, $T_d = 0.5$ N·m, $c = 0.07$, $c_1 = 7$ N·s/m, $c_2 = 0.35$ Nm·s, $\omega_0 = 860$ rad/s)

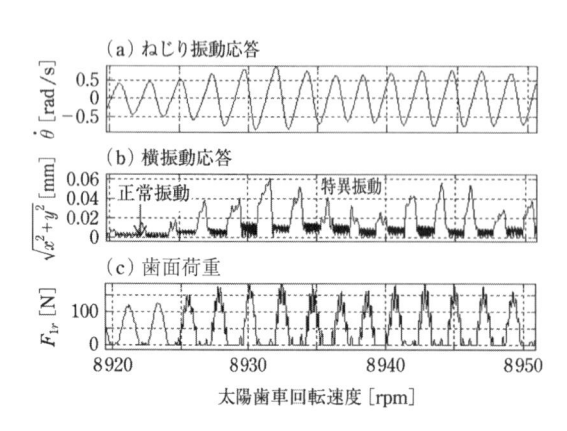

図 10.40 前図の浮動太陽歯車の準定常振動応答と歯面荷重の拡大図

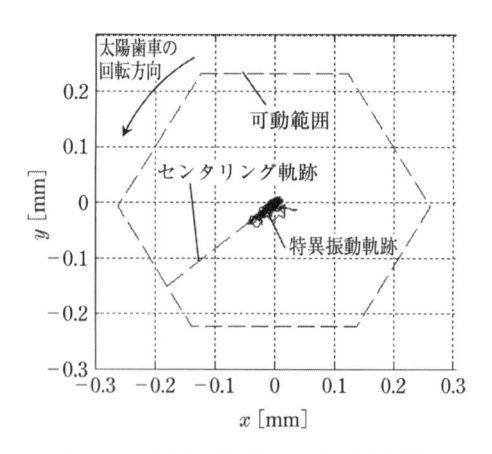

図 10.41 浮動太陽歯車の特異振動軌跡（3遊星：計算結果）

り振動は，回転速度とともに振幅を緩やかに増しながら 8930 rpm 付近で急に大きくなり，以後同じような大きな振幅が続く．図 (b) の太陽歯車の横振動振幅は，8900 rpm まではゼロで，以後急激に増加したのち，大きな振幅（特異振動）を持続する．これらの計算結果は，図 10.31 (a) に示した実験結果（特異振動の発生回転速度は 7700 rpm）とほぼ同様な特徴を示している．特異振動発生回転速度が実験と計算で 16 % ほど異なるが，その理由は，簡易モデルの近似が十分でないこと，実験における遊星歯車の偏心などによるものかと思われる．なお，ここには示していないが，負荷トルク T_s を 3 N・m に増やした場合の計算では，特異振動発生回転速度が 9460 rpm と高くなった〔図 10.25 (a) の (3) 参照〕．図 10.39 (c)〜(e) に示した歯面荷重 F_{jr} ($j=1, 2, 3$) は，3個ともほぼ同じ変化を示し，反対歯面の接触は生じていなかった [$F_{jl}=0$ ($j=1, 2, 3$)]．

図 10.39 (a), (b), (c) の振幅が大きい（特異振動）部分の拡大図（波形相当）を図 10.40 (a)〜(c) に示す．歯面荷重の拡大図は F_{jr} ($j=1, 2, 3$) でほとんど同じなので，代表として F_{1r} だけを示した．図より，特異振動発生時には，歯面荷重および横振動の振幅は間欠的に変化し，歯面荷重がゼロでないとき横振動の振幅は小さく，歯面荷重がゼロのとき横振動の振幅が大きい（特異振動している）ことがわかる．このことは，ねじり共振時に歯面分離（歯面荷重 $F_{jr}=0$）が生じて太陽歯車が支えを失い大きく変位することに対応していると考えられる．図 10.41 に，この非定常振動計算時の太陽歯車の特異振動軌跡を示す．計算では歯面間の摩擦力を考慮していないので，この3遊星の場合，セルフセンタリング軌跡は図示した1本であり，特異振動軌跡はセンタリング軌跡のほうへ延びている．実験では，摩擦力が存在し，無数のセンタリング軌跡があるため，特異振動軌跡は図 10.29 (a-2) に示したように複雑になる〔文献 26) 参照〕．

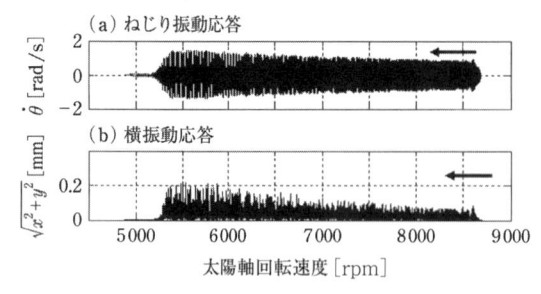

図 10.42 減速時の浮動太陽歯車の準定常振動応答（3遊星，計算結果）
($\alpha = -50\,\mathrm{rad/s^2}$, $T_s = 2\,\mathrm{N \cdot m}$, $T_d = 0.5\,\mathrm{N \cdot m}$, $c = 0.07$, $c_1 = 7\,\mathrm{N \cdot s/m}$, $c_2 = 0.35\,\mathrm{N \cdot s/m}$, $\omega_0 = 910\,\mathrm{rad/s}$)

これまでは，加振振動数 ω（太陽歯車の回転角速度）を時間とともに増加させて，ガタ系のねじり振動の共振点を通過させた場合の準定常振動応答について説明した．ここか

らは，ω を減少させて共振点を通過させた場合について説明する．3遊星の場合について，初期角速度 ω_0 を 910 rad/s（約 9700 rpm），角加速度を $\alpha = -50$ rad/s^2 として減速した場合の応答計算結果を **図 10.42** に示す．図より，回転速度の減少とともに特異振動の特徴をもった横振動やねじり振動の振幅が少しずつ大きくなるが 5400 rpm 以降急激に小さくなり，正常振動に移行するのがわかる．増速時に正常振動から特異振動へ移行する回転速度（8930 rpm）は，減速時に特異振動から正常振動へ移行する回転速度（5400 rpm）よりかなり大きく，これは図 10.30 (a), (b) の実験結果で示したガタ系の跳躍現象（共振曲線におけるヒステリシス特性）によく対応している．

以上，実験および簡易モデルによる計算から，浮動太陽歯車軸の特異振動の特徴や発生メカニズムについて説明した．こうした浮動歯車軸の特異振動を発生させないためには，遊星歯車装置を含む回転軸系がねじり共振しないこと，またねじり共振しても歯面が分離しないように歯車の回転伝達誤差や駆動源のトルク変動といった加振トルクを小さくし，負荷トルクや系の減衰力を大きくすることが必要である．しかしながら，実際にはねじり振動の加振源の特定や大きさの推定，ガタをもつ非線形系のねじり共振特性の把握など難しい部分が多い．

ここで紹介した簡易モデルをモータやダイナモまで含む全体系に拡張した場合の運動方程式やその計算結果については，文献 25) を参照して欲しい．さらに，実際現象をよりよく把握するためには，歯面間の摩擦力[26]，歯車の工作誤差，組立て誤差による回転伝達誤差（ねじり振動の加振源）などを考慮した解析を行い，実験結果と比較する必要がある．

参考文献

1) ボゴリューボフ・ミトロポリスキー（益子正教訳）：非線型振動論，共立出版 (1961) pp.219-229.
2) F. F. Ehrich and J. J. O'Connor："Stator whirl with rotors in bearing clearance", Trans. ASME, J. Eng. Industry, **89** (1967) pp. 381-390.
3) F. F. Ehrich："Rotor Dynamic Response in Nonlinear Anisotropic Mounting Systems", IFToMM Proceedings 4th International Conference on Rotor Dynamics, Chicago (1994) pp.1-6.
4) M. L. Adams and I. A. Abu-Mahfouz："Exploratory research on chaos concepts as diagnostic tools for assessing rotating machinery vibration signatures", IFToMM Proceedings 4th International Conference on Rotor Dynamics, Chicago (1994) pp. 29-30.
5) 橇木義一・岩本吉輝：「軸受の乾性摩擦によりひき起される "shaft whipping" について」，日本機械学会論文集, **17**, 57 (1951) pp.61-66.
6) H. F. Black："Interaction of a Whirling Rotor with a Vibrating Stator Across a Clearance Annulus", J. of Mechanical Eng. Science, **10**, 1 (1968) pp.1-12.
7) F. F. Ehrich："The Dynamic Stability of Rotor-Stator Radial Rubs in Rotating Machinery", Trans ASME, J. of Manuf. Soi. Eng. **91** (1969) pp.1025-1028.
8) A. R. Bartha："Dry Friction Backward Whirl of Rotors", Dissertation ETH, No.13817 (2000).
9) B. L. Newkirk："Shaft Rubbing", Mechanical Engineering, **48**, 8 (1926) pp.830-832.
10) A. Muszyn'ska："Rotordynamics Ch.5 Rotor-to Stationary Part Rubbing Contact in Rotating Machinery", CRC Press Taylor & Francis Group (2005) pp.555-709.
11) F. K. Choy and J. J. Padovan："Non-linear transient analysis of rotor-casing rub events", J. of Sound and Vibration, **113**, 3 (1987) pp.529-545.
12) 小林正生 ほか3名：「ブレード破損時の回転軸系の非線形過渡応答解析」，日本機械学会論文集 (C編), **59**, 557 (1993) pp. 85-92.
13) K. Muhlenfeld. and R. Tadros："Numerical simulation of jet engine behaviour in case of an assumed blade loss", IMechE, C500/065/96 (1996) pp.415-424.
14) T. Ishii and R. G. Kirk："Transient Response Techniques Applied to Active Magnetic Bearing Machinery During Rotor Drop", ASME, Proceedings 13th Biennial Conference on Mech. Vib. Noise, Rotor Machinery Vehicle Dynamics, DE-Vol.35, Miami (1991) pp.191-199.
15) M. Fumagalli and G. Schweitzer："Measurements on a Rotor Contacting its Housing", IMechE, C500/085/96 (1996) pp.779-788.
16) E. E. Swanson, K. V. S. Raju and R. G. Kirk："Test Results and Numerical Simulation of AMB Rotor-Drop", IMechE, C500/074/96 (1996) pp.119-131.

17) S. Yanabe, S. Kaneko, Y. Kanemitsu, N. Tomi and K. Sugiyama："Rotor Vibration Due to Collision With Annular Guard During Passage Through Critical Speed", Trans.ASME, J. of Vibration and Acoustics, Vol.120 (1998-4) pp.544-550.
18) 矢鍋重夫・Epasaka Dieudonne BERNARD・金子　覚：「モータ加速時振れ止めに接触する鉛直回転軸のふれまわり」, 日本機械学会論文集 (C 編), **64**, 622 (1998-6) pp.1890-1895.
19) 矢鍋重夫・Epasaka Dieudonne BERNARD・金子　覚：「モータ加速時振れ止めに接触する鉛直回転軸のふれまわり (第 2 報, ふれまわりパターンと力の釣合い)」, 日本機械学会論文集 (C 編), **65**, 634 (1999-6) pp.2211-2217.
20) 矢鍋重夫・小林祐介・麻生川克憲：「VTR 用ガイドローラの鳴きと振動特性」, 日本機械学会論文集 (C 編), **70**, 694 (2004-6) pp.1581-1587.
21) 矢鍋重夫・麻生川克憲：「VTR 用ガイドローラの鳴きと振動特性 (第 2 報, 数値シミュレーション)」, 日本機械学会論文集 (C 編), **70**, 700 (2004-12) pp.3391-3397.
22) 矢鍋重夫・吉野正信・山岸信雄：「遊星歯車装置太陽軸の異常振動」, 日本機械学会論文集 (C 編), **61**, 584 (1995-4) pp.1271-1278.
23) 吉野正信・矢鍋重夫・佐藤英幸：「スター型遊星歯車装置における浮動太陽歯車のセルフセンタリング特性」, 日本機械学会論文集 (C 編), **63**, 611 (1997-7) pp.2270-2277.
24) 吉野正信・矢鍋重夫：「遊星歯車装置における浮動歯車のセルフセンタリング軌跡と特異振動軌跡」, 日本機械学会論文集 (C 編), **65**, 635 (1999-7) pp.2609-2616.
25) 吉野正信・矢鍋重夫：「スター型遊星歯車装置の浮動太陽歯車軸に発生する特異振動のシミュレーション」, 日本機械学会論文集 (C 編), **66**, 648 (2000-8) pp.2510-2517.
26) 吉野正信・矢鍋重夫：「遊星歯車装置における浮動歯車のセルフセンタリング軌跡と特異振動軌跡 (第 2 報, 歯面間摩擦力を考慮した数値シミュレーション)」, 日本機械学会論文集 (C 編), **66**, 649 (2000-9) pp.2948-2953.

付録　計算プログラム（matlab）

第3章 基本ロータの危険速度通過時の振動および第6章 有限要素法を用いたロータ・軸受系の曲げ振動解析の計算に用いたプログラム，pltranr.m および erbgn.m を参考として以下に示す．

```
pltranr.m
%  基本ロータの危険速度通過時の非定常振動（円板軸中心 S，一定角加速度）
%  d: 減衰比，e(=1): 偏重心，acc: 無次元角加速度，
%  kappa: 加速開始時の無次元回転角速度，tf: 計算終了時間（τmax），t: 無次元時間 τ
%  テキスト　式(3.4)-(3.8)，図3.3(b)       main: pltranr.m,    sub: tran.m
%  %はコメント文（計算では無視される）
global d e  acc kappa
%  計算パラメータの入力　本文　図3.2(c), 3.3(b) の入力データ
d=0.01; acc=0.0006; kappa=0.8; tf=1000; e=1; t0=0;
%  初期条件としての定常振動解の計算
s=kappa;
u1=(1-s^2);       u2=2*d*s;
r=e*s^2/sqrt(u1^2+u2^2);
z0=atan2(u2,u1);
rx=r*cos(z0);      ry=-r*sin(z0);
vx=r*s*sin(z0);   vy=r*s*cos(z0);
%  初期条件と Runge-Kutta 法による運動方程式の数値解
x0=[rx,vx,ry,vy]';
[t,x]=ode23(@tran,[t0 tf],x0);
%  結果の図示，円板軸中心変位の時間波形，振幅，ふれまわり角速度（無次元量）
ome=kappa+acc*t;
figure(1);
plot(ome,x(:,[1 3])),grid
title('pltran.m')
xlabel([' d=',num2str(d),' acc =',num2str(acc),'  kappa=',num2str(kappa),....
   ' tf =',num2str(tf),'          ome'])
ylabel('disp. x,y')
figure(2);
rr=sqrt(x(:,1).^2+x(:,3).^2);
b=atan2(x(:,3),x(:,1));
x(:,5)=(x(:,4).*cos(b(:,1))-x(:,2).*sin(b(:,1)))./rr;
x(:,6)=kappa+acc*t;
subplot(2,1,1)
```

```
plot(ome,rr),grid
ylabel('whirl amplitude')
subplot(2,1,2)
plot(ome,x(:,[5 6])),grid
xlabel('              ome ')
ylabel('whirl/rotational vel. ')


%   サブルーチン  tran.m
function dydt=tran(t,x)
global d e acc kappa
z=0.5*acc*t^2+kappa*t;
vz=acc*t+kappa;
dydt=[     x(2)
      -x(1)-2*d*x(2)+e*(vz^2*cos(z)+acc*sin(z))
         x(4)
      -x(3)-2*d*x(4)+e*(vz^2*sin(z)-acc*cos(z)) ];


erbgn.m
% ロータ・軸受系の曲げ振動固有値解析プログラム（減衰およびジャイロ効果を考慮）
% ジャイロ効果　−ii*eip*ome ii=sqrt(−1) in fc(kk+1,kk+1) for Disc
% 各節点は変位と傾きの2自由度を持つ　　　x and theta(z)
% 記号の説明とデータ入力　　工学単位系　[kgf,mm] 使用
% nnod ＝ 全節点数
% data(first line)= NS,ND,NB,NPK,NPC
% data(other lines)= NODS SL SD SDI 0
%                   NODD DL DD DDI0 0
%                   NODB BK 0 0 0
%                   NODPK1 NODPK2 PKT PKR 0
%                   NODPC1 NODPC2 PCT PCR 0
%   データ（1行目）＝ 軸要素数，円板数，軸受数，ばねの数，ダンパの数
% データ（2行目以降）＝ 軸要素の左節点番号，軸要素長さ，軸外径，軸内径，0
%                円板要素の左節点，円板厚さ，円板外径，円板内径，0
%                軸受がある節点の番号，ばね定数，0，0，0
%             ポイントばねの左端の節点，右端の節点，直線ばね定数，回転ばね定数，0
%             ポイントダンパの左端の節点，右端の節点，直線減衰係数，回転減衰係数，0
%   直線ばねなどの一端が基礎固定の場合　　　NODPK2 and NODPC2=0
%   ome[rad/s]の値を指定すればジャイロ効果考慮，ome=0 ジャイロ効果無視
%
%   出力　　　　freq(Hz) : fHz, modal damping ratio : Dm
%              X=[x1,z1,x2,z2,...]'
%   本文6.5節  式(6.46), (6.47), (6.51), 6.4.2項  式(6.34)
```

%% 例1　ばね支持した一様断面軸（1m:long*18mm:dia）の固有値と固有モード
%%　　　図6.7, 6.8,　　ばね定数：　1020kgf/mm＝1020*9.8*1000＝1e7N/m
ome＝0;
nnod＝11;
data＝[10 0 2 0 0
　　　 1 100 18 0 0
　　　 2 100 18 0 0
　　　 3 100 18 0 0
　　　 4 100 18 0 0
　　　 5 100 18 0 0
　　　 6 100 18 0 0
　　　 7 100 18 0 0
　　　 8 100 18 0 0
　　　 9 100 18 0 0
　　　10 100 18 0 0
　　　 1 1020 0 0 0
　　　11 1020 0 0 0];
%% ジャイロ系の固有値と固有モード　　図6.9-6.11, 表6.5　ome＝300
% ome＝300
% nnod＝12;
% data＝[11 1 2 0 0
%　　　　 1 10 10 0 0
%　　　　 2 10 10 0 0
%　　　　 3 10 10 0 0
%　　　　 4 10 10 0 0
%　　　　 5 10 10 0 0
%　　　　 6 10 10 0 0
%　　　　 7 10 10 0 0
%　　　　 8 10 10 0 0
%　　　　 9 10 10 0 0
%　　　　10 10 10 0 0
%　　　　11 10 10 0 0
%　　　　12 10 200 10 0
%　　　　 1 100000 0 0 0
%　　　　 2 100000 0 0 0];
% 計算スタート　calculation starts
%　　データの区分け
nnod2＝nnod*2;
fm＝zeros(nnod2,nnod2);
fk＝zeros(nnod2,nnod2);
fc＝zeros(nnod2,nnod2);

```
ns=data(1,1);
nd=data(1,2);
nb=data(1,3);
npk=data(1,4);
npc=data(1,5);
ds=data(2:ns+1,:);
nn=ns+1;
dd=data(nn+1:nn+nd,:);
nn=nn+nd;
db=data(nn+1:nn+nb,:);
nn=nn+nb;
dpk=data(nn+1:nn+npk,:);
nn=nn+npk;
dpc=data(nn+1:nn+npc,:);
% 軸要素 Shaft データ読込み，要素のばね・質量マトリクス作成，全体マトリクスへ
for k=1:ns
     sl=ds(k,2);
     sd=ds(k,3);
     sdi=ds(k,4);
     emm=0.6299208e-09*(sd^2-sdi^2)*sl;
     eil=0.103084e04*(sd^4-sdi^4)/sl;
 ek=eil*[12/sl^2   6/sl  -12/sl^2   6/sl
         6/sl      4     -6/sl      2
        -12/sl^2  -6/sl  12/sl^2   -6/sl
         6/sl      2     -6/sl      4   ];
 em=emm*[ 13/35      11*sl/210      9/70     -13*sl/420
        11*sl/210    sl^2/105     13*sl/420  -sl^2/140
          9/70      13*sl/420      13/35     -11*sl/210
        -13*sl/420  -sl^2/140    -11*sl/210   sl^2/105];
     l=2*(ds(k,1)-1);
    for j=1:4
     for i=1:4
     fk(i+l,j+l)=fk(i+l,j+l)+ek(i,j);
     fm(i+l,j+l)=fm(i+l,j+l)+em(i,j);
     end
    end
   end
% 円板要素 Disk
ii=sqrt(-1);
for k=1:nd
     kk=dd(k,1)*2-1;
```

```
            d01=dd(k,3)^2*dd(k,2)*0.6299208e-09;
            d02=dd(k,4)^2*dd(k,2)*0.6299208e-09;
            d0=d01-d02;
            fm(kk,kk)=fm(kk,kk)+d0;
            eid=d0*((dd(k,3)^2+dd(k,4)^2)/16+dd(k,2)^2/12);
            fm(kk+1,kk+1)=fm(kk+1,kk+1)+eid;
            eip=(d01*dd(k,3)^2-d02*dd(k,4)^2)/8;
            gyro=-ii*eip*ome;
            fc(kk+1,kk+1)=fc(kk+1,kk+1)+gyro;
      end
% 軸受要素　Bearing
for k=1:nb
      kk=db(k,1)*2-1;
      fk(kk,kk)=fk(kk,kk)+db(k,2);
      end
% ポイントばね要素　Point Spring
for k=1:npk
      k1=(dpk(k,1)-1)*2+1;
      k2=(dpk(k,2)-1)*2+1;
      k11=k1+1;
      k21=k2+1;
      if k2<=0
         fk(k1,k1)=fk(k1,k1)+dpk(k,3);
         fk(k11,k11)=fk(k11,k11)+dpk(k,4);
         else
         fk(k1,k1)=fk(k1,k1)+dpk(k,3);
         fk(k11,k11)=fk(k11,k11)+dpk(k,4);
         fk(k1,k2)=fk(k1,k2)-dpk(k,3);
         fk(k11,k21)=fk(k11,k21)-dpk(k,4);
         fk(k2,k1)=fk(k2,k1)-dpk(k,3);
         fk(k21,k11)=fk(k21,k11)-dpk(k,4);
         fk(k2,k2)=fk(k2,k2)+dpk(k,3);
         fk(k21,k21)=fk(k21,k21)+dpk(k,4);
      end
   end
fk(1,1)=fk(1,1)+0.1e-04;
% ポイントダンパ　Point Damping
for k=1:npc
      k1=(dpc(k,1)-1)*2+1;
      k2=(dpc(k,2)-1)*2+1;
      k11=k1+1;
```

```
      k21=k2+1;
    if k2<=0
       fc(k1,k1)=fc(k1,k1)+dpc(k,3);
       fc(k11,k11)=fc(k11,k11)+dpc(k,4);
     else
       fc(k1,k1)=fc(k1,k1)+dpc(k,3);
       fc(k11,k11)=fc(k11,k11)+dpc(k,4);
       fc(k1,k2)=fc(k1,k2)-dpc(k,3);
       fc(k11,k21)=fc(k11,k21)-dpc(k,4);
       fc(k2,k1)=fc(k2,k1)-dpc(k,3);
       fc(k21,k11)=fc(k21,k11)-dpc(k,4);
       fc(k2,k2)=fc(k2,k2)+dpc(k,3);
       fc(k21,k21)=fc(k21,k21)+dpc(k,4);
    end
  end
%
%  複素固有値解析,固有振動数 fHz とモード減衰比 Dm の計算
A=[zeros(nnod2,nnod2)  eye(nnod2,nnod2)
   -inv(fm)*fk   -inv(fm)*fc ];
[X,E]=eig(A);
freqHz=imag(diag(E))/(pi*2);
mdamp=real(diag(E))./abs(diag(E));
mode=X(nnod2+1:2:2*nnod2,nnod2+1:2:2*nnod2);
fHz1=freqHz(nnod2+1:2*nnod2);
Dm1=mdamp(nnod2+1:2*nnod2);
fHz=(fHz1)'                         % ' : 転置
Dm=(Dm1)'
nnod4=nnod*4;
M=X([1:2:nnod2],[nnod4-8 nnod4-6 nnod4-4 nnod4-2 nnod4]);
%  固有モードの結果表示  mode plot
figure(1)
title('1st-5th mode of vibration, erbgn.m')
nm=5;
for ij=1:nm
    MI=imag(M(:,nm-ij+1));
    Mode=(MI)'
    maxMI=max(abs(MI));
    MII=MI/maxMI;
subplot(nm,1,ij)
plot(MII),grid
AXIS([1, nnod, -1, 1])
```

end
fn=fHz(nnod2−2*nm:nnod2)
Dmn=Dm(nnod2−2*nm:nnod2)

索　引

あ行

アウターロータ……………………………157
安定限界速度………………………………100
位相角………………………………………12
位相曲線……………………………………14
位相特性……………………………………14
一歯かみあい………………………………130
一方向基礎加振によるジャイロ系の振動…45
一様断面軸…………………………………61
イナーシャ効果…………………………98, 100
インナーロータ……………………………157
ウオーターフォール図………………………9
後向きふれまわり
　　ジャイロモーメントによる—………43
　　乾性摩擦による—……………………149
　　接触型—………………………………151
後向きのふれまわり加振力…………………45
後向きふれまわりの発生過程……………156
内歯車………………………………………164
うなり………………………………………24
運動エネルギー……………………………74
運動方程式………………2, 12, 23, 39, 48, 61
影響係数マトリクス………………………41
円軌跡……………………………………5, 45
円筒型ロータ………………………………43
円板型ロータ………………………………43
円板の慣性力（遠心力）……………………13
円板要素…………………………………73, 82
オイルホイップ……………………………98
オイルホワール……………………………98
オーバーハングロータ……………………39

か行

回転角………………………………………12
回転機械の構成要素………………………1, 8
回転機械の振動解析技術……………………8
回転座標系…………………………………48
回転座標系での固有角振動数……………52
回転速度……………………………………7
回転体………………………………………1
回転伝達誤差……………130, 133, 135, 142, 144
　　—の変動幅の最大値…………………137
回転パルス…………………………………15
外力のなす仕事……………………………74
外力ベクトル…………………………73, 75
外輪慣性モーメント系角方向固有振動…114
外輪きず……………………………………118
外輪軸方向曲げ固有振動…………………114
外輪質量系鉛直方向固有振動……………114
外輪質量系軸方向固有振動………………114
外輪ねじり固有振動………………………114
外輪の固有振動……………………………114
外輪の固有モード…………………………114
外輪伸び固有振動…………………………114
外輪半径方向曲げ固有振動………………114
角運動量……………………………………39
角加速度……………………………………24
各歯面の進み遅れの分解図………………133
過減衰………………………………………70
荷重等配機構………………………………163
加振力……………………………………6, 45
ガタ…………………………………127, 163, 169
ガタ系………………………………………127
ガタ系の共振曲線…………………………129
片持ち梁……………………………………41
可動範囲
　　浮動太陽軸の—………………………166
かみあいばね定数………………………130, 131
慣性モーメント………………12, 23, 40, 121, 144
慣性モーメントマトリクス
　　系全体の—……………………………76
　　軸要素の—……………………………76
幾何形状の不完全性による振動…………112
危険速度………………………………7, 14, 23, 43
危険速度通過時の最大振幅………………34
危険速度通過時の振動……………………23
　　—の厳密解の近似表現……………27, 32
　　—の支配パラメータ………………27, 34
危険速度における最大振幅………………14
きずのある転がり軸受の振動……………117
基本ロータ…………………………………11
Q値…………………………………………22
境界条件…………………………………62, 68
共振………………………………………4, 6
共振曲線…………………………………14, 129

共振の鋭さ	22
強制振動解	13, 44, 53, 85
くさび効果	91
減衰固有角振動数	3, 19, 79
減衰自由振動	18
減衰自由振動波形	19
減衰比	3, 19
減衰比の推定法	18
減衰比を求める簡便法	20
減衰マトリクス	73, 79
減衰力	3, 13, 18
後行歯対	131, 133
コマの旋回運動	39
固有角振動数	3, 14, 42, 49
固有関数	62
固有振動数	2, 3
固有値解析	77, 78, 79
固有値問題	78
固有モード	4, 62, 63, 65, 77
固有モードの直交性	64
転がり軸受の減衰係数	110
転がり軸受の減衰特性	110
転がり軸受の振動	105
転がり軸受のばね定数	109
転がり軸受のばね特性	105

さ行

最適減衰	70
最適歯形修正量	138
3円板ねじり振動系	123
Jeffcott rotor	11
軸受中心線	11
軸受幅径比	90
軸受要素	73
軸心軌跡に及ぼす外輪のうねりの影響	114
軸中心	11
軸中心線	11
軸継手	167
軸の偏平度	50
軸要素	73
質量マトリクス	73, 75
軸系の—	82
軸要素の—	81
ジャーナル軸受	89
ジャイロ系	40
ジャイロ系の危険速度	43
ジャイロ系の固有角振動数	42
ジャイロ系のモード減衰比	44
ジャイロモーメント	39
重心	6, 11
自由振動	4
自由振動解	3, 18, 42, 49
自由振動の安定性	49
周波数分析	9, 158, 165
衝突振動解析モデル	160
初期条件	19, 24
振動原因	8
振動数方程式	63
振動低減策	8
振動モード	4
振幅	6, 14
振幅特性	14
すきま（ガタ）	149
すきま比	90
スクイーズ効果	91
すべり軸受	89
スラスト軸受	89
静圧軸受	89
静止座標系	48
静止座標系での固有角振動数	52
静的平衡点	2
静不釣合い	11
接触減衰	155, 160
接触剛性	155
接触力	149, 152
節点	73
節点速度	74
節点変位	74
背骨曲線	129
セルフセンタリング	164, 166
—軌跡	167
先行歯対	131, 133
線接触	106
センタリング位置	167
相互作用	
振動系と駆動系の—	35
ソフトスプリング	129
ゾンマーフェルト数	94

た行

ダイマノメータ	165
太陽軸の横振動	165
楕円軌跡	47
多円板ねじり振動系	121

立軸ポンプ･････････････････････････････････149
玉きず･･････････････････････････････････････118
玉軸受の変位の計算式･････････････････････109
玉の自転周波数･･･････････････････････････113
単純支持････････････････････････････････････62
断面二次モーメント･･････････････････････････4
跳躍現象･････････････････････････128, 166, 168
釣合わせ･････････････････････････････････････6
定常振動････････････････････････････････････13
定常振動解･････････････････････････････13, 14
対数減衰率･････････････････････････････････20
停留点･････････････････････････････････････173
ティルティングパッド軸受･････････････89, 102
デュハメル積分･････････････････････････････27
点接触････････････････････････････････････105
転動体通過振動･･････････････････････････110
動圧軸受････････････････････････････････････89
特異振動･･････････････････････････････････163
特異振動軌跡････････････････････････････167
特性値･･････････････････････････････････････63
特性値曲線････････････････････････････････66
特性方程式･････････････････････････42, 50, 66

な行

内輪きず･･････････････････････････････････118
二円弧軸受･････････････････････････････89, 101
2円板弾性ロータ･･････････････････････････86
2円板ねじり振動系････････････････････････122
二次的危険速度･･････････････････････････56
二歯かみあい･････････････････････････････130
入射角････････････････････････････････････156
ニュートンの運動の第二法則･････････････････2
ニュートン-ラフソン法･････････････････････69
ねじりばね定数･･････････････････････････121
ねじりばねマトリクス･････････････････････76
ねじり・曲げ連成振動･･･････････････････126
粘性減衰係数･････････････････････････････3, 12
粘性減衰力･･･････････････････････････････3, 12

は行

ハードスプリング･･････････････････････････129
歯形誤差･･････････････････････････････130, 132
歯形修正･･････････････････････････････130, 138
歯車対････････････････････････････････････130
歯車のかみあい部の取扱い･････････････････124
歯車を含むねじり振動系･･･････････････････124
歯対･･････････････････････････････････････130

歯対のたわみ･････････････････････････････130
バックラッシ････････････････････127, 166, 170
ばね支持････････････････････････････････62, 65
ばね・質量系･･････････････････････････････2
ばね定数･････････････････････････････････4, 12
ばね特性････････････････････････････････････1
ばねマトリクス････････････････････41, 73, 75
　軸系の―･････････････････････････････････82
　軸要素の―･･････････････････････････････81
ばね力･････････････････････････････････････13
歯の弾性変形･････････････････････････････130
歯面荷重･･･････････････････････････127, 169
歯面の移動量･････････････････････････････170
歯面の重なり量･･･････････････････････････170
歯面分離･････････････････････127, 128, 167, 174
梁の基本式････････････････････････････････61
バルダチャート････････････････････････････96
Palmgren の式･･････････････････････････106
反射角････････････････････････････････････156
反対歯面のかみあい････････････････････143
ヒステリシス特性･････････････････････････166
ひずみエネルギー･･････････････････････････74
ピッチ誤差･･････････････････････････130, 140
　累積―･･･････････････････････････････････140
不安定領域････････････････････････････････52
複素固有値････････････････････19, 28, 69, 80
複素固有値解析･････････････････････････79
複素固有モード･･･････････････････････････72
複素振幅････････････････････････････････････44
複素変位････････････････････････････････････85
複素変位ベクトル･････････････････････････85
複素変数をもつ誤差関数･･････････････････28
不釣合い･････････････････････････････････････6
不釣合い遠心力････････････････････････････13
不釣合い応答の極座標表示････････････17, 86
不釣合い振動応答･･･････････････････････14
　基本ロータの―･････････････････････････14
　ロータ・軸受系の―････････････････････85
不釣合いによるジャイロ系の振動････････44
不釣合いの角位置･････････････････････48, 59
浮動太陽歯車軸･･････････････････････････164
ふれ止め････････････････････････････････････149
ふれまわり･･･････････････････････････････････5
　後向き―･････････････････････････････････5
　前向き―･････････････････････････････････5
ふれまわり角･････････････････････････････12
ふれまわり軌跡････････････････････････････5

ふれまわり速度	7
ふれまわりの半径	14
Hertzの式	105
変位関数	73, 74, 80
軸の曲げ変形の—	75, 80
変位ベクトル	73
偏重心	6, 11, 85, 150
偏重心の角位置	48, 54, 85
偏心	130
歯車の—	138
偏心角	90, 94
偏心率	90
偏平軸	47
偏平軸系の安定条件	52
偏平軸系の不釣合い振動	53
ポーラ線図	17, 86
保持器に対する内輪の相対回転周波数	113
保持器の回転周波数	113
whirl	5

ま行

前向きふれまわり	43
乾性摩擦による—	157
接触型—	151
接触型—	161
不釣合いによる—	6
前向きふれまわりの加振力	45
曲げ振動	11, 80
摩擦力	149, 152, 160
無限自由度系	61
無次元安定限界速度	52
モード減衰比	69, 79

や行

有限要素法	73
遊星歯車	164
遊星歯車装置	163
油膜の弾性係数・減衰係数	95
油膜破断	93
油膜反力	94
予圧係数	102
要素マトリクス	75, 77

ら行

ラウス-フルビッツの安定判別	51, 99
離散化	73
両端固定	62
両端自由	62
両端ばね支持した一様断面軸	65
Lewisの結果	26
ルンゲ-クッタ法	24, 153, 160, 172
レイノルズ方程式	90
ロータ	1

著者略歴

矢鍋　重夫（やなべ　しげお）工学博士（1973 年取得）
1944 年　　生まれ
1970 年　　東京工業大学大学院理工学研究科修士課程修了
1973 年　　東京工業大学大学院理工学研究科博士課程修了,
　　　　　東京工業大学工学部助手
1980 年　　長岡技術科学大学工学部助教授，回転機械の振動に関する研究
1990 年　　同教授，回転機械の振動・柔軟媒体ハンドリングの研究
2010 年　　長岡技術科学大学定年退職，名誉教授，現在に至る
　　現在はこれまでの研究のまとめとウェブの巻き取りなど柔軟媒体ハンドリングに関するコンピュータシミュレーションを行っている．

太田　浩之（おおた　ひろゆき）工学博士（1991 年取得）
1963 年　　生まれ
1988 年　　長岡技術科学大学大学院理工学研究科修士課程修了
1991 年　　長岡技術科学大学大学院理工学研究科博士後期課程修了,
　　　　　長岡技術科学大学工学部助手
1996 年　　長岡技術科学大学工学部助教授
2006 年　　ダルムシュタット工科大学客員教授
2012 年　　長岡技術科学大学工学部教授
2015 年　　長岡技術科学大学大学院理工学研究科教授，現在に至る
　　回転用転がり軸受やリニア軸受などの転がり機械要素のダイナミックスとトライボロジーの研究を行っている．

田浦　裕生（たうら　ひろお）博士（工学）（2003 年取得）
1972 年　　生まれ
1997 年　　東京大学大学院工学系研究科修士課程修了
2001 年　　東京大学大学院工学系研究科博士課程単位取得退学,
　　　　　長岡技術科学大学工学部助手
2007 年　　長岡技術科学大学工学部助教
2012 年　　長岡技術科学大学工学部准教授
2015 年　　長岡技術科学大学大学院理工学研究科准教授，現在に至る
　　現在，ジャーナル軸受の潤滑特性，動特性，安定性に関する研究を行っている

| JCOPY | <（社）出版者著作権管理機構 委託出版物> |

| 2015 | 2015年10月21日 第1版第1刷発行 |

回転機械の振動

著者との申し合わせにより検印省略

ⓒ著作権所有

定価(本体4000円+税)

著作代表者　矢鍋　重夫

発　行　者　株式会社　養賢堂
　　　　　　代　表　者　及川　清

印　刷　者　新日本印刷株式会社
　　　　　　責　任　者　渡部明浩

発　行　所　〒113-0033 東京都文京区本郷5丁目30番15号
　　　　　　株式会社　養賢堂
　　　　　　TEL 東京(03)3814-0911　振替00120-7-25700
　　　　　　FAX 東京(03)3812-2615
　　　　　　URL http://www.yokendo.co.jp/

ISBN978-4-8425-0537-4　C3053

PRINTED IN JAPAN　　製本所　新日本印刷株式会社

本書の無断複写は著作権法上での例外を除き禁じられています。複写される場合は、そのつど事前に、(社)出版者著作権管理機構（電話 03-3513-6969, FAX 03-3513-6979, e-mail:info@jcopy.or.jp）の許諾を得てください。